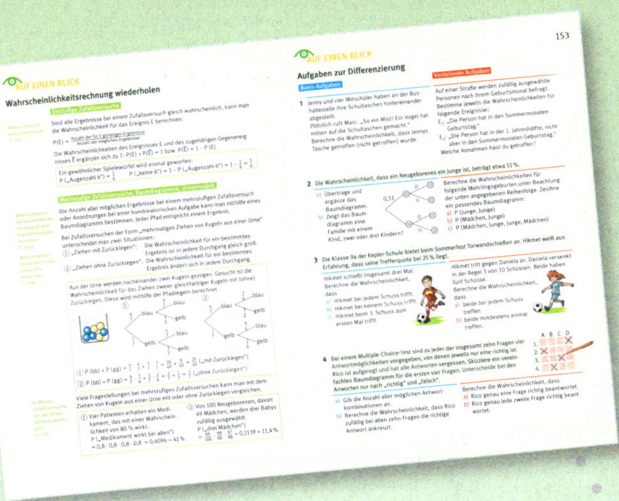

Auf einen Blick: Der Stoff des Kapitels ist jetzt komplett. Die erste Seite enthält das **Grundwissen** des Kapitels in kompakter Form. Auf den nächsten drei Seiten kannst du dein Wissen und Können mit **abwechslungsreichen Aufgaben** auf **unterschiedlichen Anforderungsstufen festigen** und **vertiefen.**

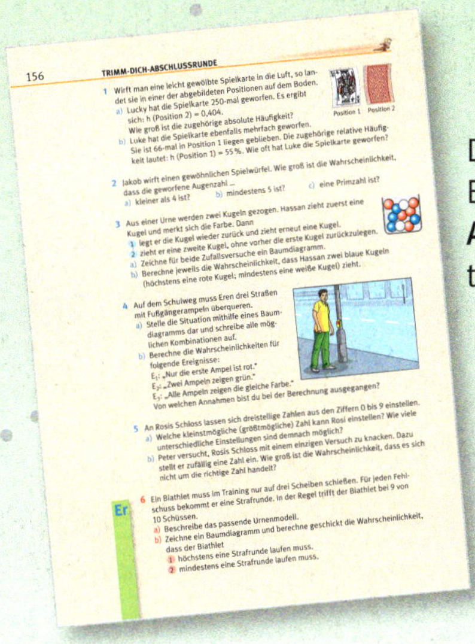

Das Kapitel ist abgeschlossen. Bist du fit? In den **Trimm-dich-Abschlussrunden** kannst du es testen.

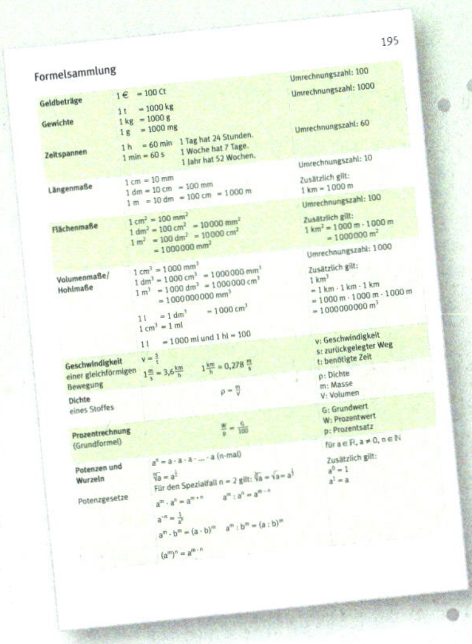

Ab Seite 195 findest du eine **Formelsammlung,** wie du sie auch in den Abschlussprüfungen benutzen wirst.

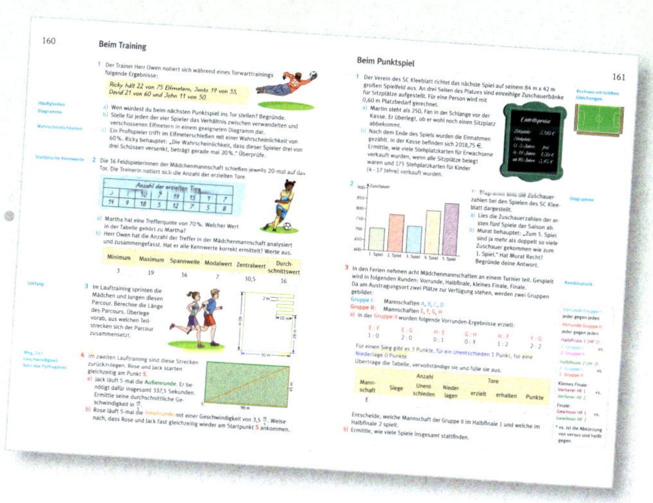

Wofür braucht man Mathematik im Alltag? Die drei Kapitel **Pasta und Pizza, Freizeit** und **Fußball** befassen sich vertieft mit interessanten Themen und bereiten dich auf die Abschlusprüfungen vor. In den Aufgaben auf der letzten Seite **Allerlei Merkwürdiges** musst du Größen abschätzen und Informationen recherchieren.

FORMEL 9

Mathematik

Herausgegeben von Katrin Haugk und Martina Liebchen

Bearbeitet von Grit Ehlert, Carola Hoppe, Kerstin Landsberg,
Martina Liebchen, Gretel Ost und Elke Skrip

C.C.Buchner

FORMEL 9

Mathematik

Herausgegeben von Katrin Haugk und Martina Liebchen

Bearbeitet von Grit Ehlert, Carola Hoppe, Kerstin Landsberg, Martina Liebchen, Gretel Ost und Elke Skrip unter Mitarbeit der Verlagsredaktion

Bitte beachten: An keiner Stelle im Schülerbuch dürfen Eintragungen vorgenommen werden. Das gilt besonders für die Lösungswörter und die Leerstellen in Aufgaben und Tabellen.

Dieses Werk folgt der reformierten Rechtschreibung und Zeichensetzung. Ausnahmen bilden Texte, bei denen künstlerische und lizenzrechtliche Gründe einer Änderung entgegenstehen.

1. Auflage, 3. Druck 2022
Alle Drucke dieser Auflage sind, weil untereinander unverändert, nebeneinander benutzbar.

www.ccbuchner.de

Redaktion: Sonja Krause
Grafische Gestaltung: ARTBOX Grafik und Satz GmbH, Bremen
Illustrationen: Nils Sprenger, psstundpeng.de, Bremen
Druck- und Bindearbeiten: Firmengruppe Appl, aprinta Druck, Wemding

ISBN 978-3-661-**60039**-0

Inhaltsverzeichnis

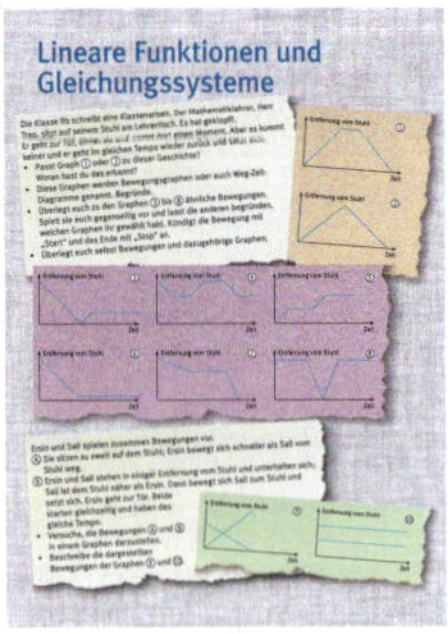
Lineare Funktionen und Gleichungssysteme

Freizeit und Mathematik
Wusstest du schon?

Berechnungen an Pyramiden und Kegeln

Pasta, Pizza und Mathematik
Wusstest du schon?

Wahrscheinlichkeitsrechnung

Fußball und Mathematik
Wusstest du schon?

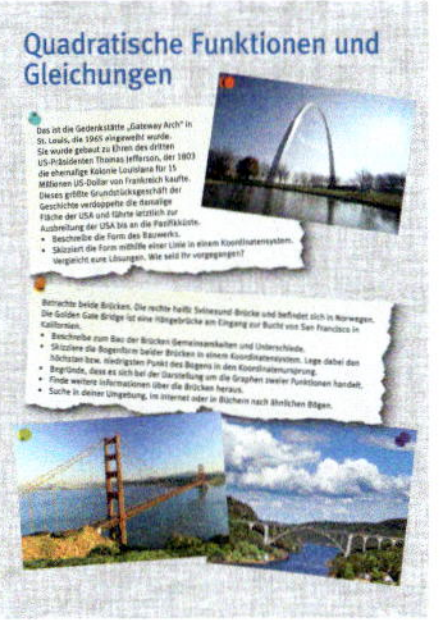
Quadratische Funktionen und Gleichungen

Grundlagentraining

Liebe Schülerinnen und Schüler,

schon wieder ist ein Jahr vergangen. Wir hoffen, ihr habt weiterhin so erfolgreich gelernt wie die Schülerinnen und Schüler auf dem Foto. Vermutlich kennt ihr unser Schulbuch schon aus den vergangenen Jahren und wisst, wie ihr damit arbeiten könnt.
Eine regelmäßige Wiederholung grundlegender Inhalte ist wichtig. Für die Schülerinnen und Schüler aus Berlin steht am Ende des 9. Schuljahres bereits die erste Prüfung an, die zu dem Schulabschluss der Berufsbildungsreife führt. Deshalb haben wir vor die eigentlichen Themen des 9. Jahrgangs ein Kapitel gesetzt, das die wesentlichen Inhalte der BBR-Prüfung wiederholt.
Einiges werdet ihr vermutlich können, anderes vergessen haben und einiges wird für euch neu sein. Löst deshalb die Aufgaben des Basiswissenchecks (Teil 1) auf Seite 7 zunächst ohne Taschenrechner und besprecht dann mit euren Lehrerinnen und Lehrern, welche der folgenden Seiten ihr bearbeitet. Für den Basiswissencheck (Teil 2) ab Seite 16 könnt ihr einen Taschenrechner benutzen und dann entscheiden, welche Inhalte ihr noch einmal wiederholen wollt.

Viel Erfolg wünscht euch das Autorenteam von Formel 9

Anteile und rationale Zahlen

Anteile bestimmen
S. 8

1 Gib den Anteil der gefärbten Fläche als Bruch und in Prozentschreibweise an.

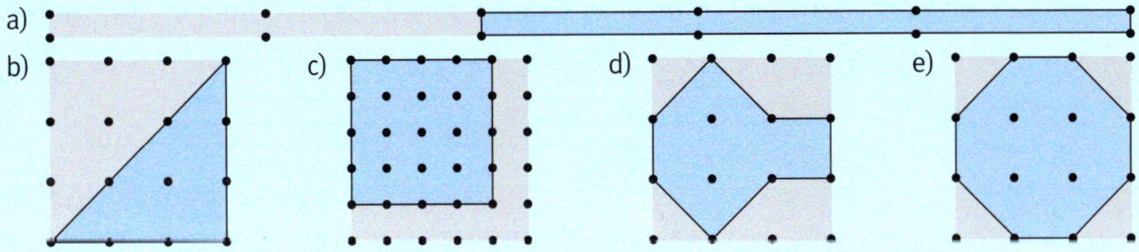

2 Berechne.

a) $\frac{1}{5}$ von 320 km b) $\frac{2}{3}$ von 600 g c) $\frac{4}{5}$ von 2 min

d) 5 % von 400 l e) 2 % von 70 kg f) 1 % von 8 m

rationale Zahlen
vergleichen
S. 9

3 Gib die markierten Zahlen jeweils als Dezimalzahl und als gekürzten Bruch an.

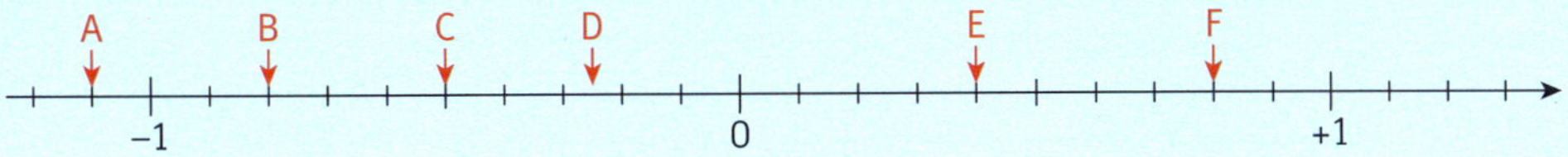

4 Ordne die Zahlen der Größe nach. Beginne mit der kleinsten Zahl.

a) −3 5 2 −1 −4 −9 b) 2,3 −5,3 3,2 −1,8 1,0 −0,2

Mit rationalen Zahlen
rechnen
S. 10/11

5 Berechne.

a) $4 - 23$ b) $-6 + 25 - 4$ c) $-5{,}4 + 8{,}5$ d) $2{,}3 - 5{,}6 - 7{,}3$

e) $4 \cdot (-5)$ f) $2{,}2 \cdot (-3) \cdot (-5)$ g) $84 : (-3) : (-7)$ h) $15{,}5 : (-3{,}1)$

i) $1\frac{1}{5} + \frac{3}{5}$ j) $\frac{3}{5} - \frac{1}{2}$ k) $\frac{3}{4} + 0{,}5$ l) $-2\frac{1}{2} - 1{,}25$

m) $4\frac{4}{5} : 0{,}1$ n) $\frac{2}{5} \cdot (-0{,}2)$ o) $(-\frac{3}{5}) \cdot \frac{5}{9}$ p) $1\frac{1}{2} : 5$

q) $-2 \cdot 16 + (-2) \cdot (-16)$ r) $(12 - 15) \cdot (-3 - 8) \cdot \frac{1}{3} + 15$

Dreiecke und Winkel, Flächen und Körper

Dreiecke konstruieren
S. 12

6 Konstruiere die Dreiecke, benenne sie und gib die Größe aller Winkel an.

a) $a = 4{,}5$ cm; $b = 5{,}5$ cm; $c = 6{,}5$ cm b) $c = 4{,}5$ cm; $a = 5$ cm; $\beta = 65°$

c) $b = 5$ cm; $\alpha = 55°$; $\gamma = 60°$ d) $a = 4$ cm; $b = 2{,}5$ cm; $\gamma = 90°$

Winkelgrößen ermitteln
S. 13

7 Bestimme alle fehlenden Winkelangaben. Die Geraden g und h sowie s und t sind zueinander parallel.

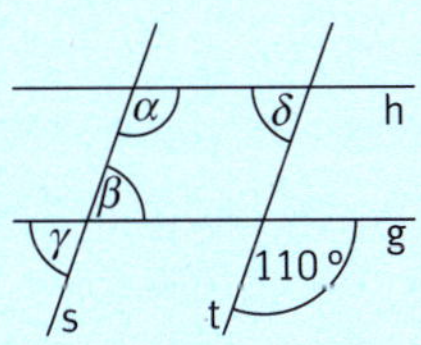

Flächen und Körper
untersuchen
S. 14/15

8 Zeichne die Vierecke (Einheit cm) und benenne sie. Trage jeweils die Symmetrieachsen ein. Welchen Namen haben diese besonderen Linien noch?

a) A (3|1); B (6|1); C (1|6); D (1|3) b) E (7|3); F (8|4,5); G (7|7); H (6|4,5)

9 Welche geometrischen Körper haben

a) nur Rechtecke als Begrenzungsflächen? b) Rechtecke als Mantelflächen?

Brüche als Anteile

Teilt man ein Ganzes in zwei (drei, vier, ...) gleiche Teile, erhält man die Hälfte (ein Drittel, ein Viertel, ...) des Ganzen. Diese Anteile kann man als Bruch schreiben.

$\frac{1}{3}$ 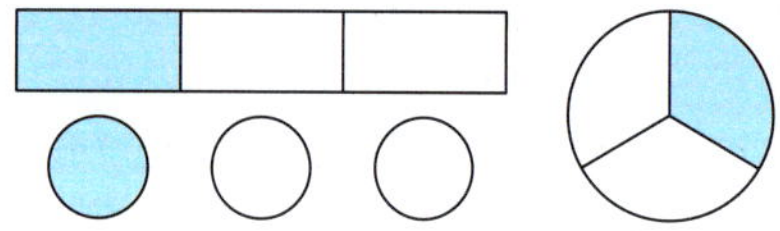

„Jeder dritte Kunde kauft ein Brot."

„Einer von drei Kunden kauft ein Brot."

Der Anteil $\frac{2}{3}$ des Ganzen lässt sich bestimmen, indem man das Ganze in drei Teile zerlegt und anschließend zwei Teile auswählt.

$\frac{2}{3}$ von 270 km sind: $\frac{2}{3} \cdot 270$ km = 270 km : 3 · 2 = 180 km

1 Gib den Anteil der gefärbten Fläche als Bruch an.

a) 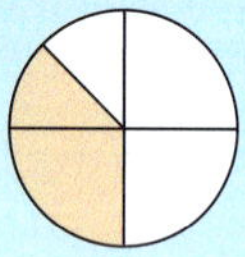 b)  c) 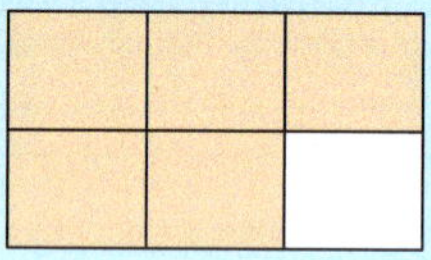 d) 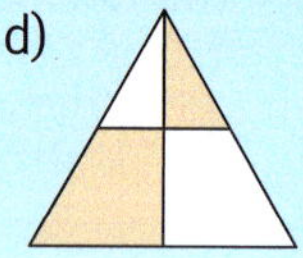

2 Schreibe den Anteil als Bruch.

a) Fünf von sieben Kugeln sind blau. b) 21 von 24 Kindern haben ein Handy.

3 Schreibe als Rechenausdruck mit einem Bruch und berechne.

a) Ein Drittel von 45 Brezeln wurde schon in der ersten Pause verkauft.
b) Drei Fünftel von 25 Schülern haben einen Tanzkurs belegt.
c) Herr Witte ist schon drei Viertel der 200 km langen Strecke gefahren.
d) Sechs Zehntel eines 75 kg schweren Menschen bestehen aus Wasser.

Brüche, Dezimalzahlen und Prozentschreibweise

Brüche mit dem Nenner 10, 100, 1000, ... kann man als endliche Dezimalzahl schreiben und umgekehrt. Einige Brüche lassen sich so erweitern oder kürzen, dass sie den Nenner 10, 100, 1000, ... haben.
Brüche mit dem Nenner 100 kann man auch in Prozentschreibweise angeben.
Für den Bruch $\frac{1}{100}$ sagt man 1 Prozent (1 %).

$\frac{8}{25} = \frac{8 \cdot 4}{25 \cdot 4} = \frac{32}{100} = 0{,}32 = 32\,\%$ $\quad$ $35\,\% = 0{,}35 = \frac{35}{100} = \frac{35 : 5}{100 : 5} = \frac{7}{20}$

4 Schreibe als Dezimalzahl und in der Prozentschreibweise.

a) $\frac{9}{10}$ b) $\frac{9}{100}$ c) $\frac{8}{50}$ d) $\frac{13}{20}$ e) $\frac{72}{600}$

5 Schreibe als Dezimalzahl und als Bruch.

a) 80% b) 8% c) 0,8% d) 800%

6 Schreibe die Anteile in der Prozentschreibweise.

a) 13 kg von 26 kg
6 kg von 24 kg

b) 7 € von 35 €
12 € von 15 €

c) 45 m von 125 m
44 m von 80 m

Vergleich von Anteilen

Gleichnamige Brüche kann man vergleichen, indem man ihre Zähler betrachtet. Derjenige Bruch ist größer, der den größeren Zähler hat.
Um ungleichnamige Brüche zu vergleichen, macht man sie zuerst gleichnamig. Dazu sucht man durch Erweitern einen gemeinsamen Nenner (Hauptnenner).

Welcher Anteil ist größer:	gleichnamig machen:	$\frac{2}{5} = \frac{2 \cdot 8}{5 \cdot 8} = \frac{16}{40}$ $\quad \frac{3}{8} = \frac{3 \cdot 5}{8 \cdot 5} = \frac{15}{40}$
$\frac{2}{5}$ oder $\frac{3}{8}$?	vergleichen:	$\frac{16}{40} > \frac{15}{40}$, also $\frac{2}{5} > \frac{3}{8}$

Brüche mit gleichem Nenner heißen gleichnamig.

Beim Vergleich von Anteilen als Bruch, Dezimalzahl oder in der Prozentschreibweise muss man sich für eine Darstellung entscheiden.

7 Übertrage und setze das richtige Zeichen ein: < oder >.

a) $\frac{3}{4}$ ■ $\frac{4}{5}$ b) $\frac{5}{6}$ ■ $\frac{6}{8}$ c) $\frac{3}{8}$ ■ $\frac{4}{9}$ d) $\frac{9}{11}$ ■ $\frac{8}{12}$ e) $\frac{11}{12}$ ■ $\frac{9}{10}$ f) $\frac{6}{11}$ ■ $\frac{7}{12}$

8 Ordne die Anteile. Beginne mit dem größten.

a) 90 % 0,75 $\frac{8}{10}$ $\frac{12}{15}$ b) 0,2 2 % $\frac{1}{50}$ $\frac{12}{80}$

Die Menge der ganzen und rationalen Zahlen

Zur Menge der ganzen Zahlen $\mathbb{Z}$ gehören alle natürlichen Zahlen und ihre Gegenzahlen: $\mathbb{Z} = \{...; -3; -2; -1; 0; 1; 2; 3; ...\}$
Zur Menge der rationalen Zahlen $\mathbb{Q}$ gehören zusätzlich Brüche und Dezimalzahlen (auch periodische). Auf der Zahlengeraden liegt die kleinere Zahl immer links von der größeren.

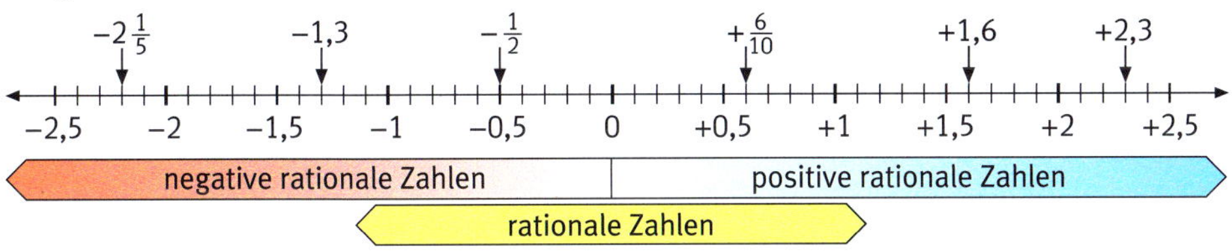

Periodische Dezimalzahlen:

$\frac{1}{3} = 0{,}33... = 0{,}\overline{3}$

$\frac{2}{3} = 0{,}66... = 0{,}\overline{6}$

$\frac{1}{9} = 0{,}11... = 0{,}\overline{1}$

9 Suche mindestens zwei passende ganze Zahlen.

a) −10 < ■ < −3 b) −5 < ■ < 2 c) −14 < ■ < −11
d) −7 < ■ < 1 e) −2 < ■ < 1 f) −3 < ■ < 3

10 Übertrage und setze das richtige Zeichen ein: =, < oder >.

a) −11 ■ −9 b) −5 ■ −6 c) 3,2 ■ −3,2
d) −5,8 ■ −5,7 e) −0,25 ■ $-\frac{1}{4}$ f) $-1\frac{1}{2}$ ■ $-\frac{3}{2}$

11 Zeichne eine Zahlengerade und trage ein.

a) −6 0 6 9 −3 3 b) −5,5 4,0 −1,5 0 −3,0 3,5
c) $1\frac{1}{4}$ $-\frac{3}{4}$ $\frac{1}{2}$ $-\frac{1}{4}$ $-\frac{1}{2}$ $2\frac{1}{2}$ d) −3,5 4,5 2,3 −1,8 −3,1 −2,4

12 Notiere die markierten Zahlen.

a)
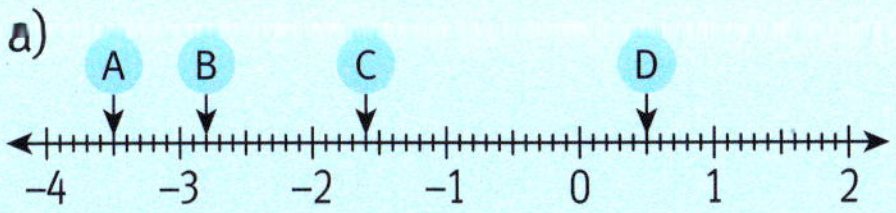

b)
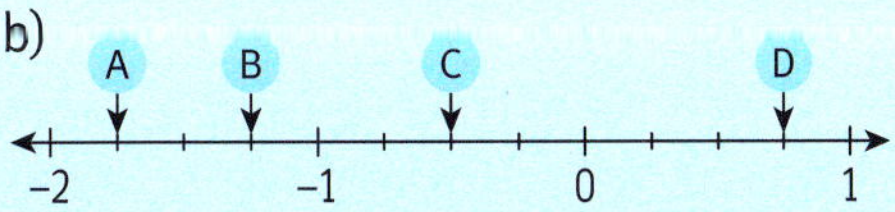

Addition und Subtraktion rationaler Zahlen

Beim Addieren und Subtrahieren von rationalen Zahlen gilt:
Bei gleichem Vor- und Rechenzeichen werden die Beträge addiert.
Das Vorzeichen wird im Ergebnis übernommen.

$428 + 17 = 445$ $\quad -428 - 17 = -445$

Bei unterschiedlichem Vor- und Rechenzeichen werden die Beträge subtrahiert.
Die Zahl mit dem größeren Betrag bestimmt das Vorzeichen des Ergebnisses.

$428 - 17 = 411$ $\quad -428 + 17 = -411$

Addiert oder subtrahiert man mehrere Zahlen, kann man durch das Anwenden des Kommutativgesetzes geschickt rechnen.

$28 - 14 + 7 + 32 - 16 + 3 = 28 + 32 - 14 - 16 + 7 + 3 = 60 - 30 + 10 = 40$

1 Übertrage und ergänze das fehlende Vorzeichen.

a) $7 - 15 = ■8$ b) $-9 + 23 = ■14$ c) $-11 - 12 = ■23$
d) $■9{,}4 + 10{,}4 = ■1$ e) $■2{,}4 - 3{,}6 = ■6$ f) $■5{,}5 - 10{,}5 = ■5$

Kommutativgesetz der Addition:
$a + b = b + a$

2 Übertrage und bestimme die fehlende Zahl.

a) $■ - 32 = 22$ b) $■ - 27 = -50$ c) $-36 + ■ = 30$
d) $■ - 12 = 50$ e) $-22 - ■ = -50$ f) $92 - ■ = -7$

3 Addiere und subtrahiere. Nutze gegebenenfalls Rechenvorteile.

a) $17 + 25$ b) $16 - 36$ c) $-8 - 19$ d) $-23 + 37 - 7$
e) $4{,}5 - 8{,}5$ f) $-1{,}7 - 12{,}3$ g) $-3{,}1 + 7{,}5$ h) $-4{,}7 + 2{,}5 + 5{,}7$
i) $-36 + 56 - 42 - 78$ j) $-7{,}7 + 3{,}4 - 1{,}3 + 5{,}2 - 1{,}6$

Auch bei der Multiplikation gilt das Kommutativgesetz:
$a \cdot b = b \cdot a$

Multiplikation und Division rationaler Zahlen

Beim Multiplizieren und Dividieren rationaler Zahlen gilt:
Bei gleichem Vorzeichen ist das Ergebnis positiv.

$(+4) \cdot (+7) = 4 \cdot 7 = 28$ $\quad (-36) : (-4) = -36 : (-4) = 9$

Bei unterschiedlichem Vorzeichen ist das Ergebnis negativ.

$(+4) \cdot (-7) = 4 \cdot (-7) = -28$ $\quad (-36) : (+4) = -36 : 4 = -9$

4 Übertrage und bestimme die fehlende Zahl.

a) $■ \cdot 12 = 144$ b) $■ \cdot 9 = -117$ c) $-15 \cdot ■ = 150$
d) $84 : ■ = -21$ e) $-1\,000 : ■ = -125$ f) $■ : (-9) = 9$

5 Multipliziere. Nutze gegebenenfalls Rechenvorteile.

a) $-15 \cdot 2$ b) $-6 \cdot (-6)$ c) $11 \cdot (-9)$ d) $-3 \cdot (-2) \cdot (-4)$
e) $1{,}2 \cdot (-6)$ f) $-0{,}4 \cdot (-5)$ g) $-0{,}15 \cdot 20$ h) $-8 \cdot 5 \cdot 0{,}5$
i) $5 \cdot 11 \cdot (-2) \cdot (-10)$ j) $2{,}5 \cdot 6 \cdot (-4) \cdot 2$

6 Dividiere.

a) $72 : (-9)$ b) $-56 : 8$ c) $-125 : (-5)$ d) $160 : (-20) : (-2)$
e) $-55 : 5{,}5$ f) $-8{,}4 : (-4)$ g) $145 : (-10)$ h) $6{,}6 : (-1{,}1) : 1{,}5$

Addition und Subtraktion von Brüchen

Brüche mit ungleichem Nenner werden addiert oder subtrahiert, indem man die Nenner gleichnamig macht. Man sucht durch Erweitern einen gemeinsamen Nenner (Hauptnenner). Dann addiert oder subtrahiert man nur die Zähler. Den Nenner behält man bei.

$\frac{5}{8} + \frac{1}{2} = \frac{5}{8} + \frac{1 \cdot 4}{2 \cdot 4} = \frac{5}{8} + \frac{4}{8} = \frac{9}{8} = 1\frac{1}{8}$ $\qquad$ $\frac{3}{4} - \frac{2}{5} = \frac{3 \cdot 5}{4 \cdot 5} - \frac{2 \cdot 4}{5 \cdot 4} = \frac{15}{20} - \frac{8}{20} = \frac{7}{20}$

7 Addiere und subtrahiere.

a) $\frac{1}{5} + \frac{2}{5}$ b) $\frac{7}{9} - \frac{5}{9}$ c) $\frac{1}{2} + \frac{1}{8}$ d) $\frac{1}{3} - \frac{1}{4}$ e) $\frac{3}{5} - \frac{1}{2}$

f) $-\frac{1}{6} + \frac{2}{6}$ g) $-\frac{3}{11} - \frac{5}{11}$ h) $\frac{2}{8} - \frac{3}{4}$ i) $-\frac{5}{4} - \frac{7}{4} + \frac{3}{4}$ j) $\frac{1}{6} + \frac{1}{3} - \frac{5}{6}$

k) $\frac{2}{5} + \frac{3}{10} - \frac{9}{10}$ l) $-\frac{1}{3} - \frac{3}{4} - \frac{5}{6}$ m) $-1\frac{1}{4} - \frac{1}{2} + \frac{3}{4}$ n) $-0{,}7 + \frac{2}{5} + \frac{1}{10}$ o) $1{,}7 - \frac{1}{2} - 1\frac{1}{5}$

Multiplikation und Division von Brüchen

Zwei Brüche werden multipliziert, indem man Zähler mit Zähler und Nenner mit Nenner multipliziert.
Zwei Brüche werden dividiert, indem man den ersten Bruch mit dem Kehrwert des zweiten multipliziert.

$\frac{3}{7} \cdot \frac{4}{5} = \frac{3 \cdot 4}{7 \cdot 5} = \frac{12}{35}$ $\qquad$ $\frac{3}{10} : 5 = \frac{3}{10} \cdot \frac{1}{5} = \frac{3 \cdot 1}{10 \cdot 5} = \frac{3}{50}$ $\qquad$ $\frac{3}{7} : \frac{4}{5} = \frac{3}{7} \cdot \frac{5}{4} = \frac{3 \cdot 5}{7 \cdot 4} = \frac{15}{28}$

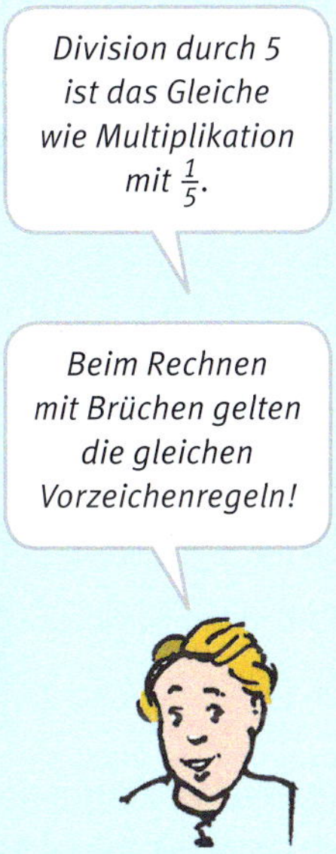

8 Multipliziere.

a) $4 \cdot \frac{1}{5}$ b) $3 \cdot \frac{2}{7}$ c) $2 \cdot 1\frac{1}{8}$ d) $\frac{1}{5} \cdot \frac{2}{3}$ e) $\frac{5}{6} \cdot \frac{1}{3}$

f) $-\frac{3}{4} \cdot \frac{5}{11}$ g) $\frac{8}{9} \cdot \frac{4}{5}$ h) $-\frac{4}{8} \cdot (-\frac{2}{5})$ i) $\frac{9}{10} \cdot (-\frac{2}{3})$ j) $1\frac{3}{10} \cdot \frac{2}{5}$

9 Dividiere.

a) $\frac{3}{5} : 4$ b) $\frac{1}{2} : 3$ c) $\frac{5}{8} : (-5)$ d) $-\frac{7}{9} : 14$ e) $2\frac{2}{3} : 8$

f) $\frac{5}{7} : \frac{25}{28}$ g) $\frac{21}{10} : (-\frac{14}{15})$ h) $\frac{9}{22} : \frac{4}{33}$ i) $-\frac{5}{12} : (-\frac{5}{16})$ j) $-\frac{32}{35} : \frac{48}{28}$

Verbindung der Grundrechenarten

Bei der Verbindung der Grundrechenarten ist die Punkt-vor-Strich- und die „Klammern zuerst"-Regel zu beachten.

Punkt vor Strich:
$-5 \cdot 6 + 12 = -30 + 12 = -18$
$-12 - 30 : 5 = -12 - 6 = -18$

„Klammern zuerst":
$4 \cdot (12 - 20) = 4 \cdot (-8) = -32$
$(-20 - 45) : (-5) = -65 : (-5) = 13$

10 Berechne.

a) $3 \cdot (-2) + 7$ b) $23 - 12 : (-4)$ c) $55 : (-5) + 4 \cdot (-5)$

d) $(12 - 5) \cdot (-6)$ e) $(13 - 23) \cdot (5 - 19)$ f) $(-5 - 16) : (-5 + 2)$

g) $\frac{1}{2} \cdot (-9{,}5 - 2{,}5)$ h) $(45 - 34) : (-\frac{1}{4})$ i) $(2\frac{1}{2} - 1\frac{1}{4}) \cdot (-6 + 10)$

Winkel und Dreiecke wiederholen

Winkelarten

Man unterscheidet folgende Winkelarten:

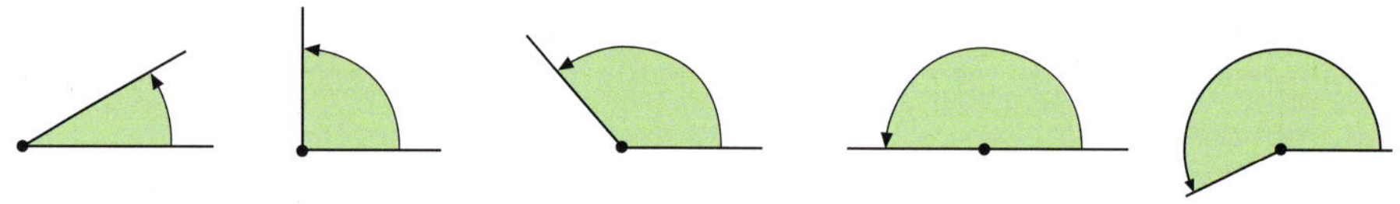

$0° < \alpha < 90°$ spitzer Winkel	$\alpha = 90°$ rechter Winkel	$90° < \alpha < 180°$ stumpfer Winkel	$\alpha = 180°$ gestreckter Winkel	$180° < \alpha < 360°$ überstumpfer Winkel

1 Zeichne folgende Winkel. Gib die Winkelart an.
a) 20° b) 35° c) 45° d) 72° e) 90° f) 100° g) 135° h) 160° i) 220°

Konstruktion von Dreiecken nach den Kongruenzsätzen

Dreiecke sind genau dann kongruent (deckungsgleich), wenn sie ...

... in der Länge zweier Seiten und der Größe des eingeschlossenen Winkels übereinstimmen (SWS).

Gegeben:
c = 6 cm
$\beta = 60°$
a = 4 cm

Planfigur:

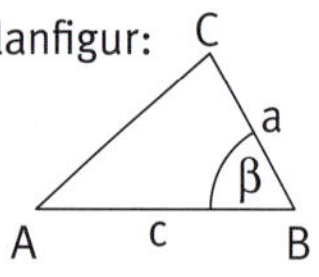

Zeichenschritte:

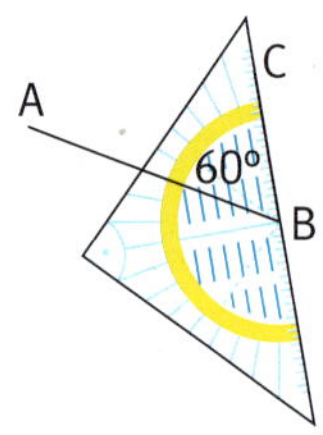

... in der Länge einer Seite und der Größe der beiden anliegenden Winkel übereinstimmen (WSW).

Gegeben:
b = 5 cm
$\alpha = 40°$
$\gamma = 60°$

Planfigur:

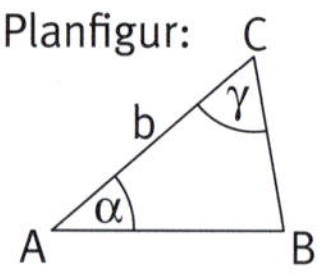

Zeichenschritte:

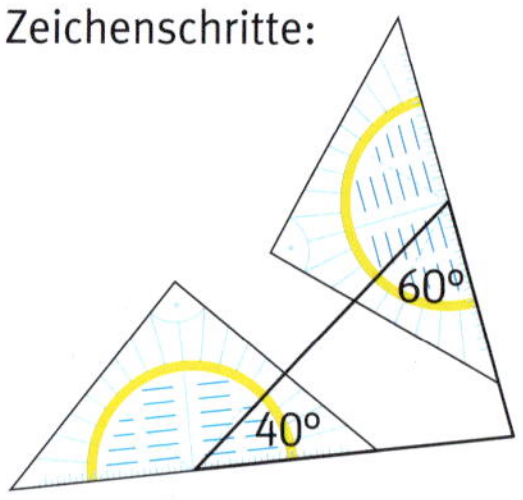

... in der Länge aller Seiten übereinstimmen (SSS).

Gegeben:
a = 4 cm
b = 3 cm
c = 5 cm

Planfigur:

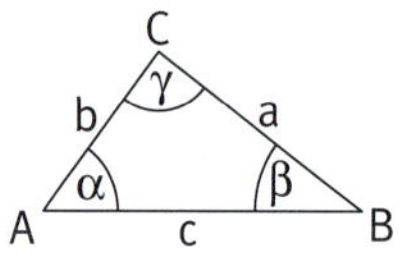

Zeichenschritte:

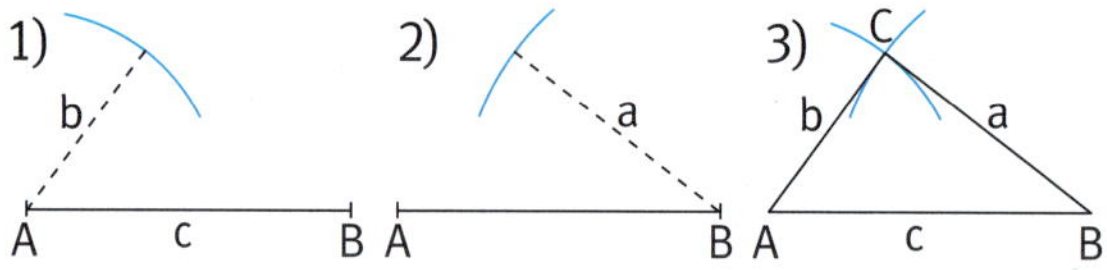

Für die Konstruktion von Dreiecken brauchst du immer drei Angaben. Eine davon muss eine Seitenlänge sein.

Der Maßstab 1 : 100 bedeutet zum Beispiel: 6 cm in der Zeichnung sind 6 cm · 100 = 600 cm = 6 m in der Wirklichkeit.

2 Konstruiere die Dreiecke. Benutze einen Zirkel.

a) a = 4,5 cm	c = 5,5 cm	$\beta = 48°$
b) a = 6,3 cm	b = 7,0 cm	c = 5,5 cm
c) c = 8,2 cm	$\alpha = 110°$	$\beta = 30°$

3 Konstruiere ein rechtwinkliges Dreieck, bei dem die Seiten, die den 90°-Winkel einschließen, 4,5 cm und 6 cm lang sind.

4 Zeichne das Dreieck ABC im Maßstab 1 : 10 000 und bestimme die Länge des Sees.

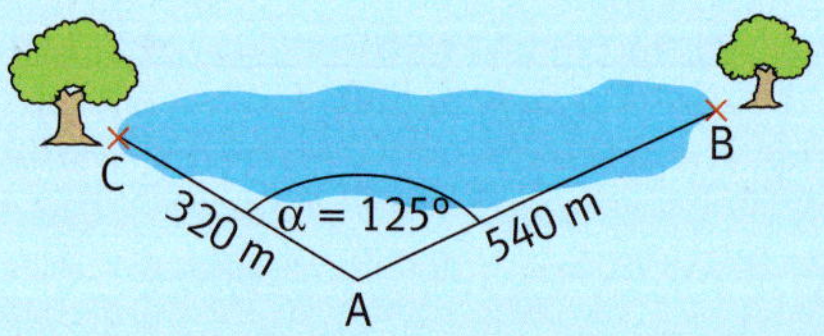

Dreiecksarten

Dreiecke lassen sich nach der Länge der Seiten oder der Winkelart ihres größten Winkels einteilen.
Eine besondere Linie in einem Dreieck ist die Höhe: Sie verläuft senkrecht von einem Eckpunkt auf die gegenüberliegende Seite.

gleichschenkliges Dreieck (a = b) | gleichseitiges Dreieck (a = b = c) | rechtwinkliges Dreieck | spitzwinkliges Dreieck | stumpfwinkliges Dreieck

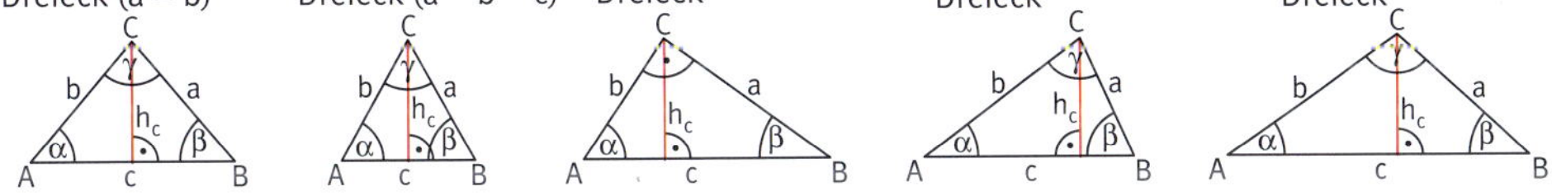

a, b: Schenkel; c : Basis

Die Seite a liegt dem Eckpunkt A gegenüber, die Seite b dem Eckpunkt B, die Seite c dem Eckpunkt C.

5 Skizziere die Dreiecke und gib die Dreiecksart an. Zeichne jeweils die Höhe h_c ein.

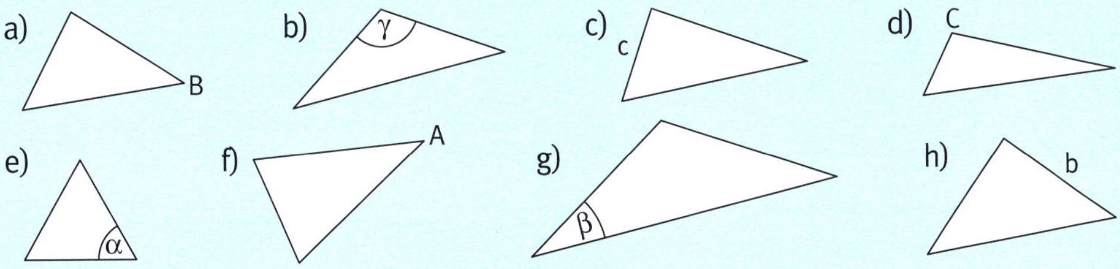

Aufpassen! Eine Höhe kann auch außerhalb des Dreiecks liegen oder auch mit einer Dreiecksseite übereinstimmen.

Winkelsumme im Dreieck und Winkel an Geraden

Die Winkelsumme in jedem Dreieck beträgt 180 Grad: $\alpha + \beta + \gamma = 180°$

Wenn zwei Geraden sich schneiden, gilt für die Winkel:	Wenn zwei parallele Geraden durch eine Gerade geschnitten werden, gilt:
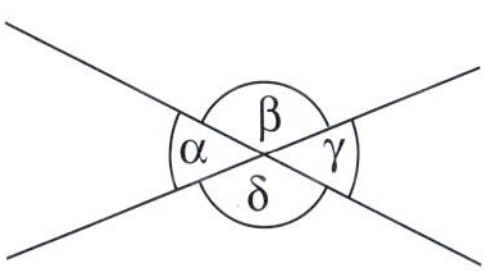	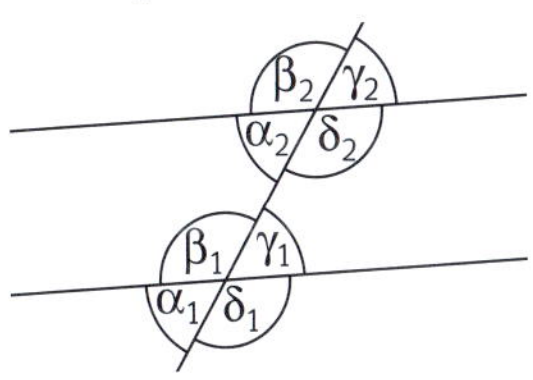
z. B.: α und γ sind Scheitelwinkel: $\alpha = \gamma$ α und β sind Nebenwinkel: $\alpha + \beta = 180°$	z. B.: α_1 und α_2 sind Stufenwinkel: $\alpha_1 = \alpha_2$ α_1 und γ_2 sind Wechselwinkel: $\alpha_1 = \gamma_2$

6 Bestimme alle fehlenden Winkelangaben.

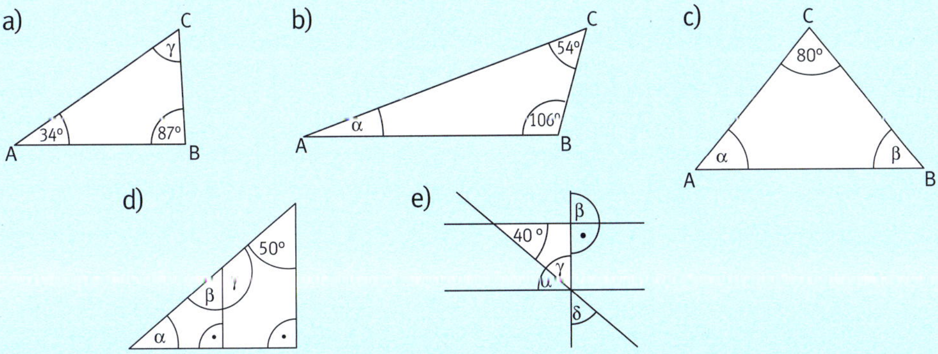

Flächenarten und Koordinatensystem

Man unterscheidet folgende Flächenarten:

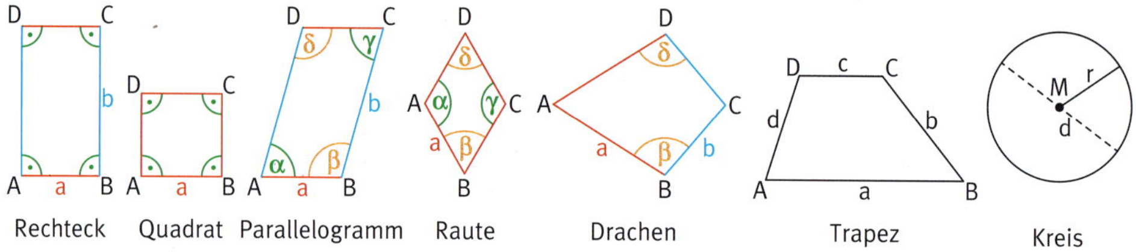

Die Lage jedes Punktes im Koordinatensystem beschreibt man mit zwei Koordinaten:

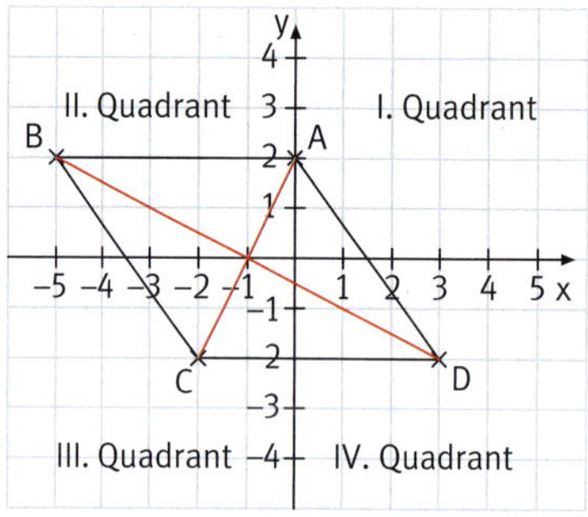

A (0|2); B (–5|2); C (–2|–2); D (3|–2)

Eine Fläche, die man so falten kann, dass beide Teile genau aufeinander liegen, heißt achsensymmetrisch. Die Faltlinie nennt man Symmetrieachse. Flächen haben je nach Art eine unterschiedliche Anzahl an Symmetrieachsen.

Die hier entstandene Fläche heißt Raute. Eine Raute hat zwei Symmetrieachsen.

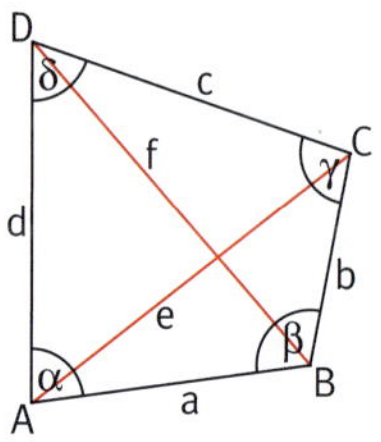

Die Diagonalen bezeichnet man mit e und f.

Quadrat:
- *Alle Seiten sind gleich lang.*
- *Alle Winkel betragen 90°.*
- *Gegenüberliegende Seiten sind parallel.*
- *Die Diagonalen sind gleich lang, stehen senkrecht zueinander und halbieren sich.*
- *Die Diagonalen sind unter anderem die Symmetrieachsen.*

1 a) Übertrage die Figuren aus dem Merkkasten und zeichne die Diagonalen ein.
b) Gib zu jeder Figur die Eigenschaften an. Beschreibe auch die Eigenschaften der Diagonalen.

2 Welche Teile bilden zusammen ein gleichschenkliges Dreieck, ein Quadrat, ein Rechteck, ein Parallelogramm oder ein Trapez? Mehrere Lösungen sind möglich.

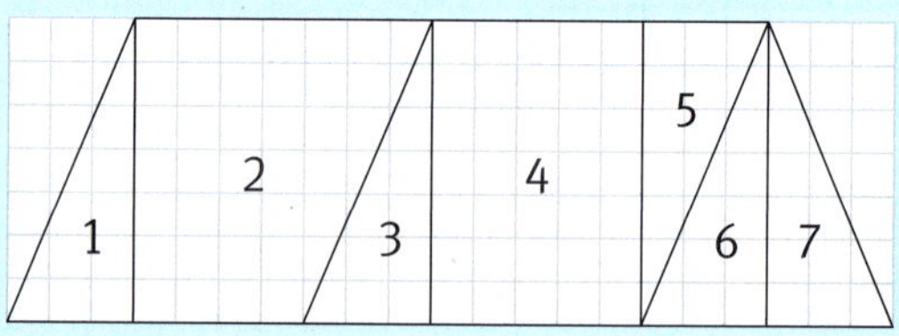

3 a) Übertrage das Koordinatensystem mit den Figuren und gib die Koordinaten der Eckpunkte an.
b) Benenne die Figuren und zeichne die Symmetrieachsen ein.
c) Übertrage die gegebenen Punkte in ein weiteres Koordinatensystem und verbinde sie zu jeweils einem Viereck.
A A (2|2); B (–3|2); C (–3|–3); D (2|–3)
B E (3|3); F (–2|3); G (–2|–3,5); H (3|–3,5)
d) Benenne die Figuren und zeichne die Symmetrieachsen ein.

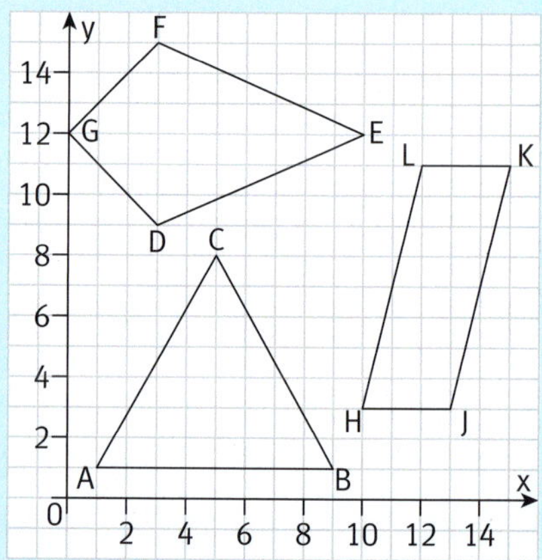

4 Von einer Raute sind die Punkte A (6|1), B (11|4) und der Schnittpunkt der Diagonalen M (6|4) gegeben. Zeichne die Figur vollständig in ein Koordinatensystem.

Körperarten, Schrägbilder und Netze

Man unterscheidet folgende geometrische Grundkörper:

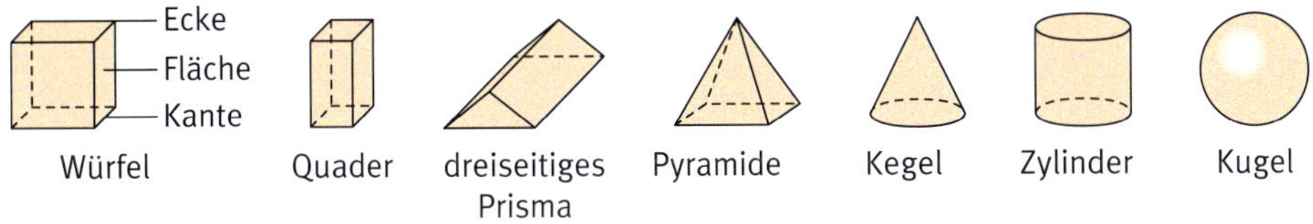

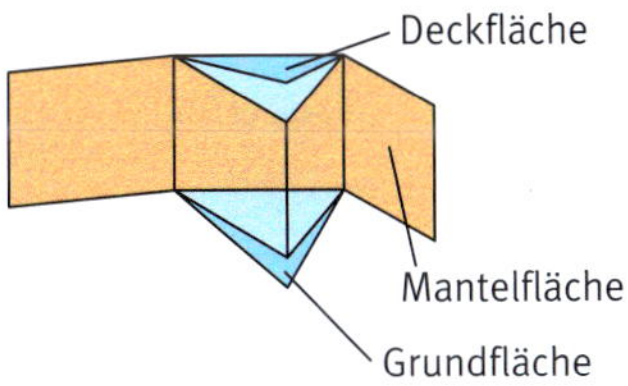

Körper bestehen aus Flächen. Wird ein Körper entlang seiner Kanten aufgeschnitten, entsteht ein Körpernetz.

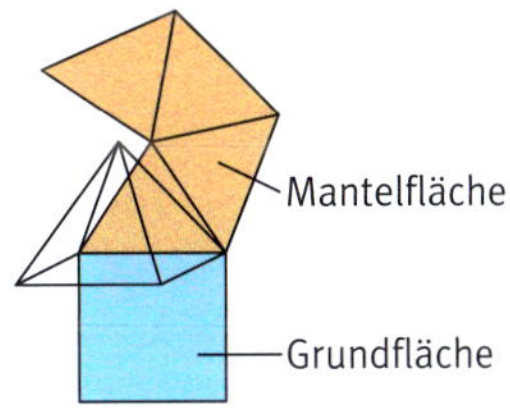

5 Welche der Körper A bis I haben als Begrenzungsflächen ...

a) zwei Dreiecke und drei Rechtecke?
b) sechs Rechtecke?
c) zwei Trapeze und vier Rechtecke?
d) vier Dreiecke?
e) zwei Parallelogramme und vier Rechtecke?
f) sechs Quadrate?

Beschreibe auch den noch nicht angegebenen Körper.

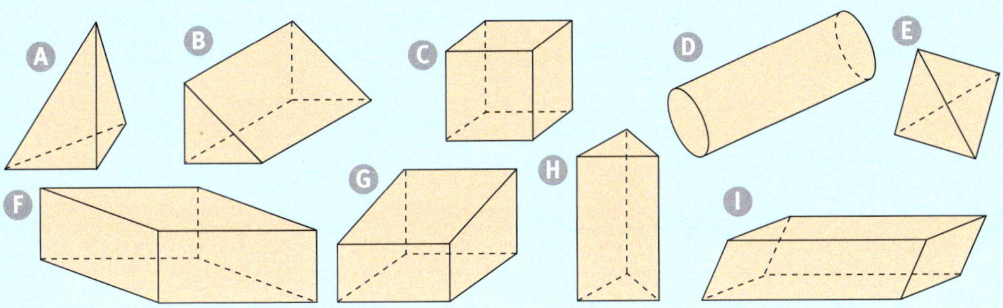

6 Ordne jedem Würfel ein Netz zu.

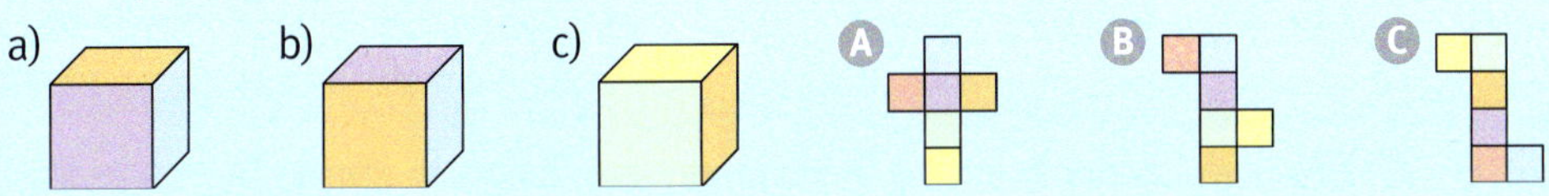

7 Das Netz ist jeweils unvollständig. Welcher Körper kann zu dem Netz passen? Übertrage und ergänze das Netz.

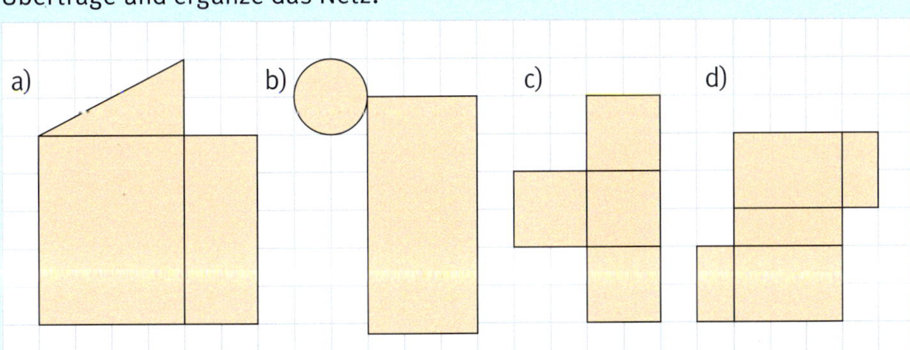

Basiswissencheck 2

Proportionalität und Antiproportionalität wiederholen
S. 18/19

1 Übertrage die Tabellen und berechne die fehlenden Größen. Liegt eine proportionale oder eine antiproportionale Zuordnung vor? Begründe.

a)

Gewicht Erdbeeren (g)	Preis (€)
250	1,50
■	■
800	■

b)

Anzahl Personen	Betrag pro Person (€)
12	140
4	■
8	■

c)

Anzahl LKW	Fahrten pro LKW
6	12
■	■
9	■

2 a) Ein Buch hat 196 Seiten mit jeweils 60 Zeilen pro Seite. Wie viele Seiten würde der gleiche Inhalt in einem Buch mit 70 Zeilen pro Seite benötigen?
b) Sofia verbringt mit ihrer Familie ein Wochenende an der Nordsee. Für die Hinreise muss der Vater noch tanken und bezahlt für 18 l Benzin 25,20 €. Für die Rückreise muss das Auto nochmals mit 35 l Benzin zum selben Preis aufgetankt werden. Berechne, wie viel die Familie für das Benzin insgesamt bezahlen muss.

Prozentrechnung wiederholen
S. 20/21

3 Ein Geschäft wirbt mit großen Rabatten. Am Montag werden 8 %, am Dienstag 15 % Nachlass auf den jeweils ursprünglichen Preis für alle Kleidungsstücke und Schuhe angeboten.
a) Ein Kleid kostete ursprünglich 79 €. Wie viel zahlt man am Montag?
b) Ein Paar Stiefel werden am Dienstag für 136 € verkauft. Wie viel kosten sie ohne Rabatt?
c) Am Mittwoch geht die Rabattaktion weiter: Ein T-Shirt wird von 22 € auf 16,06 € herabgesetzt. Wie viel Prozent Rabatt gibt es am Mittwoch?

Terme und Gleichungen wiederholen
S. 22/23

4 Löse die Gleichungen.
a) $4x - 2 = x + 7$ b) $5x + 2,5 = 0,7 - x$

5 Ein Taxifahrer verlangt eine Grundgebühr von 4 € und pro Kilometer einen Preis von 2,10 €. Herr Sperling bezahlt insgesamt 12,40 €. Stelle eine Gleichung auf und berechne, wie lang die Fahrstrecke von Herrn Sperling ist.

Diagramme und statistische Kennwerte wiederholen
S. 24/25

6 Ein Vergleich von Schuhgrößen der Mädchen der Klasse 9b ergibt diese Ergebnisse:

38 39 37 40 42 38 40
42 39 41 38 39 38 37

a) Stelle die Daten in einer Häufigkeitstabelle und einem Säulendiagramm dar.
b) Ergänze in der Tabelle die zugehörigen relativen Häufigkeiten.
c) Bestimme das Minimum, das Maximum und die Spannweite der Schuhgrößen.
d) Berechne den Durchschnittswert der Schuhgrößen.

Wahrscheinlichkeitsrechnung wiederholen
S. 26/27

7 In einem Gefäß befinden sich drei gelbe, fünf rote und zwei blaue Kugeln.
a) Berechne die Wahrscheinlichkeit, eine rote Kugel zu ziehen.
b) Berechne ebenso die Wahrscheinlichkeit, keine gelbe Kugel zu ziehen.

Flächenberechnungen wiederholen S. 29/30

8 Berechne den Flächeninhalt und den Umfang der Figuren (Maße in cm).

a)

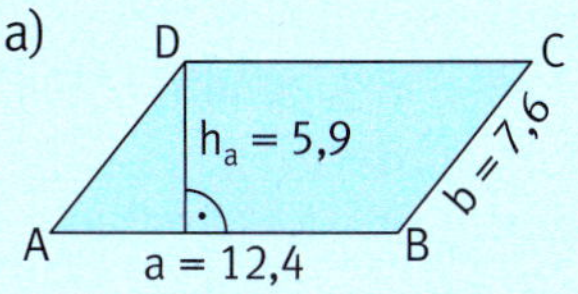

b)

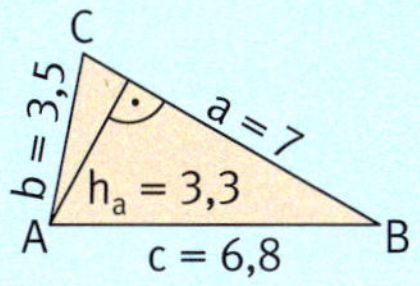

c)

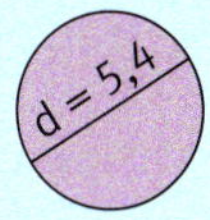

9 Herr Schulz will den Giebel seines Hauses mit Brettern verkleiden. Er ist 3,5 m hoch. Wie groß ist die Fläche, wenn das Fenster eine Länge von 2,10 m und eine Höhe von 1,10 m hat?

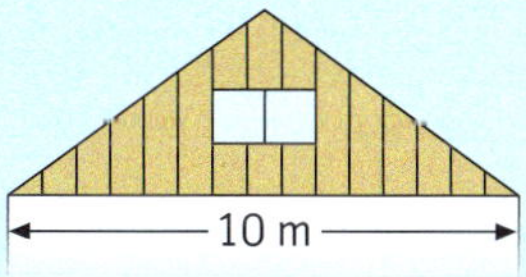

Körperberechnungen wiederholen S. 30/31

10 Berechne das Volumen und den Oberflächeninhalt der Körper (Maße in cm).

a)

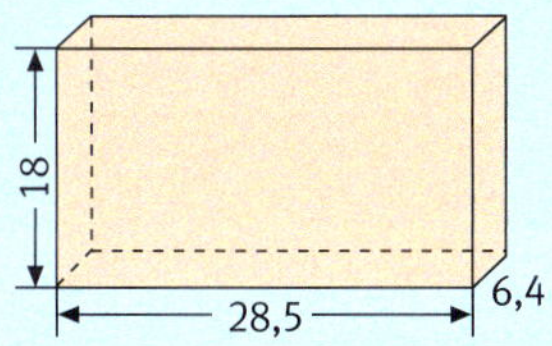

b)

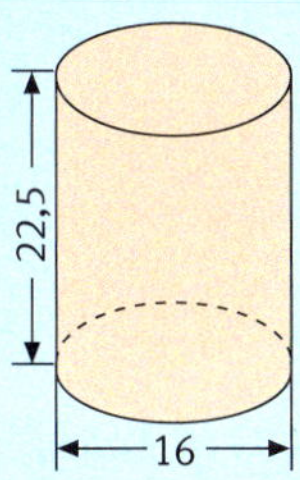

c)

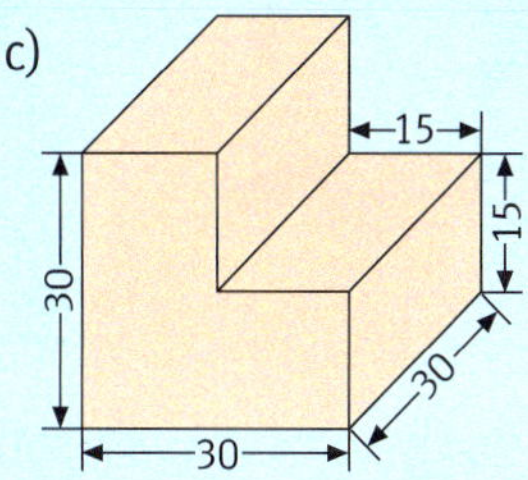

11 Ein quaderförmiges Becken ist 6,20 m lang, 4,40 m breit und 0,85 m tief. Es darf nur bis 10 cm unter die Oberkante gefüllt werden. Berechne das Fassungsvermögen des Beckens in Litern.

12 Der Dachraum eines Hauses soll ausgebaut werden. Geplant sind drei gleich große Räume. Wie groß ist der umbaute Raum des gesamten Dachgeschosses, wie groß der eines Zimmers?

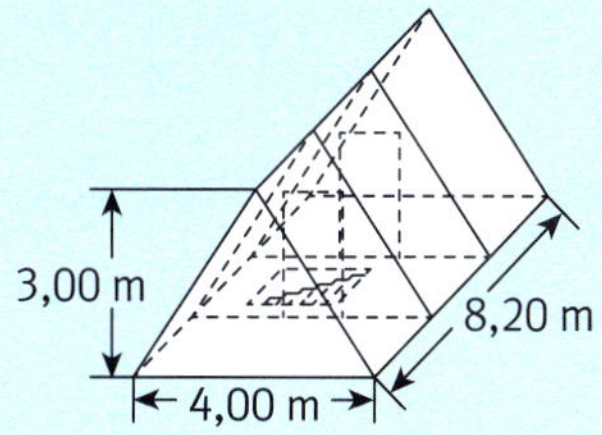

Satz des Pythagoras wiederholen S. 40 ff.

13 Eine 6,20 m lange Leiter wird an eine Mauer gestellt. Die Leiter steht am Boden 1,80 m von der Mauer entfernt. Wie hoch reicht die Leiter?

Lineare Funktionen wiederholen S. 78 ff.

14 Die Stadtwerke Cottbus haben eine Kostenübersicht für den Wasserverbrauch in einer Tabelle veröffentlicht.

verbrauchte Wassermenge (m^3)	5	10	15	20
Kosten (€)	12,50	20,00	27,50	35,00

a) Stelle die Funktion Verbrauch (m^3) → Kosten (€) im Koordinatensystem dar.
b) Lies die Grundgebühr aus dem Graphen ab.
c) Stelle die Funktionsgleichung auf.
d) Bestimme den Preis für 1 m^3 Wasser.
e) Berechne die Kosten bei einem Verbrauch von 30 m^3 (45 m^3; 75 m^3) Wasser.
f) Berechne den Verbrauch in m^3, wenn Kosten in Höhe von 78,50 € (222,50 €) angefallen sind.

Super, die Flure der Schule werden alle neu gestrichen. Für 33 m² braucht man 5,5 l Farbe. Es sind aber 220 m² zu streichen. Die Farbe gibt es in 10-l-Eimern zu kaufen.

Zunächst waren acht Maler mit einer Arbeitszeit von 12 Tagen eingeplant. Zwei Maler können nicht kommen, weil sie an einer anderen Schule gebraucht werden.

Fragen:

Ⓐ Wie viele Liter Farbe werden für alle Flure benötigt? Wie viele Eimer Farbe müssen gekauft werden?

Ⓑ Wie lange dauert die Arbeit, wenn nur sechs Maler gekommen sind?

Rechnung und Antwort zu Ⓐ:

Verdoppelt sich die zu streichende Fläche, verdoppelt sich auch der Farbverbrauch. Einen solchen Zusammenhang nennt man proportional.
Für 1 m² braucht man circa $5{,}5 : 33 \approx 0{,}17$ (l) Farbe.
Für 220 m² braucht man dann $0{,}17 \cdot 220 = 37{,}4$ (l) Farbe.
Insgesamt werden also rund 40 l Farbe benötigt und damit vier 10-l-Eimer Farbe gekauft.

Die Zuordnung Fläche → Farbverbrauch ist proportional.

Für Berechnungen gesuchter Größen eignet sich der Dreisatz:
33 m² → 5,5 l
1 m² → 0,17 l
220 m² → 37,4 l

8 Maler → 12 d
1 Maler → ■ d
6 Maler → ■ d

Proportionale und antiproportionale Zuordnungen

Verschiedene Sachsituationen lassen sich durch proportionale oder antiproportionale Zuordnungen beschreiben. Jeder Ausgangsgröße wird dabei eine andere Größe zugeordnet. Zuordnungen können als Graph in einem Koordinatensystem dargestellt werden.

proportionale Zuordnung	antiproportionale Zuordnung
Zum Doppelten (zum Dreifachen, ..., zur Hälfte, ...) der Ausgangsgröße gehört das Doppelte (das Dreifache, ..., die Hälfte, ...) der zugeordneten Größe. Der Graph ist eine Gerade, die durch den Ursprung verläuft.	Zum Doppelten (zum Dreifachen, ..., zur Hälfte, ...) der Ausgangsgröße gehört die Hälfte (ein Drittel, ..., das Doppelte, ...) der zugeordneten Größe. Der Graph ist eine fallende Kurve, die Hyperbel heißt.

1 Berechne, wie lange sechs Maler für das Streichen der Schulflure brauchen.

2 Entscheide zunächst, ob eine proportionale oder antiproportionale Zuordnung vorliegt. Begründe. Übertrage und vervollständige dann die Tabellen. Rechne zuerst auf einen geeigneten Zwischenwert und dann auf die gesuchte Größe.

a)

Euro	US-Dollar
120	180
■	■
180	■

b)

Anzahl Pumpen	Füllzeit in h
5	93
■	■
3	■

c)

Anzahl Kopien	Preis in €
450	13,50
■	■
800	■

3 Zu welcher Zuordnung gehört welcher Graph? Ordne zu und beschreibe eine mögliche Sachsituation.

a) 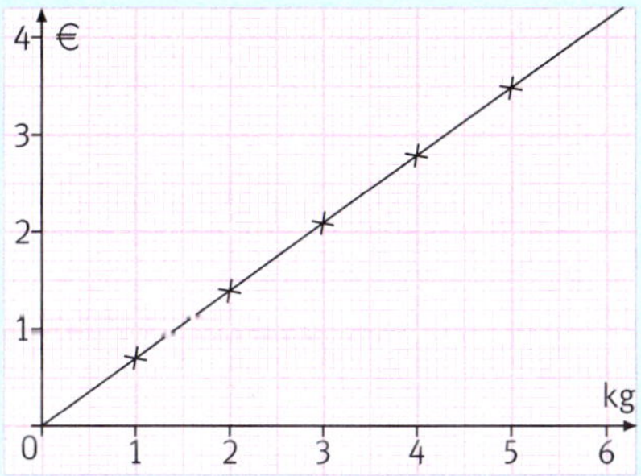

b) 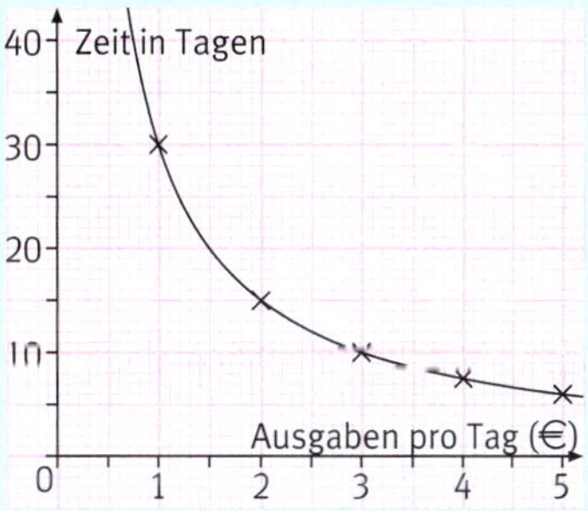

4 Entscheide zunächst, ob es sich um eine proportionale oder um eine antiproportionale Zuordnung handelt und berechne dann.

a) Eine Schulklasse möchte eine Stadtführung durch Berlin machen. Die Führung wird zu einem Festpreis angeboten. Bei 14 Teilnehmen muss jeder 15 € zahlen. Wie viel muss jeder zahlen, wenn 28 Personen teilnehmen?
b) Eine Schachtel mit Futter reicht für zwei Meerschweinchen 25 Tage lang. Wie lange reicht sie für fünf Meerschweinchen?
c) Svenja macht für sich und drei weitere Personen 600 g Spaghetti. Ihr Bruder kommt überraschend dazu. Wie viel Spaghetti sollte sie nun kochen?
d) Eine Fußballmannschaft erzielte in 5 Spielen 15 Tore. Wie viele Tore erzielt die gleiche Mannschaft in 10 Spielen?

5 Ein Supermarkt bietet Vanillepudding in zwei unterschiedlich großen Bechern an. Welches Angebot ist billiger? Begründe, indem du jeweils den Preis für 100 g (1 kg) Vanillepudding berechnest.

A 200 g für 0,78 €

B 125 g für 0,45 €

6 In einer Druckerei drucken vier Maschinen in einer Stunde 20 000 Werbezettel.

a) Berechne, wie viele Werbezettel vier Maschinen in fünf Stunden drucken.
b) Berechne, wie viele Werbezettel zwei Maschinen in sechs Stunden drucken.

7 Für die Schulcafeteria werden 25 Kästen Orangensaft, 12 Kästen Schokomilch und 7 Kästen Eistee bestellt. Berechne die Gesamtkosten, wenn ein Kasten Orangensaft 7,90 €, ein Kasten Schokomilch 11,99 € und ein Kasten Eistee 5,59 € kostet.

8 Um Apfelsaft herzustellen, werden die Äpfel in einer Presse zerquetscht. 100 kg Äpfel ergeben im Durchschnitt 65 l Saft.

a) Berechne, wie viel Liter Apfelsaft hergestellt wird, wenn 2 300 kg Äpfel verarbeitet werden.
b) Berechne, wie viele Flaschen Apfelsaft mit 0,7 l Fassungsvermögen damit gefüllt werden können.

Fragen:

Ⓐ Wie viel kostet das Notebook, nachdem der Rabatt abgezogen wurde?

Ⓑ Wie viel kostet das Notebook, wenn man sich das Geld leihen muss?

Rechnung und Antwort zu Ⓐ:

Der ursprüngliche Preis des Notebooks (429 €) entspricht dem Grundwert G, der Rabatt in Höhe von 15 % dem Prozentsatz p. Gesucht ist die Höhe des Rabatts. Die Höhe des Rabatts entspricht dem Prozentwert W.

Diese Größe berechnet man mit der Grundformel der Prozentrechnung: $\frac{W}{p} = \frac{G}{100}$

G = 429 €; p = 15 $\quad \frac{W}{15} = \frac{429}{100} \quad W = \frac{429}{100} \cdot 15 = 64{,}35$ (€)

Das Notebook kostet noch 429 € – 64,35 € = 364,65 €.

Prozent- und Zinsrechnung

Der Grundwert G entspricht 100 %. Er bezeichnet immer das Ganze.
Der Prozentwert W entspricht einem Teil des Ganzen.
Der Prozentsatz p entspricht dem Anteil von W an G in %.
Gesuchte Größen lassen sich mit der Grundformel der Prozentrechnung berechnen.

Es gilt: $\frac{W}{p} = \frac{G}{100}$

Die Zinsrechnung ist eine Anwendung der Prozentrechnung, hier gilt $\frac{Z}{p} = \frac{K}{100}$:

Prozentrechnung	Zinsrechnung
Grundwert G	Kapital K (Guthaben, Kreditbetrag, ...)
Prozentwert W	Zinsen Z
Prozentsatz p	Zinssatz p

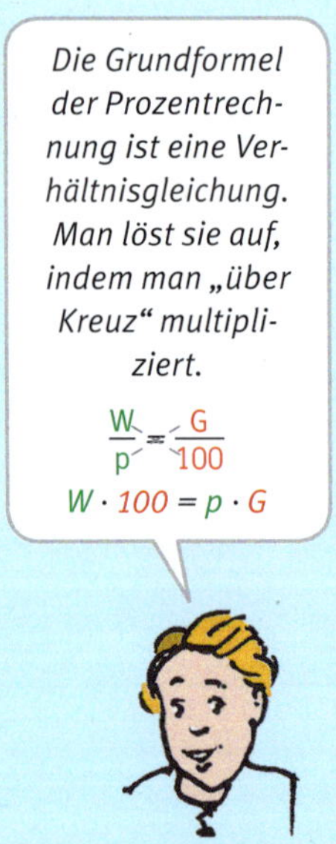

1 Berechne den Preis für das Notebook, wenn man sich das Geld zu einem Zinssatz von 2,2 % leihen muss.

2 Übertrage die Tabellen und berechne die fehlenden Größen.

Grundwert	Prozentwert	Prozentsatz
200 m	■	40 %
150 g	18 g	■
■	28 €	7 %

Kapital	Zinsen	Zinssatz
2 100 €	■	5 %
30 000 €	2 400 €	■
■	12,50 €	2 %

3 Überlege zuerst, welcher Grundbegriff gesucht ist. Berechne anschließend.

a) Milena geht gerne joggen. Von ihrer 5-km-Runde hat sie heute schon 850 m geschafft.

b) In einem Glas Nuss Nougat Creme (250 g) sind 56 % Zucker enthalten.

c) Für ein Fußballspiel wurden schon 780 Karten verkauft, das sind 65 % aller Karten.

4 Im Winterschlussverkauf gibt es große Preissenkungen, um die Lager zu räumen. In einem Bekleidungsgeschäft heißt es: 40 % auf alle Waren. Bestimme den neuen Verkaufspreis wie im Beispiel.

> 40 % auf 150 €:
> neuer Preis:
> 60 % des alten Preises
> $= 150\,€ \cdot (1 - \frac{40}{100})$
> $= 150\,€ \cdot 0{,}6 = 90\,€$

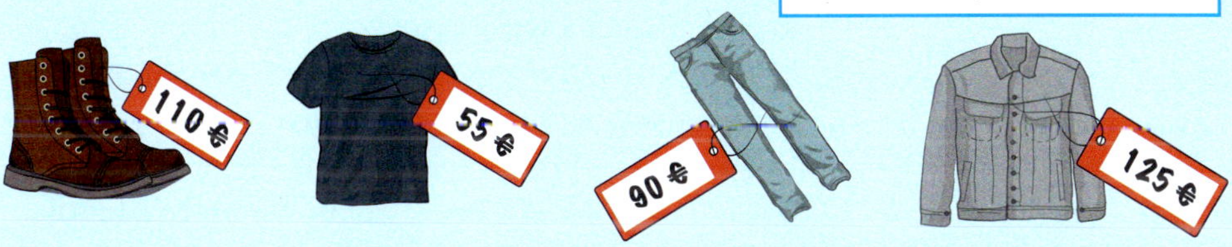

5 Ein Sportverein hat viele verschiedene Abteilungen. In der Abteilung Fußball gibt es zur Zeit 108 Spieler, das sind 18 % aller Mitglieder.

a) Berechne, wie viele Sportler der Verein insgesamt hat.

b) Lies den prozentualen Anteil der Sportler in den anderen Abteilungen aus dem Diagramm ab und berechne damit die jeweilige Anzahl der Mitglieder.

c) Ballsportarten sind sehr beliebt. Im letzten Jahr ist die Mitgliederzahl in der Abteilung Fußball um 25 % und in der Abteilung Basketball um 15 % gestiegen. Handball hatte als Spitzenreiter 75 % Zuwachs. Berechne die neuen Mitgliederzahlen.

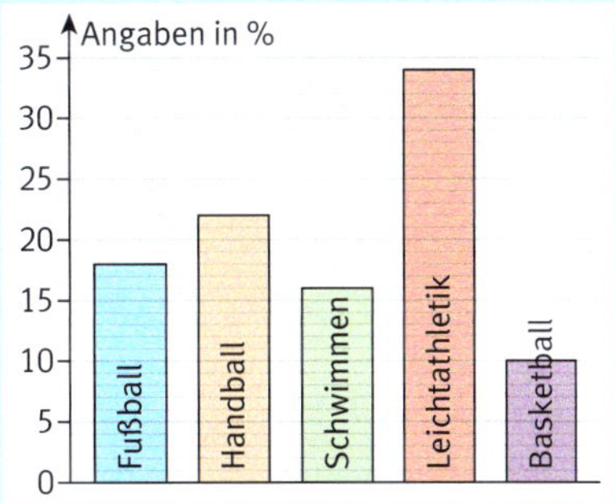

> 90 Mitglieder, 10 % Zuwachs
> neue Mitgliederzahl:
> 110 % der bisherigen Zahl
> $= 90 \cdot (1 + \frac{10}{100})$
> $= 90 \cdot 1{,}1 = 99$

Wenn der Grundwert um p vermindert (vermehrt) wird, kann auch gleich mit dem vermehrten (verminderten) Prozentsatz 100 % +/– p % rechnen. Dazu multipliziert man G mit dem Faktor $(1 +/- \frac{p}{100})$.

6 Mit ihrer neuen Sparspülung an der Toilette verbraucht Rebeccas Familie nur noch 50 % der ursprünglichen Wassermenge, das sind 4,5 Liter pro Spülgang.

a) Berechne die Wassermenge, die vor dem Einbau der Sparspülung pro Spülgang verbraucht wurde.

b) Die Familie besteht aus vier Personen. Im Schnitt betätigt jeder dreimal am Tag die Spülung. Berechne, wie viel Liter Wasser sie so im Jahr sparen.

Zinsen für einen Monat kann man berechnen, indem man die Jahreszinsen durch 12 dividiert.

7 Zu welchem Zinssatz muss ein Kapital von 20 000 € angelegt werden, wenn es im ersten Jahr 150 € Zinsen erbringen soll?

8 Carmen legt 35 000 € neun Monate lang zu einem Zinssatz von 0,6 % bei einer Bank an. Welchen Zinsbetrag erzielt sie?

9 Familie Schön besitzt zwei Sparverträge: 15 000 € hat sie als Festgeld zu einem Zinssatz von 1,25 % angelegt. Die zweite Anlage ist zu 0,9 % verzinst und bringt halbjährlich 45 € Zinsen. Reicht ihr Kapital nach einem Jahr schon, um sich ein Elektroauto für 30 000 € zu kaufen?

Ich nehme vier Kugeln, meine Schwester zwei und mein großer Bruder fünf.

Meine Klasse geht gemeinsam Eis essen. Unsere Lehrerin hat zusätzlich einen Kaffee für 2,80 € getrunken. Insgesamt haben wir aus der Klassenkasse 59,05 € bezahlt.

Fragen:

Ⓐ Wie viel bezahlt jede einzelne Person für ihr Eis? Wie viel kostet das Eis insgesamt?

Ⓑ Wie viele Kugeln Eis hat die Klasse bestellt?

Rechnung und Antwort zu Ⓐ:

Der Preis für eine Kugel Eis ist immer derselbe; es verändert sich die Anzahl der Kugeln.
Den Preis für ein Eis kann man mit einem allgemeinen Rechenausdruck (Term) mit einer Variablen x für die Anzahl der Eiskugeln beschreiben: $0{,}75\,€ \cdot x$

Preis für vier Kugeln Eis:	$0{,}75\,€ \cdot 4 = 3\,€$
Preis für zwei Kugeln Eis:	$0{,}75\,€ \cdot 2 = 1{,}50\,€$
Preis für fünf Kugeln Eis:	$0{,}75\,€ \cdot 5 = 3{,}75\,€$
Gesamtpreis:	$0{,}75\,€ \cdot 11 = 8{,}25\,€$

Terme und Gleichungen

Viele Sachsituationen lassen sich durch Terme und Gleichungen beschreiben.
Terme lassen sich oft vereinfachen:

- Kommen in Termen die gleichen Variablen mehrfach vor, kann man sie durch Addition oder Subtraktion zusammenfassen und als Produkt aus einer Zahl und einer Variablen schreiben.
- Ein Produkt aus Termen mit Zahlen und Variablen wird vereinfacht, indem man Zahlen mit Zahlen und Variablen mit Variablen multipliziert. Dividiert man einen Term durch eine Zahl, dividiert man die Zahlen.

Gleichungen kann man durch äquivalente Umformungen lösen:

① zuerst auf beiden Seiten der Gleichung die gleiche Zahl (das gleiche Vielfache der Variablen) addieren oder subtrahieren

② dann auf beiden Seiten der Gleichung mit der gleichen Zahl multiplizieren (durch die gleiche Zahl dividieren)

Beispiele:
Terme vereinfachen:

a) $x + x + x = 3x$
b) $8y - y = 7y$
c) $-3z + 5z = 2z$
d) $4 \cdot 3x = 12x$
e) $12x : 4 = 3x$

Gleichungen lösen:

a) $x + 3 = 15 \quad | -3$
$x = 12$

b) $6 = \frac{1}{2}x \quad | \cdot 2$
$12 = x$

c) $3x - 6 = 27 \quad | +6$
$3x = 33 \quad | :3$
$x = 11$

1 Stelle eine Gleichung für die Berechnung der Anzahl der Eiskugeln auf, die die Klasse bestellt hat. Löse sie dann mit den Umformungsregeln.

2 Notiere jeweils einen vereinfachten Term für den Umfang der Figur. Berechne den Umfang für x = 5,5 cm, y = 3 cm und z = 2,5 cm.

a) 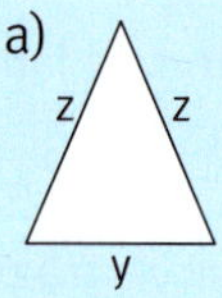

b) 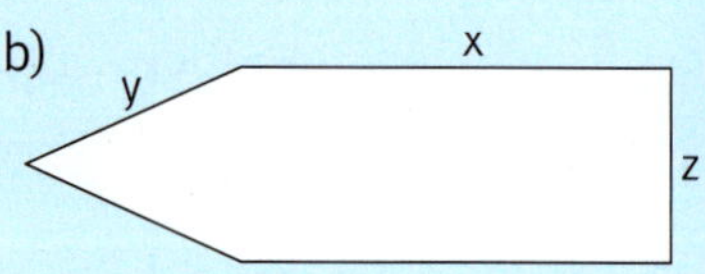

3 Jede Figur hat einen Umfang von 84 cm. Stelle eine Gleichung auf und berechne x.

a) 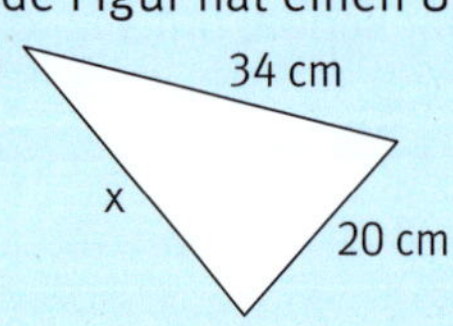

b) 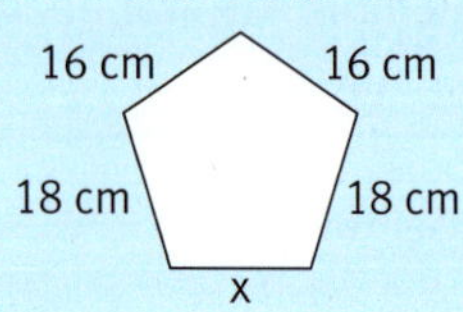

c) 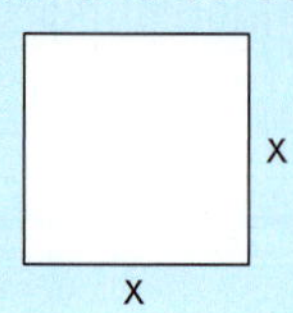

4 Ordne Texte und Terme einander zu. Erkläre die Bedeutung der Variablen.

a) Sabine ist halb so alt wie Stefan.
b) Tim besitzt doppelt so viele Briefmarken wie Birgit.
c) Ina bekommt 2 € mehr Taschengeld als Samuel.

A $2 : x$ **B** $x + 2$ **C** $x : 2$ **D** $x \cdot 2$

5 Welche Gleichung passt zum Text? Wofür steht die Variable x? Berechne.

Wenn ich mein Taschengeld 6 Monate spare und die 60 € vom Geburtstag dazulege, dann habe ich genau 150 €.

A $60 \cdot x + 6 = 150$ **B** $6 \cdot x - 60 = 150$ **C** $60 \cdot x - 6 = 150$ **D** $6 \cdot x + 60 = 150$

6 Löse mithilfe von Gleichungen.

a) Martina kauft in der Bäckerei drei Stück Kuchen und Brezeln und bezahlt 9,90 €. Ein Stück Kuchen kostet 2,30 €, ein Brezel 0,60 €. Berechne, wie viele Brezeln Martina gekauft hat.
b) Familie Salomon mietet für 14 Tage eine Ferienwohnung. Für die Endreinigung zahlt sie 30 €. Insgesamt bezahlt Herr Salomon 807 €. Wie teuer ist die Ferienwohnung pro Tag?

7 Ersetze im Term $-5 \cdot (9 + 4a) - (2b - 18)$ a durch 2 und b durch -3. Berechne das Ergebnis schrittweise.

8 Vereinfache die Terme.

a) $17x + 8 + 13x - 3$
b) $-3y + 1,5x - 7 + 5y + 13 - 3,5x$
c) $2a - 3\frac{1}{4}b - 4,5a + \frac{1}{4}b + 4 \cdot \frac{1}{2}a$
d) $18c : 6 + 3 \cdot 1,5d - 5d - 10c$

9 Löse die Gleichungen schrittweise.

a) $7x - 1 = 4x + 8$
b) $2,5y - 3,2 = y - 1,7$
c) $-3z + 4 = -12 + 5z$

10 Zahlenrätsel: Stelle Terme und Gleichungen auf und berechne.

a) Addiere 17 zur Differenz aus 22 und 15.
b) Bilde den Quotienten aus 49 und 7 und subtrahiere 5.
c) Multipliziere 8 und –12 und dividiere das Ergebnis durch 3.
d) Bilde die Summe aus 14 und 6 und subtrahiere davon das Produkt aus 5 und –2.
e) Das Vierfache einer Zahl ergibt 32.
f) Subtrahiert man 15 von einer Zahl, so erhält man 25.
g) Vermindert man das Dreizehnfache einer Zahl um 38, so erhält man –12.
h) Das Produkt aus –8 und einer Zahl ergibt die Summe aus 60 und 12.

11 Vereinfache die Terme mithilfe des Distributivgesetzes.

a) $(22 + 4z) \cdot 3$
b) $\frac{3}{4} \cdot (16y + 1)$
c) $8x - 3 \cdot (2x + 3)$

12 Löse die Gleichungen schrittweise.

a) $4 \cdot (3 + a) = 20$
b) $3 \cdot (b - 2) = b + 14$
c) $4c - (c - 8) = 32$

Addition:
Summand + Summand = Summe

Subtraktion:
Minuend – Subtrahend = Differenz

Multiplikation:
Faktor · Faktor = Produkt

Division:
Dividend : Divisor = Quotient

Distributivgesetz:
$a \cdot (b + c) = ab + ac$
$a \cdot (b - c) = ab - ac$
Wenn a = –1, gilt:
$-(b + c) = -b - c$
$-(b - c) = -b + c$

Diagramme und statistische Kennwerte wiederholen

Wie viele Kinder essen wohl ungefähr an jedem Tag in der Mensa?

Am Mittwoch gab es Milchreis, am Donnerstag Spaghetti. Das ist ein richtig großer Unterschied zwischen der Anzahl der verkauften Essen.

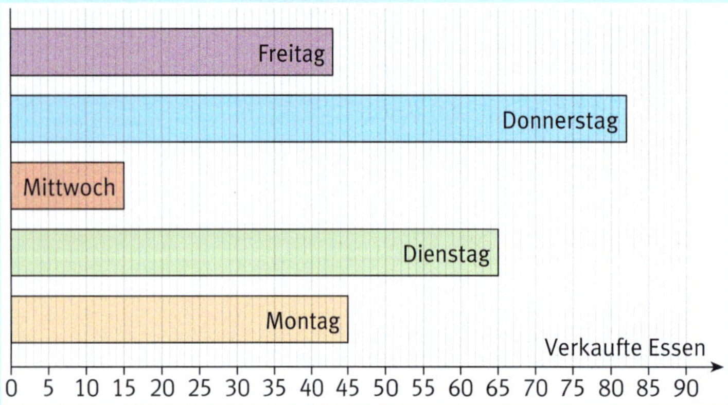

Fragen:

Ⓐ Wie viele Mittagessen werden pro Tag im Durchschnitt verkauft?

Ⓑ Wie groß ist der Unterschied zwischen der niedrigsten und der höchsten Zahl an verkauften Essen?

Rechnung und Antwort zu Ⓐ:

Im Balkendiagramm kann man die Anzahl der verkauften Mittagessen ablesen.

Für den Durchschnittswert addiert man die Anzahl der Mittagessen für jeden Tag und dividiert die Summe durch die Anzahl der Tage.

(45 + 65 + 15 + 82 + 43) : 5 = 50

Pro Tag wurden im Durchschnitt 50 Essen verkauft.

Diagramme und statistische Kennwerte

Datenreihen lassen sich mithilfe von Kennwerten beschreiben und auswerten. Man berechnet den Durchschnittswert $\overline{x}$ (arithmetisches Mittel), indem man alle Einzelwerte addiert und die Summe durch die Anzahl der Einzelwerte dividiert.

$$\overline{x} = \frac{\text{Summe der Einzelwerte}}{\text{Anzahl der Einzelwerte}}$$

Der Zentralwert (Median) ist bei einer ungeraden Anzahl der Werte der mittlere Wert in einer Rangliste, bei einer geraden Anzahl der Durchschnittswert der beiden mittleren Werte.

Minimum, Maximum und Spannweite sagen etwas über die Verteilung der Daten in einer Datenreihe aus. Das Minimum ist der kleinste Wert einer Datenreihe, das Maximum der größte. Die Spannweite s ist die Differenz dieser beiden Werte: Spannweite = Maximum – Minimum.

Eine Rangliste ist eine geordnete Datenreihe.

Darstellung von ...
- *absoluten Häufigkeiten: Säulen- oder Balkendiagramme*
- *relativen Häufigkeiten: Kreis- oder Streifendiagramme*

1 Berechne die Spannweite der verkauften Essen.

2 a) Runde die Flusslängen jeweils auf 100 km genau. Zeichne dann ein Balkendiagramm, in dem die Flüsse der Länge nach geordnet sind.

b) Berechne den Durchschnittswert und kennzeichne diesen durch eine Linie im Diagramm. Nenne die Flüsse, die länger sind als der Durchschnittswert.

c) Berechne die Spannweite der Flusslängen.

Fluss	Länge
Rhein	1 233 km
Oder	854 km
Elbe	1 091 km
Donau	2 860 km

3 Death Valley, das „Tal des Todes“ in Kalifornien (USA), ist das heißeste Gebiet der Erde. Die Tabelle zeigt die mittleren Monatstemperaturen aus einem der letzten Jahre.

Monat	J	F	M	A	M	J	J	A	S	O	N	D
Temperatur in °C	13	17	21	27	32	38	40	38	34	27	20	14

a) Nenne den wärmsten und den kältesten Monat und berechne die Spannweite.
b) Berechne die mittlere Jahrestemperatur.
c) Gib jeweils mithilfe der Daten an, ob die Aussage wahr oder falsch ist.
A Der heißeste Tag des Jahres war im Juli.
B Im April gab es Temperaturen unter 30 °C.
C Im Februar war die Temperatur immer unter 20 °C.

4 Nach einer Umfrage der ARD-ZDF Onlinestudie 2017 nutzen das Internet in Deutschland

2008: 42,7 Mio. Menschen

2011: 51,7 Mio. Menschen

2014: 55,6 Mio. Menschen

2017: 62,4 Mio. Menschen

a) Runde die Angaben geeignet und stelle sie in einem Säulendiagramm dar.
b) Wie viele Millionen Menschen nutzten von 2008 bis 2017 nach diesen Angaben im Durchschnitt das Internet? Berechne.

5 Das Diagramm zeigt die Auswertung einer Umfrage in einer 9. Klasse zum Thema Hobbys. Entscheide, ob folgende Aussagen wahr oder falsch sind. Begründe.
a) Die meisten Schüler haben als Hobby „Freunde treffen“ angegeben.
b) Die wenigsten Schüler haben als Hobby „Lesen“ angegeben.
c) Addiert man alle Nennungen, dann kennt man die Anzahl der Schüler in der Klasse.
d) Etwa die Hälfte aller Stimmen fielen auf die Hobbys „Lesen“, „Musik hören“ oder „Sport“.

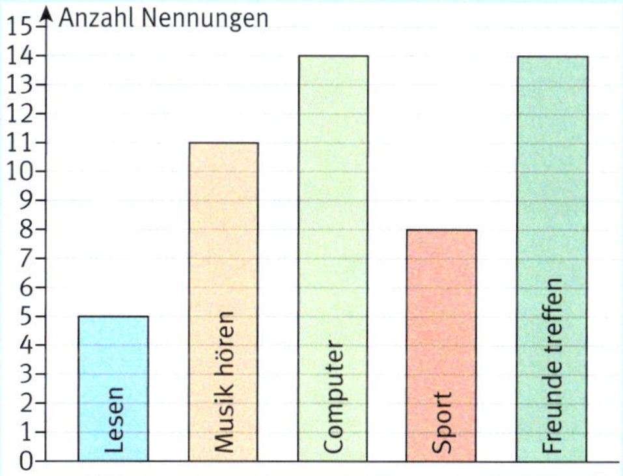

6 Bei der Shell-Studie werden Jugendliche u.a. zu ihrer Grundeinstellung zum „social web“ befragt.
a) Berechne den Prozentsatz der Jugendlichen, die sich kritisch geben und sich nicht auf alles einlassen.
b) Stelle die Angaben in einem Streifendiagramm dar.

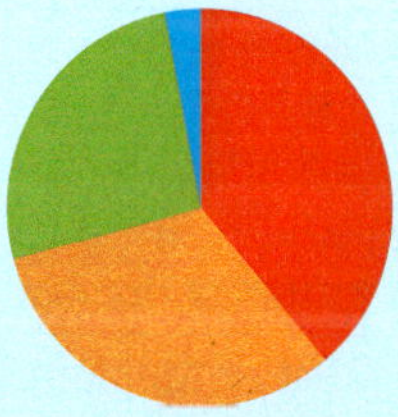

7 Das sind Slavces Ergebnisse beim Weitwurf:

1. Wurf	2. Wurf	3. Wurf	4. Wurf	5. Wurf	6. Wurf
45,10 m	42,70 m	44,60 m	37,80 m	35,90 m	41,50 m

a) Gib das Minimum und das Maximum seiner Würfe an.
b) Um sich für den Wettkampf zu qualifizieren, muss Slavce eine durchschnittliche Weite von 42 m haben. Wird er zum Wettkampf geschickt? Begründe.
c) Bestimme den Zentralwert. Wäre er ein besseres Auswahlkriterium? Begründe.

Wahrscheinlichkeitsrechnung wiederholen

Lass uns mit dem blauen Baustein würfeln. Landet er auf einer der langen Seitenflächen, bist du an der Reihe. Landet er auf einer der kleinen Seitenflächen, räume ich auf.

Nein, das ist nicht gerecht. Lass uns mit einem normalen Spielwürfel würfeln. Bei geraden Zahl bist du an der Reihe; bei einer ungeraden ich.

Fragen:

Ⓐ Warum ist das Spiel nicht fair, wenn man den Baustein einsetzt? Worin besteht der Unterschied zwischen dem Baustein und dem Spielwürfel?

Ⓑ Wie bestimmt man die Wahrscheinlichkeit, mit dem Spielwürfel eine gerade oder ungerade Zahl zu würfeln?

Rechnung und Antwort zu Ⓐ:

Der Baustein und der Spielwürfel sind beides Zufallsgeräte, mit denen man Zufallsversuche durchführen kann. Bei dem Spielwürfel sind alle Seitenflächen gleich groß.

Beim Baustein ist das nicht der Fall. Es gibt Seitenflächen in verschiedenen Größen. Die Wahrscheinlichkeit, mit welcher der Baustein auf einer bestimmten Seite landet, muss experimentell bestimmt werden.

Man muss sehr oft damit würfeln und die Ergebnisse in einer Strichliste festhalten. Aus den Aufzeichnungen kann man die relativen Häufigkeiten der einzelnen Seitenflächen bestimmen. Nach dem Gesetz der großen Zahlen kann man dann die zugehörigen Wahrscheinlichkeiten abschätzen.

Bei dem Baustein ist es am wahrscheinlichsten, dass er auf eine der langen Seiten fällt.

Ein Ereignis ist ein Teil aller Ergebnisse, für den man sich genauer interessiert. Dies kann ein einzelnes Element oder auch mehrere Elemente aus der Ergebnismenge sein.

absolute Häufigkeit H: tatsächliche Anzahl, wie oft ein Ereignis vorkommt

relative Häufigkeit h: Anteil von H an der Gesamtzahl der Versuche, also aller Ergebnisse

Wahrscheinlichkeiten

Haben alle möglichen Ergebnisse eines Zufallsversuchs die gleiche Chance, so sagt man, dass jedes Ergebnis gleich wahrscheinlich ist. Solche Zufallsversuche heißen Laplace-Versuche. Für die Wahrscheinlichkeit des Ereignisses E gilt dann:

$$P(E) = \frac{\text{Anzahl der für E günstigen Ergebnisse}}{\text{Anzahl der möglichen Ergebnisse}}$$

1 Bestimme für dem Spielwürfel die Wahrscheinlichkeit für die Ereignisse E_1 (gerade Zahl) und E_2 (ungerade Zahl) als Bruch und in Prozentschreibweise.

2 Tanja und Jennifer besuchen ein Fest. Dort entdecken sie zwei Glücksräder.

a) Bei welchem Glücksrad haben sie für die Zahlen 1, 2 und 3 jeweils die gleiche Wahrscheinlichkeit?

b) Wie hoch ist bei beiden Glücksrädern die Wahrscheinlichkeit für die drei Zahlen?

Ⓐ

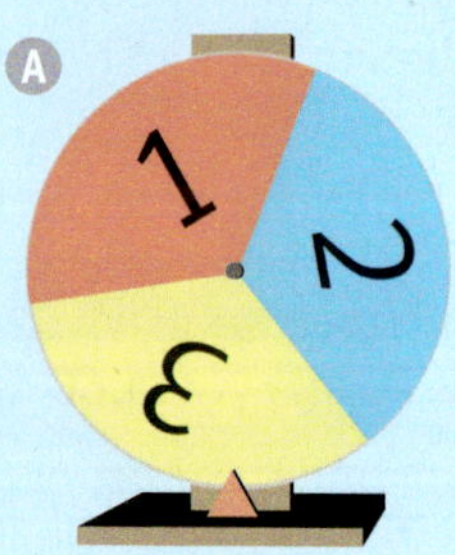

Ⓑ

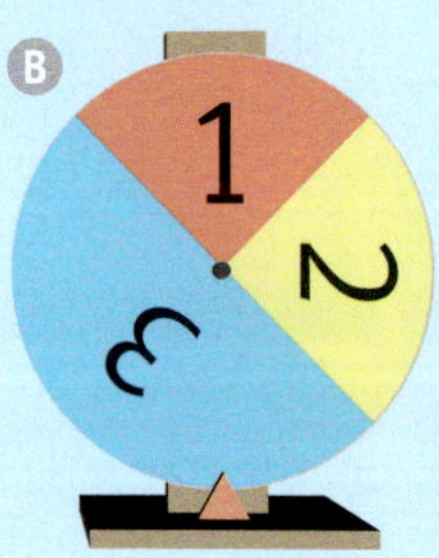

3 Mit verbundenen Augen wird eine Kugel gezogen. Mit welcher Wahrscheinlichkeit ist es eine rote?

a) 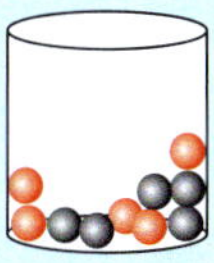 b) 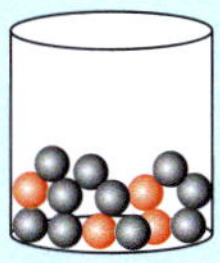 c)  d) 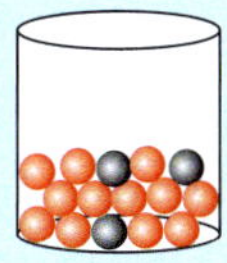 e) 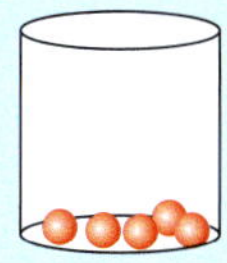

4 In einer Schachtel liegen gut gemischt 100 Zettel, jeder mit einer unterschiedlichen Zahl von 1 bis 100. Ein Zettel wird blind gezogen. Mit welcher Wahrscheinlichkeit ist es

a) eine Zahl mit zwei gleichen Ziffern?
b) eine Zahl mit zwei verschiedenen Ziffern?
c) eine zweistellige Zahl ohne 0 als Ziffer?
d) eine Zahl mit zwei ungeraden Ziffern?
e) eine durch 9 teilbare Zahl?
f) eine nicht durch 9 teilbare Zahl?
g) eine Zahl ohne 7 als Ziffer?
h) eine durch 4 teilbare Zahl?

5 Rot gewinnt und du bist an der Reihe. Wäre es dir egal, mit welchem der beiden Würfel oder Glücksräder du spielen müsstest? Begründe deine Meinung.

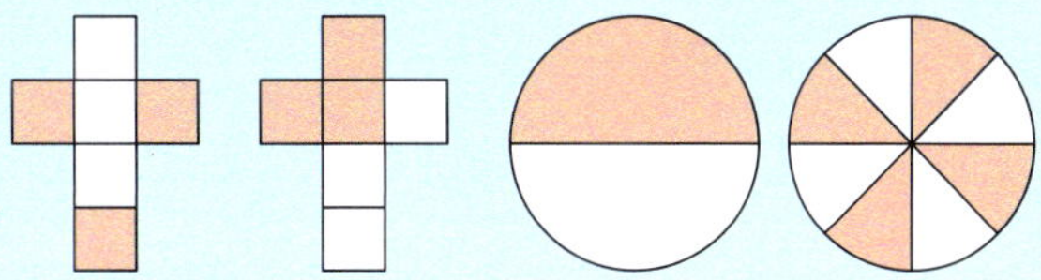

6

7

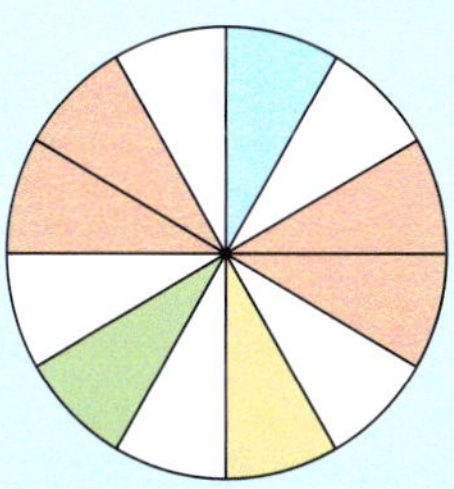

a) Auf welche Farbe würdest du bei diesem Glücksrad setzen, damit die Wahrscheinlichkeit für einen Gewinn möglichst hoch ist? Begründe deine Entscheidung.
b) Ein Losbudenbesitzer bietet an: „Blau gewinnt 12 €“. Wie teuer sollte er ein Los verkaufen? Mache Vorschläge und begründe.

8 a) Jede der sechs Flächen eines Würfels ist gefärbt. Einige Flächen sind rot, die restlichen sind blau. Beim Würfeln ist die Wahrscheinlichkeit, dass eine rote Fläche oben liegt, $\frac{2}{3}$. Wie viele Flächen des Würfels sind rot bzw. blau gefärbt?
b) Ein Spieler hat schon viermal hintereinander eine 6 gewürfelt. Wie groß ist die Wahrscheinlichkeit, dass beim fünften Wurf wieder eine 6 kommt?

9 Bei dem Glücksrad bekommt der Spieler so viele Cent, wie das Feld anzeigt, auf dem der Pfeil nach dem Drehen stehen bleibt.

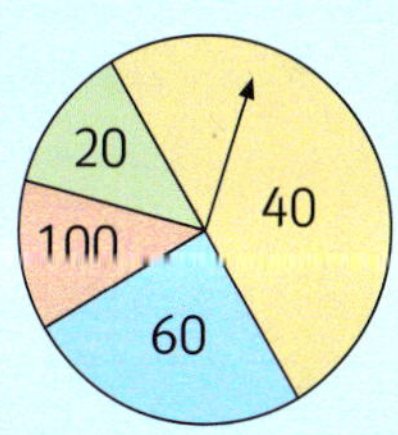

a) Mit welcher Wahrscheinlichkeit bekommt der Spieler 60 Ct bzw. weniger als 60 Ct?
b) Für ein Spiel muss der Spieler 60 Ct Gebühr entrichten. Mit welcher Wahrscheinlichkeit bekommt er mehr wieder zurück, als er bezahlen muss?

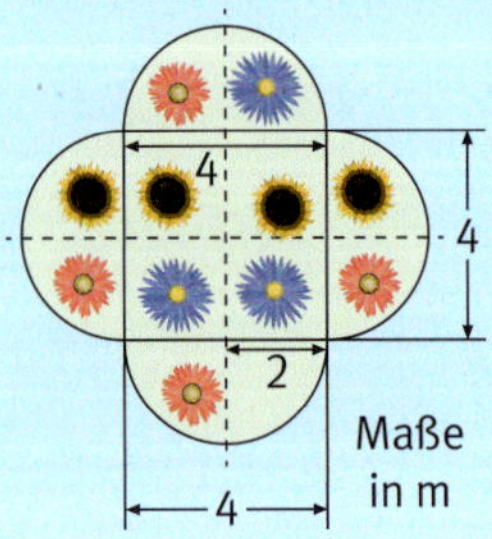

Fragen:

Ⓐ Wie groß ist der Flächeninhalt A des Beetes?

Ⓑ Wie lang ist der Umfang u dieser Fläche?

Rechnung und Antwort zu Ⓐ:

Die Fläche lässt sich in ein Quadrat und vier Halbkreise (= zwei Kreise) zerlegen. Die Summe der Flächeninhalte der einzelnen Figuren entspricht dem Flächeninhalt des Blumenbeetes.

$A_{\text{Quadrat}} = a \cdot a = 4\text{ m} \cdot 4\text{ m} = 16\text{ m}^2$

$A_{\text{zwei Kreise}} = 2 \cdot \pi \cdot r^2 = 2 \cdot \pi \cdot (2\text{ m})^2 \approx 25{,}13\text{ m}^2$

$A_{\text{Gesamt}} = A_{\text{Quadrat}} + A_{\text{zwei Kreise}}$

$= 16\text{ m}^2 + 25{,}13\text{ m}^2 = 41{,}13\text{ m}^2 \approx 41\text{ m}^2$

Der Flächeninhalt des Beetes ist ungefähr 41 m² groß.

Umfang und Flächeninhalt ebener Figuren

Für den Umfang und den Flächeninhalt ebener Figuren gilt:

Rechteck

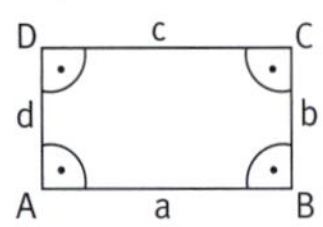

$u = 2 \cdot (a + b)$
$A = a \cdot b$

Quadrat

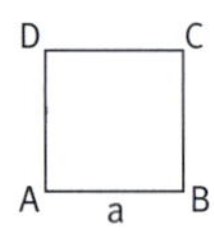

$u = 4 \cdot a$
$A = a \cdot a$

Parallelogramm

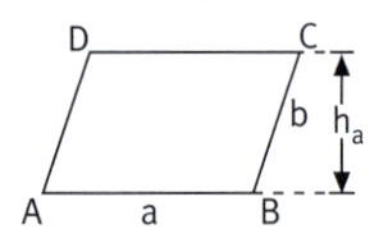

$u = 2 \cdot (a + b)$
allg.: $A = g \cdot h$
hier: $A = a \cdot h_a$

Raute

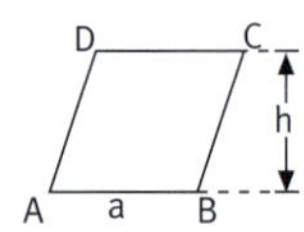

$u = 4 \cdot a$
$A = a \cdot h$

Drachen

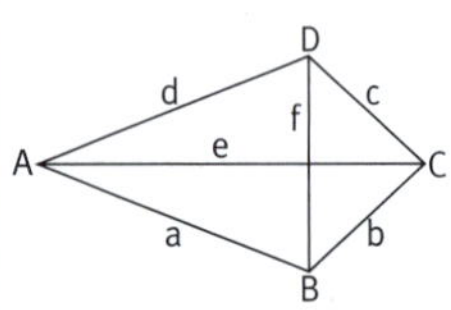

$u = 2 \cdot (a + b)$
$A = \frac{e \cdot f}{2}$

Trapez

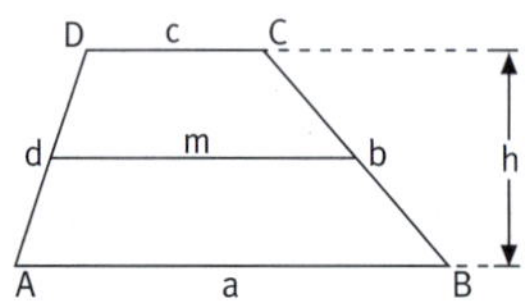

$u = a + b + c + d$
$A = \frac{a + c}{2} \cdot h = m \cdot h$

Dreieck

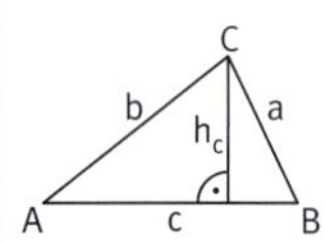

$u = a + b + c$
allg.: $A = \frac{1}{2} \cdot g \cdot h$
hier: $A = \frac{1}{2} \cdot c \cdot h_c$

Kreis

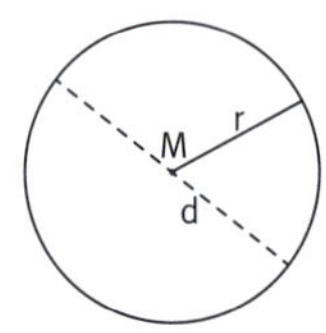

$u = 2 \cdot \pi \cdot r$
$u = \pi \cdot d$
$A = \pi \cdot r^2$

❶ Berechne den Umfang des Beetes.

❷ Berechne den Umfang und den Flächeninhalt der Figuren (Maße in cm).

a)

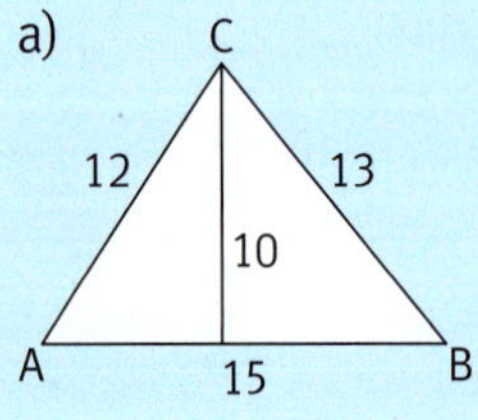

b)

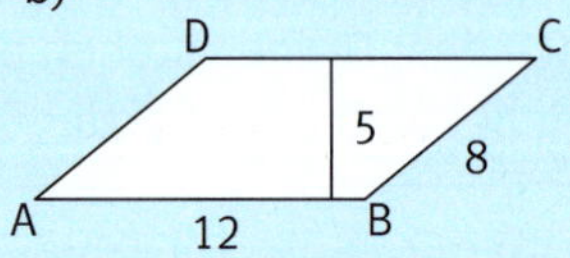

c)

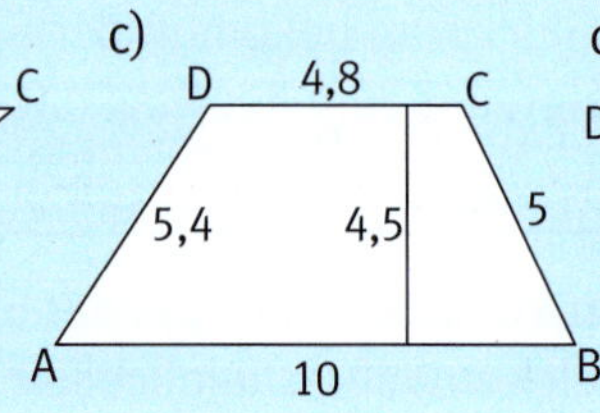

d)

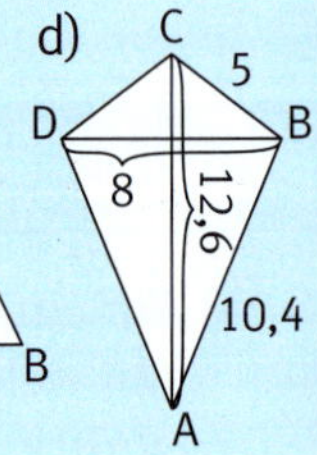

3 Zeichne die Parallelogramme und die Dreiecke in ein Koordinatensystem und berechne den Flächeninhalt und den Umfang. Entnimm benötigte Längenmaße der Zeichnung.

a) A (1|2); B (7|2); C (8|4,5); D (2|4,5)
b) E (−1|1); F (1|6); G (−1|6)
c) H (2|−4,5); I (2|0); J (−2,5|1); K (−2,5|−3,5)
d) L (0|5); M (5|1); N (5|5)

4 Berechne den Flächeninhalt und wenn möglich den Umfang der Figuren (Maße in cm).

a)
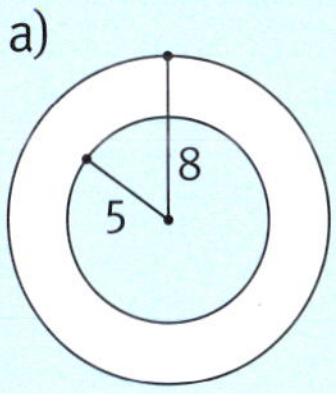

b)
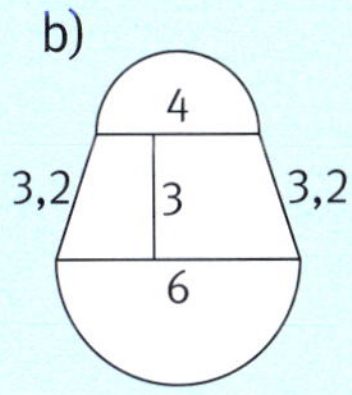

c)
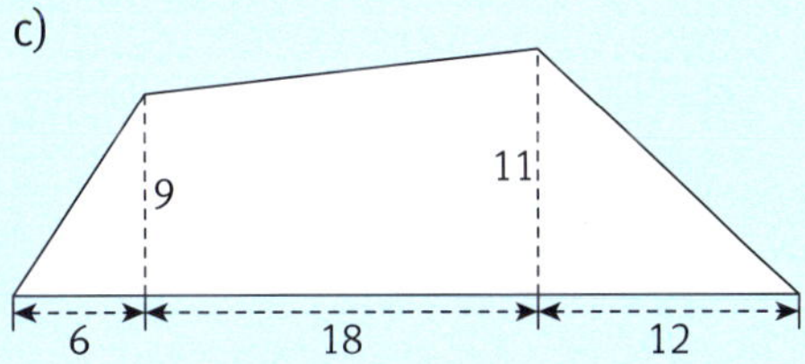

5 Berechne den Flächeninhalt der blau gefärbten Fläche, indem du zuerst den Flächeninhalt der weißen Fläche bestimmst (Maße in cm).

a)
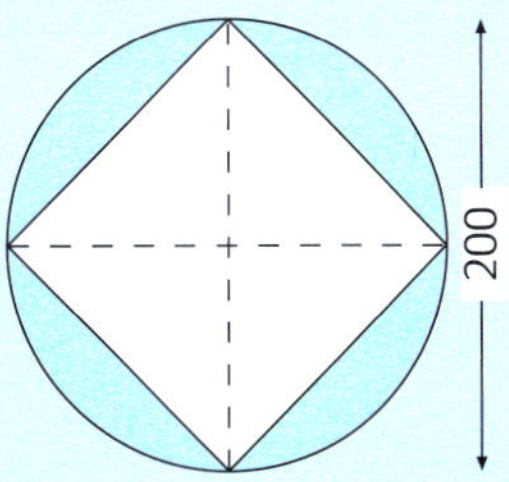

b)
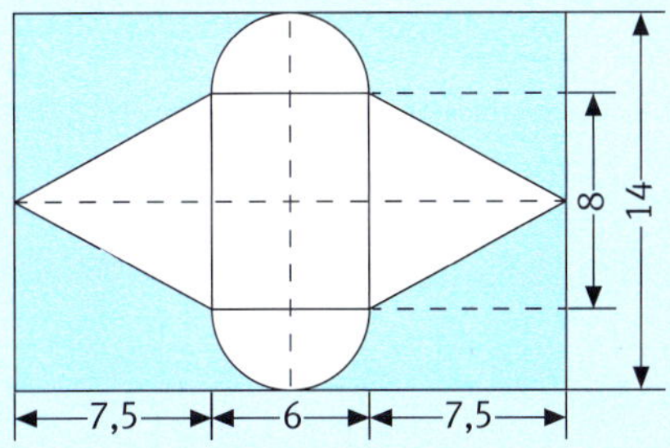

Rechenweg:
1. *Fertige eine Skizze an.*
2. *Nummeriere die Teilflächen.*
3. *Schreibe die passende Formel auf.*
4. *Setze die Werte ein.*
5. *Rechne das Ergebnis aus.*
6. *Runde gegebenenfalls.*

6 a) Aus einem roten quadratischen Papier mit einer Seitenlänge von 12 cm soll für die Abschlussfeier ein kreisförmiger Untersetzer geschnitten werden. Welchen Flächeninhalt hat dieser Untersetzer, wenn das Blatt maximal ausgenutzt wird? Fertige zuerst eine beschriftete Skizze an.

b) Berechne den Flächeninhalt der übrig gebliebenen Fläche.

c) Ändert sich die Größe der übrig gebliebenen Fläche, wenn man aus dem Quadrat vier gleiche, möglichst große Kreise ausschneidet? Berechne.

Ein Maßstab von 1 : 50 bedeutet: 1 cm auf dem Blatt sind 50 cm in der Wirklichkeit.

7 Die Küche von Familie Milosevic ist 4 m lang und 3,5 m breit.

a) Die Familie möchte den Boden mit quadratischen Fliesen (a = 25 cm) auslegen. Berechne die Anzahl der benötigten Fliesen. Fertige dazu einen beschrifteten Grundriss des Zimmers im Maßstab 1 : 50 an.

b) In einer Packung sind immer 25 Fliesen. Wie viele Packungen muss die Familie kaufen?

c) An den Wänden der Küche sollen Leisten angebracht werden. Berechne die Gesamtlänge der Leisten, wenn die Tür 1,2 m breit ist.

8 Ein Drachen hat einen Flächeninhalt von 72 cm^2. Finde alle möglichen ganzzahligen Diagonalenlängen e und f.

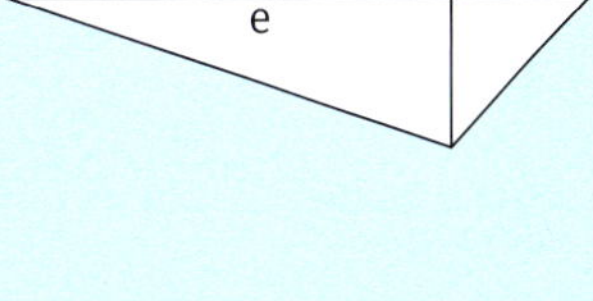

Fragen:

Ⓐ Wie groß ist der Oberflächeninhalt des Zylinders?

Ⓑ Wie groß ist das Volumen des Zylinders?

Rechnung und Antwort zu Ⓐ:

Die Oberfläche eines Zylinders besteht aus zwei Kreisen (Grund- und Deckfläche) und einem Rechteck (Mantelfläche) und wird deshalb so berechnet:

$A_O = 2 \cdot \pi \cdot r^2 + u \cdot h_K = 2 \cdot \pi \cdot r^2 + 2 \cdot \pi \cdot r \cdot h_K$

(u: Umfang der Grundfläche)

$A_O = 2 \cdot \pi \cdot (20\text{ cm})^2 + 2 \cdot \pi \cdot 20\text{ cm} \cdot 55\text{ cm}$

$\approx 2513\text{ cm}^2 + 6912\text{ cm}^2$

$= 9425\text{ cm}^2 = 0{,}9425\text{ m}^2 \approx 1\text{ m}^2$

Man muss mindestens 1 m² roten Stoff besorgen.

Volumen und Oberflächeninhalt von Körpern

Für das Volumen und den Oberflächeninhalt von Körpern gilt:

Würfel

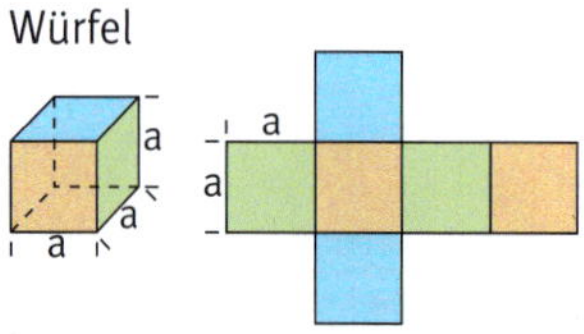

$V = a \cdot a \cdot a = a^3$

$A_O = 6 \cdot a \cdot a = 6a^2$

Quader

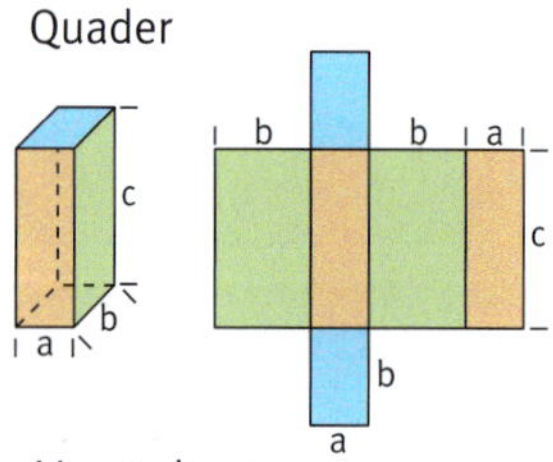

$V = a \cdot b \cdot c$

$A_O = 2ab + 2ac + 2bc$

Zylinder

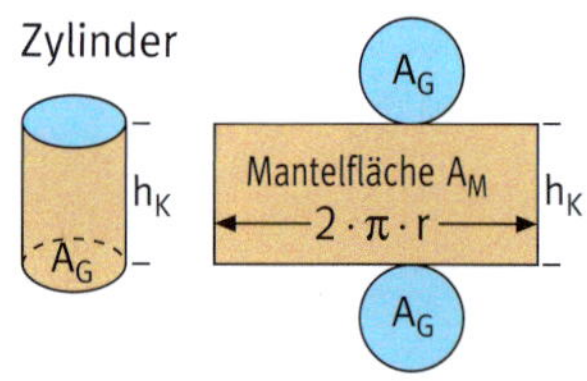

$V = A_G \cdot h_K = \pi \cdot r^2 \cdot h_K$

$A_O = A_M + 2 \cdot A_G$

$A_O = 2 \cdot \pi \cdot r \cdot h_K + 2 \cdot \pi \cdot r^2$

dreiseitiges Prisma

vierseitiges Prisma

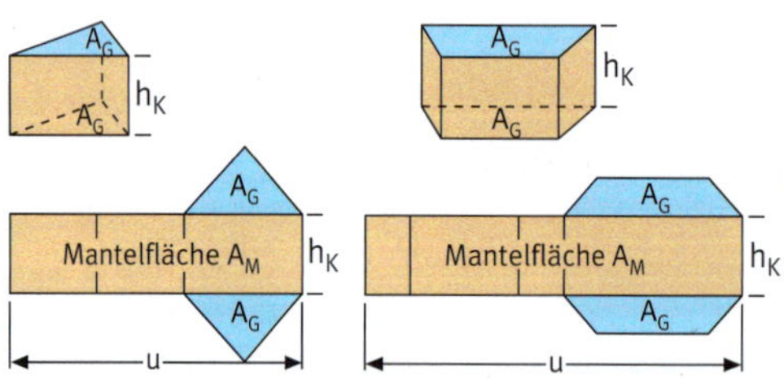

Volumen = Grundfläche · Körperhöhe

$V = A_G \cdot h_K$

Mantelfläche = Umfang der Grundfläche · Körperhöhe

$A_M = u \cdot h_K$

Oberfläche = Mantelfläche + 2 · Grundfläche

$A_O = A_M + 2 \cdot A_G$

1 Berechne das Volumen der Sitzgelegenheit.

2 Berechne das Volumen und den Oberflächeninhalt der Körper.

a)

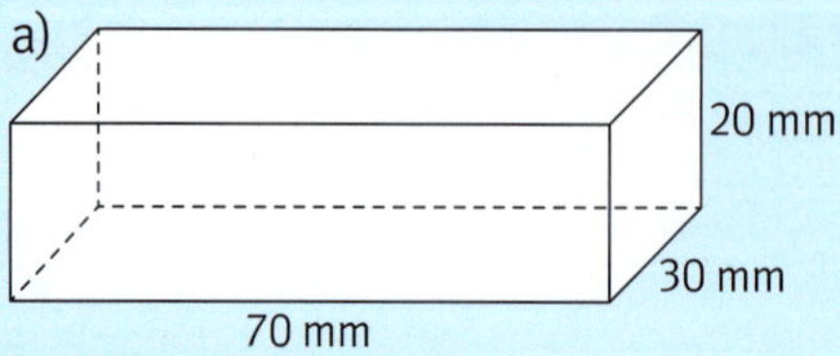

b)

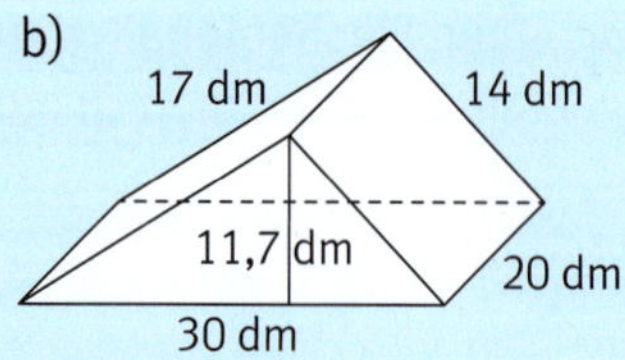

c)

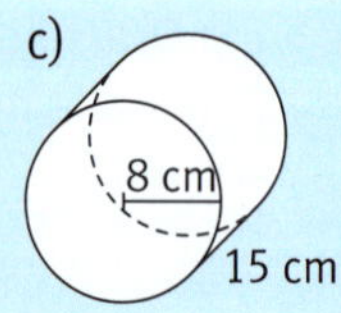

3 Die Abbildungen zeigen die Netze von Prismen sowie einem Zylinder (Maße in cm). Berechne jeweils das Volumen und den Oberflächeninhalt.

a) 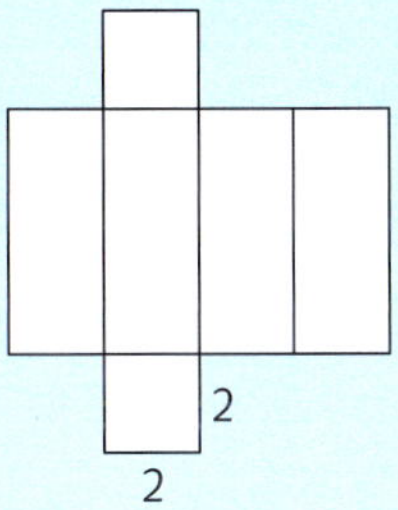

b) 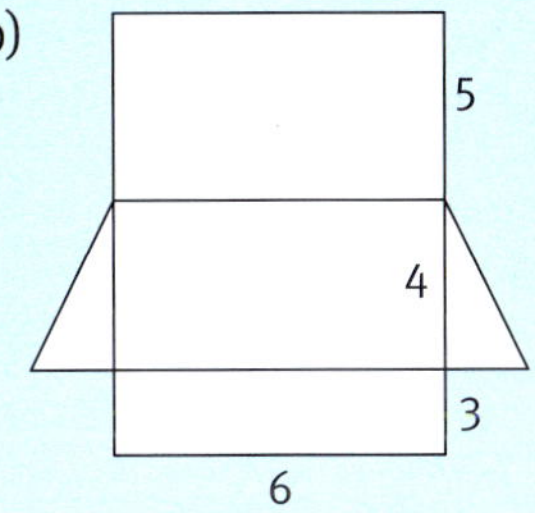

c) 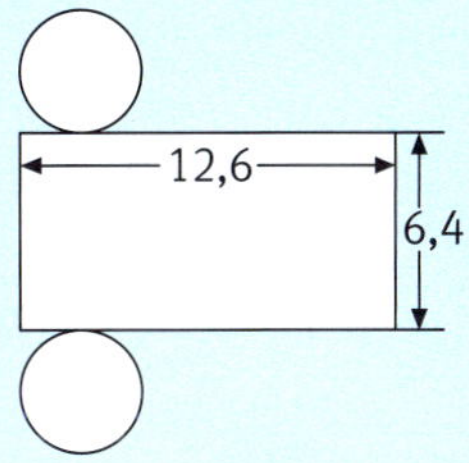

4 Berechne das Volumen der Körper (Maße in cm).

a) 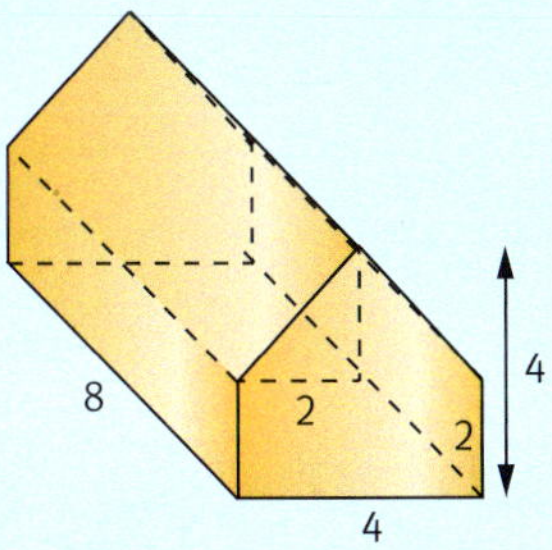

b) 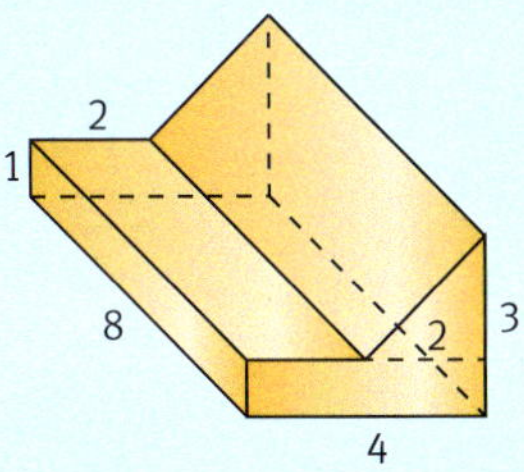

c) 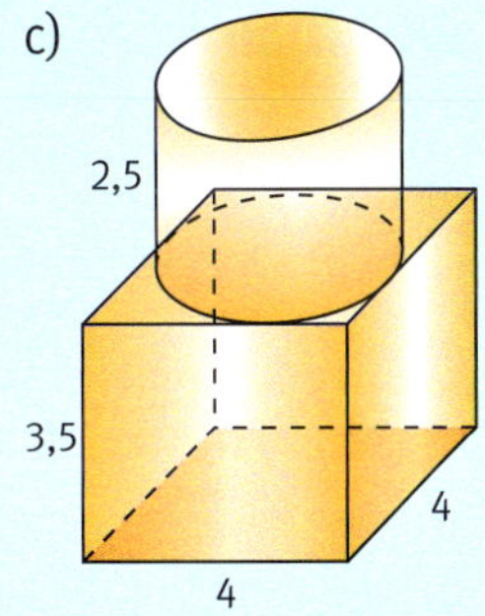

5 Ein Aquarium ist 80 cm lang, 50 cm breit und 50 cm hoch. Wie viele Liter Wasser müssen eingefüllt werden, wenn das Wasser bis 10 cm unter den Rand stehen soll?

6 Die mittelalterliche Stadtmauer in Bernau diente dem Schutz der Stadt. Sie ist heute noch auf einer Länge von 1,3 km erhalten und wird von vielen Besuchern besichtigt. Die Grafik rechts zeigt die Mauer im Querschnitt.

a) Ein Mitarbeiter des Heimatvereins will eine genaue Zeichnung des Querschnitts der Stadtmauer im Maßstab 1 : 40 anfertigen. Bestimme durch eine Rechnung, wie lang er die Höhe der Mauer zeichnen muss.

b) Berechne das Volumen der Stadtmauer. Bestimme dazu zunächst die Größe der Querschnittsfläche.

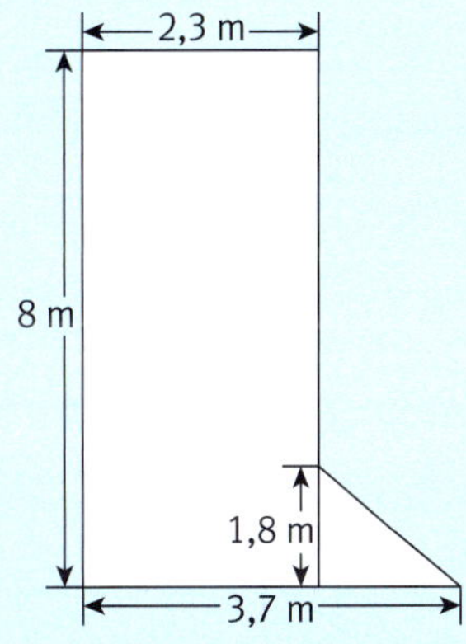

7 Der Nord-Ostsee-Kanal ist 98 km lang und durchschnittlich 9 m tief. Seine Querschnittsfläche ist ein symmetrisches Trapez. An der Wasseroberfläche ist der Kanal 72 m und auf der Kanalsohle 25 m breit.

a) Fertige eine beschriftete Skizze der Querschnittsfläche an.

b) Tom behauptet, dass in diesem Kanal mehr als 1 km^3 Wasser ist. Hat er Recht?

8 Ein zylinderförmiger Gasbehälter hat eine Grundfläche von 300 m^2. Er fasst 7 200 m^3 Gas. Wie hoch ist dieser Behälter?

Rechenweg:
1. *Fertige eine Skizze an.*
2. *Nummeriere die Teilkörper.*
3. *Schreibe die passende Formel auf.*
4. *Setze die Werte ein.*
5. *Rechne das Ergebnis aus.*
6. *Runde gegebenenfalls.*

1 l = 1 dm^3 = 1000 cm^3

1 Das Panoptikum Madame Tussauds in Berlin ist ein beliebtes Ziel für Touristen.

Eintrittspreise	
Erwachsene	23,50 €
Kinder (bis 15 Jahre)	12,50 €

a) Wenn man die Tickets im Internet bucht, erhält man einen Rabatt von 20 %. Familie Chauvet aus Paris (Eltern, die 12-jährige und die 17-jährige Tochter) besucht das Panoptikum und bucht die Eintrittskarten im Internet. Entscheide, welcher Term für die Berechnung des Rabatts richtig ist.

A $(2 \cdot 23{,}50\,€ + 2 \cdot 12{,}50\,€) \cdot \frac{20}{100}$

B $\frac{1}{5} \cdot (70{,}50\,€ + 12{,}50\,€)$

C $\frac{20 \cdot (23{,}50\,€ + 23{,}50\,€ + 23{,}50\,€ + 12{,}50\,€)}{100}$

b) Berechne, wie viel Euro Familie Chauvet für den Eintritt bezahlt.

2 In der Hinrunde der Saison 2017/18 haben die Basketballspieler von Alba Berlin 17 Spiele absolviert.

a) Während der Hinrunde erzielten sie insgesamt 1 530 Körbe. Berechne, wie viele Körbe sie durchschnittlich in einem Spiel geworfen haben.

b) In den letzten Jahren haben die Alba-Spieler in einer Saison von 32 Spielen 18 Spiele gewonnen; in einer anderen Saison waren es bei 34 Spielen 27 gewonnene. Vergleiche den jeweiligen Anteil der gewonnenen Spiele prozentual.

c) In einer Spielpause werden 25 Eintrittskarten für das Eurocup-Spiel gegen die Mannschaft aus Istanbul verlost. Die Lostrommel enthält 380 Lose. Mikhail darf als bester Spieler der Jugendmannschaft als erster ziehen. Berechne die Wahrscheinlichkeit in Prozent, mit der er eine Eintrittskarte gewinnt.

3 Der Kinderspielplatz am Schillerpark in Wedding wird neu gestaltet. Um die Spielfläche wird eine Blumenwiese gesät.
Berechne, ob vier Packungen dieser Samen ausreichen.

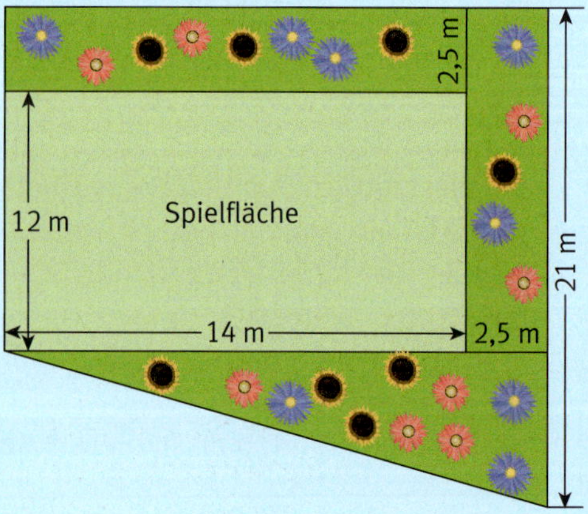

Satz des Pythagoras

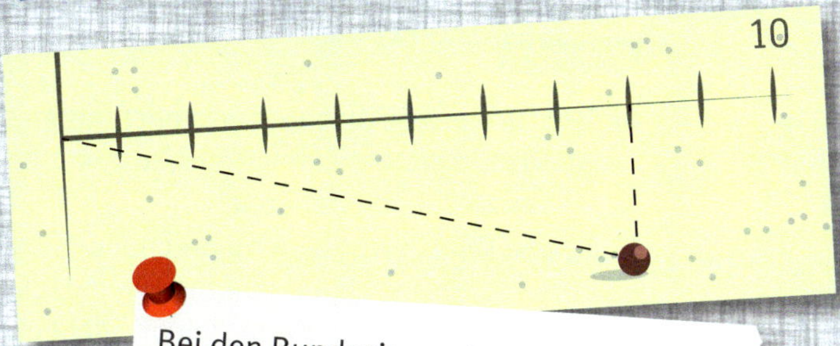

Bei den Bundesjugendspielen wirft Max beim Kugelstoßen die Kugel so, dass sie neben der 8-m-Marke landet. Er erhält nur die Punkte für 8 Meter.

Sheima springt beim Weitsprung schräg vom Balken ab. Es wird die senkrechte Entfernung vom Balken gemessen.

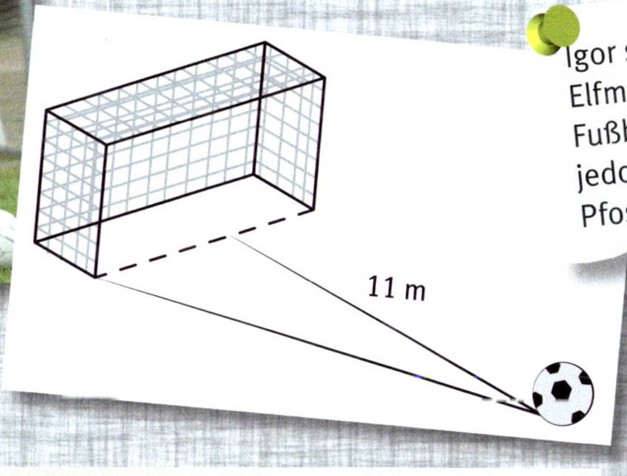

Igor schießt einen Elfmeter auf das Fußballtor. Er trifft jedoch nur den Pfosten unten links.

- Was haben diese Situationen gemeinsam?
- Vergleiche die senkrecht gemessenen Längen mit den tatsächlich geworfenen, gesprungenen oder geschossenen Längen.
- Welche geometrische Grundform erkennst du in den Zeichnungen?
- Beschreibe, wo der rechte Winkel jeweils liegt.

Dreiecke

Dreiecke bezeichnen

1 Übertrage die Sätze und vervollständige sie.

a) Die Eckpunkte eines Dreieckes werden mit ■ Buchstaben ■ dem Uhrzeigersinn benannt.

b) Die Winkel werden entsprechend mit griechischen Buchstaben alpha (■), beta (■) und gamma (■) bezeichnet.

c) Die Seiten eines Dreieckes bezeichnet man mit ■ Buchstaben.

d) Die Seite a liegt gegenüber dem Eckpunkt ■, die Seite b gegenüber dem Eckpunkt ■, die Seite ■ gegenüber dem Eckpunkt C.

Dreiecke werden in einer Formelsammlung meist nach diesem Schema benannt.

Ein Eckpunkt und die gegenüberliegende Seite werden mit den gleichen Buchstaben bezeichnet.

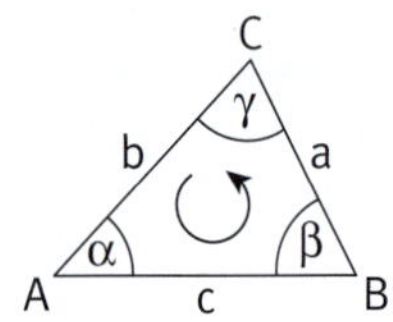

Dreiecksarten unterscheiden

2 a) Ordne den Dreiecken jeweils zwei Begriffe zu. Übertrage dazu die Tabelle und trage den entsprechenden Buchstaben ein.

	allgemein	gleichseitig	gleichschenklig
spitzwinklig	■	■	■
rechtwinklig	■	■	■
stumpfwinklig	■	■	■

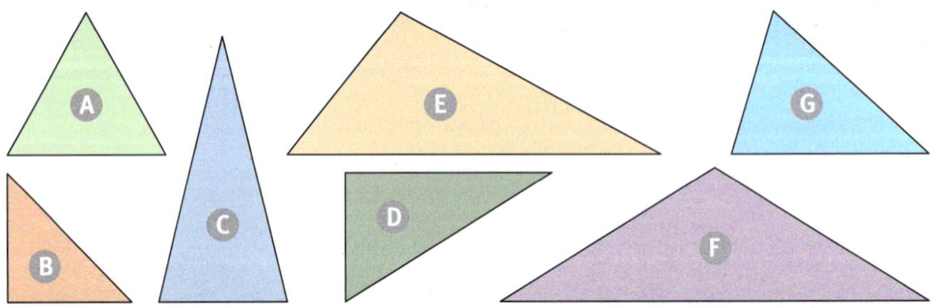

b) Überlege: welche Eigenschaften passen nicht zusammen?

Dreiecke werden nach der Länge der Seiten und/oder der Winkelart ihres größten Winkels unterschieden.

rechtwinkliges Dreieck:	Das Dreieck hat einen rechten Winkel. Ein Winkel hat 90°.
spitzwinkliges Dreieck:	Das Dreieck hat nur spitze Winkel. Alle Winkel sind kleiner als 90°.
stumpfwinkliges Dreieck:	Das Dreieck hat einen stumpfen Winkel. Ein Winkel ist größer als 90°.
gleichseitiges Dreieck:	Alle Seiten im Dreieck sind gleich lang.
gleichschenkliges Dreieck:	Zwei Seiten im Dreieck sind gleich lang.
allgemeines Dreieck:	Alle Seiten sind unterschiedlich lang.

Quadrate und Rechtecke

Rechtecke und Quadrate untersuchen

3 Zeichne die Dreiecke in ein Koordinatensystem.

Dreieck 1	A (4 | –2)	B (4 | 2)	C (2,5 | 2)
Dreieck 2	E (–1 | –3)	F (1 | –3)	G (1 | –1)
Dreieck 3	I (–4 | 0,5)	J (–1 | 0,5)	K (–1 | 2,5)

a) Welche Eigenschaft haben die Dreiecke gemeinsam?
b) Ergänze die Dreiecke zu jeweils einem Rechteck und gib die Koordinaten des vierten Punktes an.
c) Eine Seite des Dreiecks verbindet nun zwei nicht benachbarte Eckpunkte des Rechtecks. Markiere sie farbig und benenne sie.
d) Berechne den Umfang und den Flächeninhalt der drei Rechtecke.

4 Sind die Aussagen über Rechtecke und Quadrate richtig oder falsch? Korrigiere falsche Aussagen.
a) In einem Rechteck und in einem Quadrat halbieren sich die Diagonalen.
b) In einem Rechteck stehen die Diagonalen senkrecht zueinander.
c) In einem Rechteck und in einem Quadrat sind die Diagonalen genauso lang wie die Seitenlängen.

Ein Viereck mit je zwei gleich langen Seiten a und b und vier rechten Winkeln heißt Rechteck.
Ein Rechteck mit vier gleich langen Seiten a nennt man Quadrat.
Die Diagonale verbindet zwei nicht nebeneinanderliegende Ecken und teilt ein Rechteck und ein Quadrat in zwei kongruente rechtwinklige Dreiecke.
Für den Flächeninhalt und den Umfang von Rechtecken und Quadraten gilt:

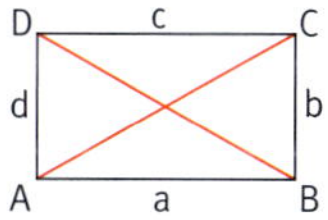

$u = 2 \cdot (a + b)$
$A = a \cdot b$

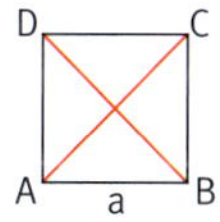

$u = 4 \cdot a$
$A = a \cdot a$

Runden von Dezimalzahlen

Dezimalzahlen runden

5 Runde die Dezimalzahlen auf eine Stelle nach dem Komma.

a) 4,65 b) 0,73 c) 7,18 d) 12,81 e) 7,89
f) 0,11 g) 7,95 h) 1,08 i) 9,97 j) 3,14

Die Ziffer rechts neben der Rundungsstelle entscheidet über die Rundung.

Rundungsstelle — Bei 5, 6, 7, 8, 9 wird aufgerundet.

Zehntel 1,7|55 km ≈ 1,8 km (aufgerundet)
ist rund
1,7|15 km ≈ 1,7 km (abgerundet)

Bei 0, 1, 2, 3, 4 wird abgerundet.

Quadratzahlen berechnen

1 Auf dem Schulhof der Anna-Seghers-Schule soll für den Freizeitbereich ein begehbares Schachbrett mit 64 Feldern gebaut werden. In einer Ecke ist ein Platz von 20 m^2 vorgesehen.
Reicht die Größe der Fläche, um ein Schachbrett auf den Boden zu bauen? Bedenke, dass man noch um das Schachbrett laufen können muss.
a) Schätze die Länge einer Seite eines Schachfeldes.
b) Berechne nun den Flächeninhalt des Schachbretts.

2 a) Setze die Anordnung um mindestens drei Figuren fort.
b) Bestimme den Flächeninhalt A der Quadrate, wenn das erste Quadrat die Seitenlänge a = 1 cm hat.
c) Die Berechnung der Flächeninhalte kann man kurz als Multiplikationsaufgabe schreiben. Setze die Multiplikationsreihe wie im Beispiel bis zu einer Seitenlänge von a = 10 cm fort.

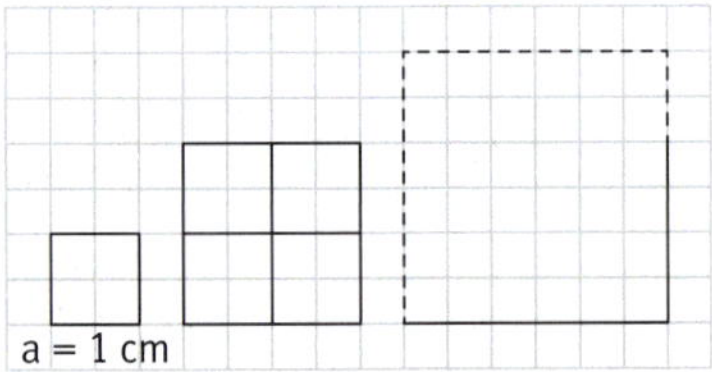

a = 2 cm
$A = 2\ \text{cm} \cdot 2\ \text{cm} = 4\ \text{cm}^2$

Quadratzahlen

Ein Produkt aus 2 gleichen Faktoren schreibt man so: $a \cdot a = a^2$.
Wenn a eine natürliche Zahl ist ($a \in \mathbb{N}$), dann nennt man $a \cdot a = a^2$ eine **Quadratzahl**.
a^2 entspricht dem Flächeninhalt eines Quadrates mit der Seitenlänge a.

$4 \cdot 4 = 4^2 = 16$ 16 ist die Quadratzahl von 4. quadrieren: 4^2 („vier hoch 2")

Tipp: die letzten Ziffern sind gleich:
$1^2 = 1$ $11^2 = 121$
$2^2 = 4$ $12^2 = 144$
⋮ ⋮

3 Übertrage die Quadratzahlen und vervollständige sie bis zur Zahl 20.
Diese Quadratzahlen kommen besonders häufig vor.
Lerne sie auswendig.

$1 \cdot 1 = 1^2 = 1$ $11 \cdot 11 = 11^2 = 121$
$2 \cdot 2 = 2^2 = 4$ $12 \cdot 12 = 12^2 = 14?$
⋮ ⋮
$10 \cdot 10 = \ldots$ $20 \cdot 20 = \ldots$

4 a) Berechne im Kopf.
① 80^2 ② 100^2 ③ 150^2 ④ 300^2 ⑤ $1\,200^2$ ⑥ $(-6)^2$ ⑦ $(-60)^2$ ⑧ $(-500)^2$
b) Begründe: Es gibt keine negativen Quadratzahlen.
c) Erkläre den Unterschied zwischen $(-4)^2$ und -4^2.

$5^2 = 25$
$50^2 = 2\,500$
$0{,}5^2 = 0{,}25$
$(\frac{1}{2})^2 = \frac{1^2}{2^2} = \frac{1}{4}$

5 Berechne im Kopf.
a) $0{,}2^2$ b) $0{,}9^2$ c) $0{,}1^2$ d) $0{,}01^2$ e) $1{,}8^2$ f) -16^2 g) $(-13)^2$ h) $(\frac{1}{2})^2$ i) $(\frac{2}{3})^2$

6 Vergleiche und setze > oder < ein. Was fällt dir auf?
a) 5 ■ 5^2 und 0,5 ■ $0{,}5^2$ b) 7 ■ 7^2 und 0,7 ■ $0{,}7^2$

7 Kasim behauptet: „$2 \cdot 2$ ist ja das Gleiche wie 2^2, nämlich 4. Also ist $2 \cdot a = a^2$."
Hat Kasim Recht?

1 Die Familien Müller, Schulze und Krause beauftragen für den Winter gemeinsam einen Schneeräumdienst, der bei Bedarf den Schnee von der Straße räumt. Der Schneeräumdienst macht folgendes Angebot:

900 € für alle drei Grundstücke zusammen.

Gib den Familien einen Tipp, wie sie die Kosten gerecht aufteilen können.

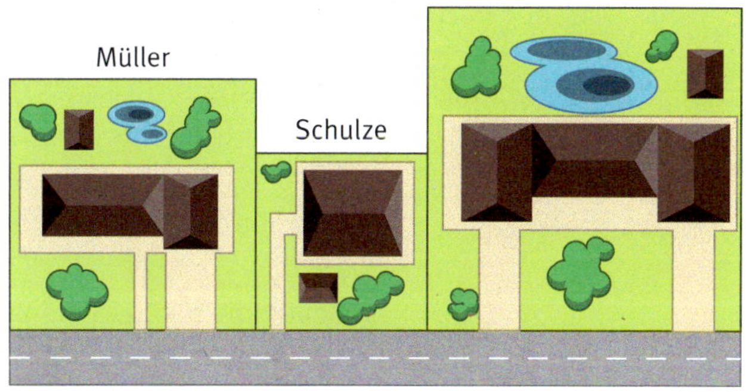

2 Gegeben ist ein Quadrat mit dem Flächeninhalt $A = 4\ cm^2$.
Gesucht ist die Seitenlänge.
Bestimme wie Mesut die Seitenlängen eines Quadrats mit dem Flächeninhalt $A = 9\ cm^2$ ($16\ cm^2$; $25\ cm^2$; $36\ cm^2$; $49\ cm^2$; $64\ cm^2$; $81\ cm^2$; $100\ cm^2$).
Welche Seitenlänge hat das Quadrat mit $A = 1\ cm^2$?

$A = 4\ cm^2$
$a = 2\ cm$, weil
$2\ cm \cdot 2\ cm = 4\ cm^2$

Ich suche die Seitenlänge, die quadriert den Flächeninhalt ergibt.

Die Umkehrung zum Quadrieren nennt man Wurzelziehen. Die **Quadratwurzel** ist die positive Zahl a, die mit sich selbst multipliziert die Ausgangszahl a^2 ergibt. Sie entspricht der Seite eines Quadrates bei vorgegebenem Flächeninhalt.

$\sqrt{9} = \sqrt{3^2} = \sqrt{3 \cdot 3} = 3$ — 3 ist die Quadratwurzel aus 9, weil $3 \cdot 3 = 9$. — Wurzel ziehen: $\sqrt{9}$ („Wurzel aus 9“)

Quadratwurzeln

Manchmal schreibt man für die Quadratwurzel statt $\sqrt{9}$ auch $\sqrt[2]{9}$.
Merke:
$\sqrt{0} = 0$
$\sqrt{1} = 1$

3 Berechne wie im Beispiel.

$\sqrt{81} = 9$ weil
$9 \cdot 9 = 81$

a) $\sqrt{36}$ b) $\sqrt{25}$ c) $\sqrt{49}$ d) $\sqrt{144}$
e) $\sqrt{196}$ f) $\sqrt{225}$ g) $\sqrt{(6^2)}$ h) $\sqrt{10^2}$

4 Berechne wie im Beispiel.

$\sqrt{8\,100} = \sqrt{81 \cdot 100}$
$\sqrt{81} \cdot \sqrt{100} = 90$

a) $\sqrt{4\,900}$ b) $\sqrt{2\,500}$ c) $\sqrt{900}$ d) $\sqrt{12\,100}$
e) $\sqrt{22\,500}$ f) $\sqrt{6\,400}$ g) $\sqrt{14\,400}$ h) $\sqrt{400}$

5 a) Berechne und vergleiche mit der Ausgangszahl. Was fällt dir auf?

① $\sqrt{0{,}09}$ ② $\sqrt{0{,}81}$ ③ $\sqrt{0{,}25}$ ④ $\sqrt{2{,}25}$ ⑤ $\sqrt{\frac{1}{4}}$ ⑥ $\sqrt{\frac{1}{49}}$ ⑦ $\sqrt{\frac{9}{36}}$ ⑧ $\sqrt{\frac{1}{10000}}$

b) Begründe: Aus negativen Zahlen kann man keine Quadratwurzeln ziehen.

Lösungen zu 5

$\frac{1}{100}$	$\frac{1}{2}$	$\frac{1}{2}$
1,5	0,9	0,3
0,5	$\frac{1}{7}$	

6 Ergänze die fehlenden Ziffern.

a) $\sqrt{\blacksquare 1} = 9$ b) $\sqrt{\blacksquare 4} = 8$ c) $\sqrt{14\blacksquare} = 12$ d) $\sqrt{\blacksquare 25} = 2\blacksquare$
e) $\sqrt{1{,}\blacksquare 9} = 1{,}3$ f) $\sqrt{\blacksquare{,}21} = 1{,}1$ g) $\sqrt{\frac{81}{\blacksquare}} = \frac{9}{11}$ h) $\sqrt{\frac{\blacksquare}{25}} = \frac{2}{\blacksquare}$

Quadratwurzeln näherungsweise bestimmen

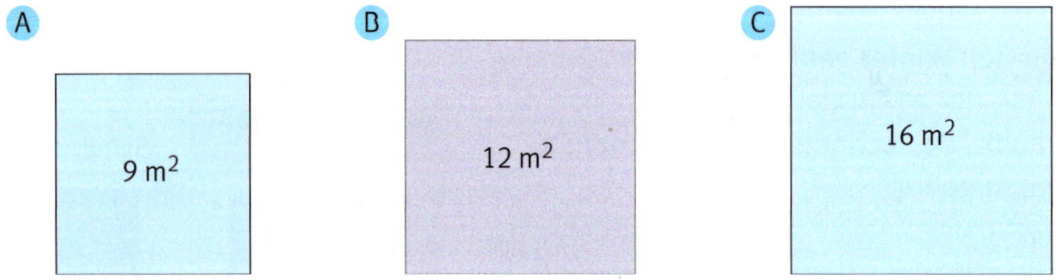

1 a) Bestimme die Seitenlänge dieser Quadrate. Bei einem Quadrat ist das schwieriger. Erkläre.
b) Schätze die Seitenlänge dieses Quadrates.

Abschätzen von Quadratwurzeln

Nur wenige Quadratwurzeln sind natürliche Zahlen.
Alle anderen Quadratwurzeln kann man abschätzen.

$3 < \sqrt{12} < 4$, weil $3 \cdot 3 = 9 < 12 < 16 = 4 \cdot 4$

2 Zwischen welchen natürlichen Zahlen liegen diese Wurzeln? Schätze ab.

a) $5 < \sqrt{30} <$ ■ b) ■ $< \sqrt{110} < 11$ c) ■ $< \sqrt{180} <$ ■ d) ■ $< \sqrt{300} <$ ■
e) ■ $< \sqrt{6} <$ ■ f) ■ $< \sqrt{370} <$ ■ g) ■ $< \sqrt{38} <$ ■ h) ■ $< \sqrt{3800} <$ ■

3 a) Genauer kann man das Ergebnis von $\sqrt{12}$ mit diesem Verfahren bestimmen. Erkläre und führe zwei weitere Schritte durch.

1. Schritt:	Benachbarte Quadratzahlen ganzer Zahlen suchen $\sqrt{9} < \sqrt{12} < \sqrt{16}$ $3 < \sqrt{12} < 4$	Ergebnis: $\sqrt{12}$ liegt zwischen 3 und 4.
2. Schritt:	Wir probieren die Zahl 3,5: $3{,}5^2 = 3{,}5 \cdot 3{,}5 = 12{,}25$	Ergebnis: $\sqrt{12}$ ist kleiner als 3,5.
3. Schritt:	Wir probieren die Zahl 3,4: $3{,}4^2 = 3{,}4 \cdot 3{,}4 = 11{,}56$	Ergebnis: $\sqrt{12}$ ist größer als 3,4. Also: $\sqrt{12}$ liegt zwischen 3,4 und 3,5.

irrational:
nicht erklärbar,
unvernünftig

b) Grenze die Werte wie im Beispiel ein bis zwei Stellen nach dem Komma. Kontrolliere durch die Umkehraufgabe (Quadrieren):

$\sqrt{6}$	$\sqrt{15}$	$\sqrt{20}$	$\sqrt{28}$	$\sqrt{42}$	$\sqrt{55}$	$\sqrt{60}$	$\sqrt{76}$	$\sqrt{97}$

c) Wie viele Stellen nach dem Komma kann man durch das Verfahren bestimmen?

Irrationale Zahlen

Zahlen, die unendlich viele Stellen nach dem Komma haben und keine periodischen Dezimalzahlen sind, nennt man **irrationale Zahlen.**

$\sqrt{2} \approx 1{,}41421356237\ldots$ $\sqrt{5} \approx 2{,}236067977\ldots$

$\sqrt{1,44}$ $\sqrt{282,24}$ $\sqrt{3}$ $\sqrt{10}$ $\sqrt{49}$ $\sqrt{441}$

Das Ergebnis ist eine natürliche Zahl $\mathbb{N}$.

Das Ergebnis ist eine rationale Zahl $\mathbb{Q}$.

Das Ergebnis ist eine irrationale Zahl.

1 Berechne die Quadratwurzeln, wenn nötig mit dem Taschenrechner, und ordne die Aussagen richtig zu.

Wir unterscheiden folgende Zahlenmengen:

natürliche Zahlen $\mathbb{N}$
alle positiven Zahlen ohne Brüche und Dezimalzahlen:
$\{1; 2; 3; ...\}$

ganze Zahlen $\mathbb{Z}$
alle positiven und negativen Zahlen ohne Brüche und Dezimalzahlen:
$\{...; -2; -1; 0; 1; 2; ...\}$

rationale Zahlen $\mathbb{Q}$
Ganze Zahlen, Brüche und Dezimalzahlen (auch periodische):
$\{...; -2; -1,5; -\frac{1}{2}; 0,\overline{3}; \frac{3}{7}; 3, ...\}$

Die rationalen Zahlen $\mathbb{Q}$ bilden zusammen mit den irrationalen Zahlen die **reellen Zahlen $\mathbb{R}$**.

Zahlenmengen

Periodische Dezimalzahlen:

$\frac{1}{3} = 0,33... = 0,\overline{3}$

$\frac{2}{3} = 0,66... = 0,\overline{6}$

$\frac{1}{9} = 0,11... = 0,\overline{1}$

2 Berechne die Quadratwurzeln, wenn nötig mit dem Taschenrechner. Runde auf eine Stelle nach dem Komma. Ordne jedem Ergebnis eine Zahlenmenge zu.

a) $\sqrt{5}$ b) $\sqrt{11}$ c) $\sqrt{27}$ d) $\sqrt{100}$ e) $\sqrt{1000}$ f) $\sqrt{1024}$ g) $\sqrt{0,5}$ h) $\sqrt{3,6}$

i) $\sqrt{143,56}$ j) $\sqrt{623}$ k) $\sqrt{5184}$ l) $\sqrt{10+9}$ m) $\sqrt{360:60}$ n) $\sqrt{30-17}$

TRIMM-DICH-ZWISCHENRUNDE

1 Berechne.
a) 16^2 160^2 $1,6^2$ $0,16^2$ b) 7^2 70^2 $0,7^2$ $0,07^2$

2 Berechne die Quadratwurzeln, wenn nötig mit dem Taschenrechner. Runde auf eine Stelle nach dem Komma. Ordne jedem Ergebnis eine Zahlenmenge zu.
a) $\sqrt{225}$ b) $\sqrt{76}$ c) $\sqrt{0,36}$ d) $\sqrt{324}$ e) $\sqrt{3}$ f) $\sqrt{8100}$ g) $\sqrt{127}$

3 Von welcher Zahl wurde die Wurzel berechnet?
a) $\sqrt{x} = 3$ b) $\sqrt{x} = 11$ c) $\sqrt{x} = 13$ d) $\sqrt{x} = 1,4$ e) $\sqrt{x} = 0,8$

4 Berechne die Seitenlängen der Quadrate mit folgenden Flächeninhalten. Runde auf eine Stelle nach dem Komma.
a) $A = 18\ cm^2$ b) $A = 100\ cm^2$ c) $A = 450\ cm^2$ d) $A = 30\ cm^2$ e) $A = 68\ cm^2$

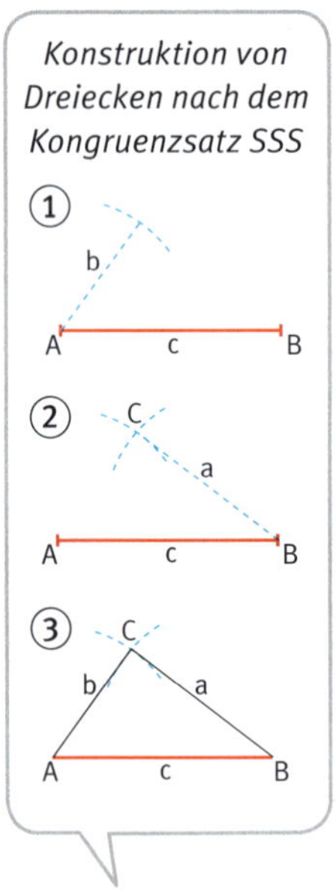

1 Auf dem Tempelhofer Feld haben sich Familien quadratische Beete für Gemüse und Obst angelegt. Familie Günnes (links), Familie Kantorovic (Mitte) und Familie Berg (rechts) bekommen alle das Angebot, ihre kleineren quadratischen Beete gegen ein großes quadratisches Beet mit der Seitenlänge 5 m einzutauschen.

a) Welche Familie sollte das Angebot annehmen?

b) Zeichne für alle Familien jeweils alle drei Beete im Maßstab 1 : 100 auf kariertes Papier und schneide sie sorgfältig aus. Lege die Quadrate so aneinander, dass sie ein Dreieck einschließen. Was fällt dir auf?

2 Konstruiere die Dreiecke. Übertrage dann die Tabelle und fülle die Lücken aus.

	a	b	c	a^2	b^2	$a^2 + b^2$	$<$ $=$ $>$	c^2	Entsteht ein rechtwinkliges Dreieck?
a)	2 cm	4 cm	5 cm	■	■	■	■	■	■
b)	3 cm	4 cm	5 cm	■	■	■	■	■	■
c)	4 cm	4 cm	5 cm	■	■	■	■	■	■
d)	11 cm	13 cm	15 cm	■	■	■	■	■	■
e)	9 cm	12 cm	15 cm	■	■	■	■	■	■
f)	4,5 cm	6 cm	7,5 cm	■	■	■	■	■	■

Satz des Pythagoras

Bei **rechtwinkligen Dreiecken** ist die Summe der Flächeninhalte der Quadrate an den beiden kürzeren Seiten genauso groß wie der Flächeninhalt des Quadrats an der längsten Seite (**Satz des Pythagoras**).

Mit den Bezeichnungen in der Abbildung gilt:

$$\mathbf{a^2 + b^2 = c^2}$$

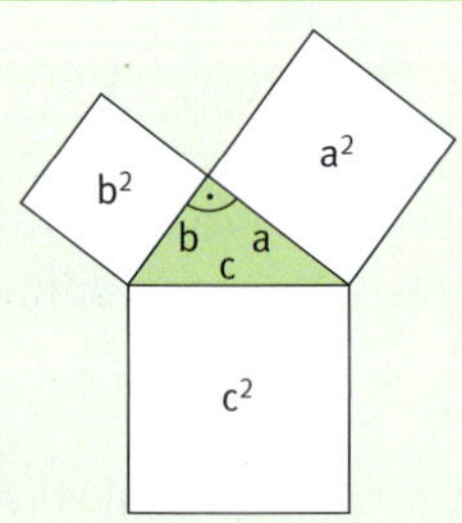

3 Bestimme zuerst rechnerisch, welche Dreiecke rechtwinklig sind. Überprüfe dann durch eine Konstruktion.

Seitenlängen der Dreiecke in cm					
a)	6; 8; 10	b)	4; 5; 8	c)	5; 12; 13
d)	5; 5; 7	e)	6; 3; 4	f)	2; 2,5; 1,5

Den Satz des Pythagoras verstehen

In rechtwinkligen Dreiecken gibt es spezielle Bezeichnungen.

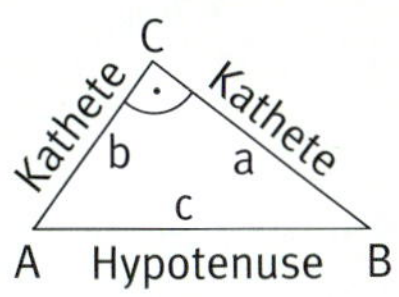

Die **Hypotenuse** c ist die längste Seite. Sie liegt dem rechten Winkel gegenüber.
Die beiden **Katheten** a und b bilden den rechten Winkel.

Bezeichnungen in rechtwinkligen Dreiecken

1 Bei den folgenden Dreiecken wurde die Standardbezeichnung verändert.
Mit welchen Buchstaben sind Katheten und Hypotenuse jeweils bezeichnet?

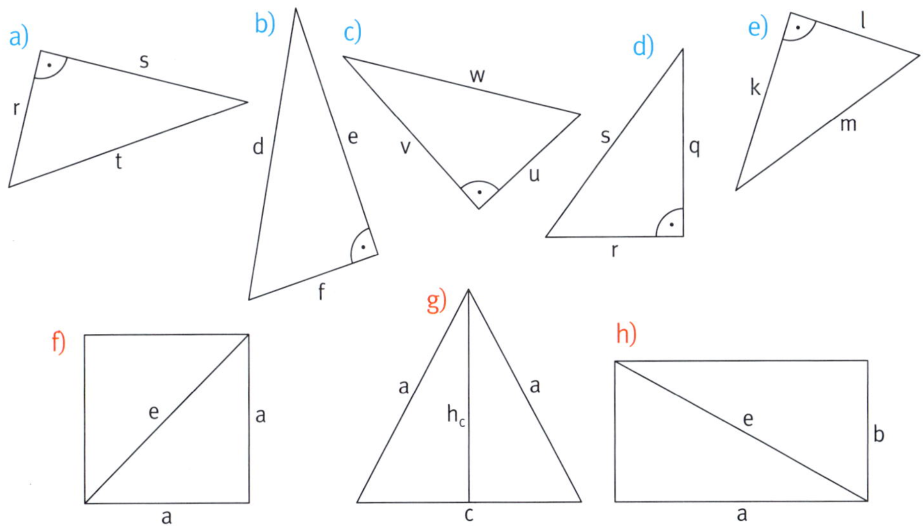

2 Formuliere den Satz des Pythagoras mit den folgenden Wortbausteinen:

Kathetenquadrat | Flächeninhalt | Summe | Hypotenusenquadrat | so groß wie | rechtwinkliges Dreieck

3 a) Schreibe den Satz des Pythagoras in der Kurzform für die Aufgaben 1 a) bis e).
b) Schreibe den Satz des Pythagoras in der Kurzform für die Aufgaben 1 f) bis h).

4 Untersuche die folgenden Dreiecke. Welche Dreiecke sind rechtwinklig?
Welche Seite ist gegebenenfalls die Hypotenuse?
a) x = 6 cm; y = 4,5 cm; z = 7,5 cm
b) h = 11 cm; k = 13 cm; l = 4 cm
c) s = 20 cm; t = 12 cm; h = 16 cm
d) e = 17 cm; f = 15 cm; g = 8 cm
e) x = 2,7 cm; y = 5,8 cm; z = 3,4 cm
f) a = 10,4 cm; b = 9,6 cm; c = 4 cm

5 Sevgi macht eine Ausbildung als Garten- und Landschaftsbauerin. Sie hat den Auftrag, eine rechteckige Terrasse mit einer Länge von 7 m und einer Breite von 5 m abzustecken. Zur Kontrolle misst sie die Länge der Diagonalen: 8,80 m.
„Da hab ich einen Fehler gemacht.“, denkt sie. Wie kommt sie darauf, dass hier etwas falsch ist?

Länge der Hypotenuse berechnen

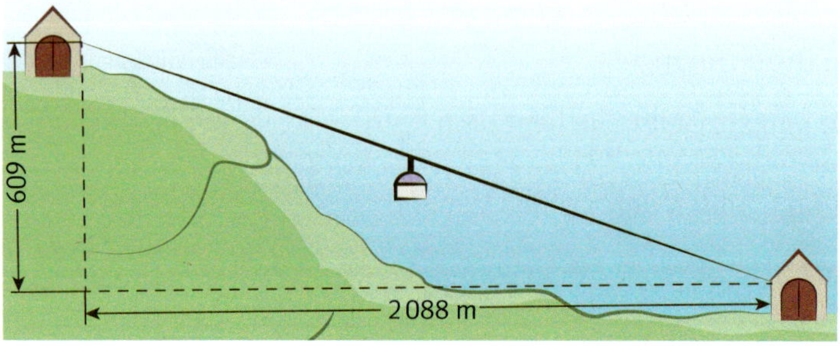

1 Eine Seilbahn soll gebaut werden. Sie verbindet die Talstation mit der Bergstation. Wie lang wird diese Seilbahn werden?
Zeichne eine Skizze des rechtwinkligen Dreieckes. Markiere den rechten Winkel. Benenne die Katheten mit a und b, die Hypotenuse mit c.

Berechung der Hypotenuse

Eine Skizze ist eine auf das Wesentliche beschränkte Zeichnung. Sie verschafft einen groben Überblick und muss nicht maßstabsgetreu sein.

Lösungsweg zur Berechnung der Länge der Hypotenuse

Gegeben:	Gesucht:	Ansatz:
a, b (Katheten)	c (Hypotenuse)	$a^2 + b^2 = c^2$

① Addiere a^2 und b^2.
② Ziehe die Quadratwurzel aus der Summe.
③ Runde geeignet und prüfe, ob das Ergebnis realistisch ist.
④ Formuliere einen Antwortsatz.

Gegeben	a = 6 cm, b = 8 cm
Gesucht	c
Lösung	$c^2 = a^2 + b^2$ $c^2 = 6^2 + 8^2$ $c^2 = 36 + 64$ $c^2 = 100$ $c = \sqrt{100}$ $c = 10$ (cm)

2 Berechne die Länge der Seilbahn mit dem Satz des Pythagoras.

Lösungen zu 3 und 5

8,60	7,07	18,87
11,70	22,47	11,18

3 Berechne jeweils die Länge der Hypotenuse. Achte auf die Benennung der Seiten.

a) 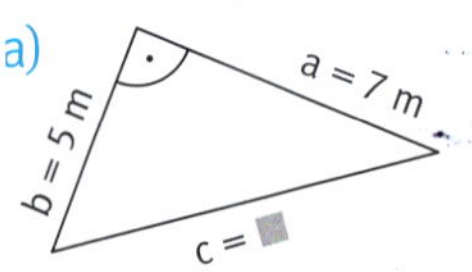

b) 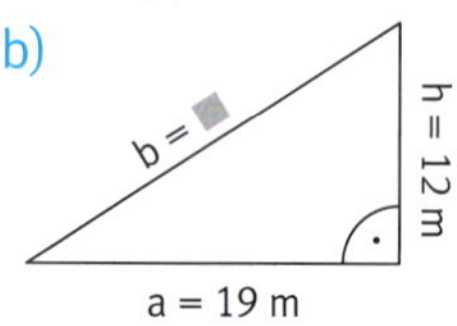

c) 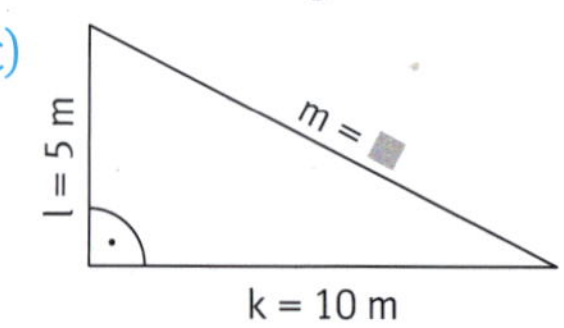

4 Zeichne zu jeder Aufgabe eine Skizze.

a) Ein rechteckiger Platz ist 265 m lang und 140 m breit. Es soll ein Fußweg quer über den Platz führen. Berechne die Länge des Fußweges.

b) Kim hat ein Baumhaus, das sich in einer Höhe von 5 m befindet. Es soll eine Leiter gebaut werden, die vom Baum einen Abstand von 2,2 m hat und genau bis zum Baumhaus reicht. Wie lang muss die Leiter mindestens sein?

5 Berechne die Länge der rot markierten Seiten.

a) 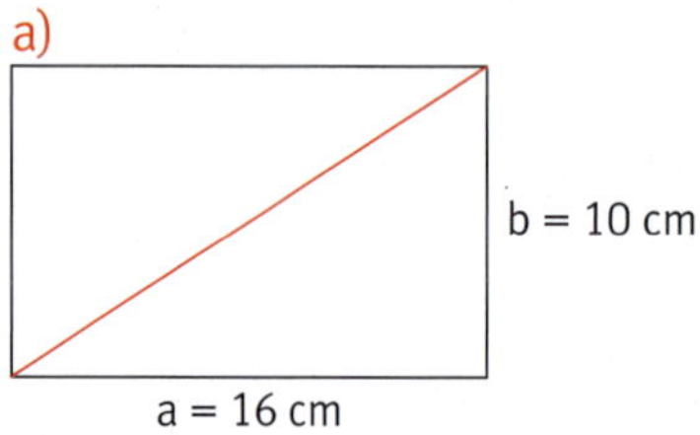

b) 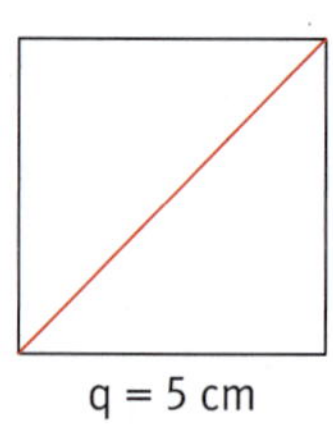

c) 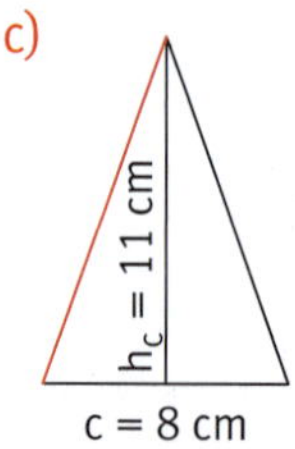

Längen der Katheten berechnen

1 Ein Flugzeug startet. Nach 1 500 m Flugstrecke hat das Flugzeug eine Höhe von 800 m erreicht.
Wie weit hat sich das Flugzeug am Boden vom Startflughafen entfernt? Zeichne eine Skizze des rechtwinkligen Dreieckes. Markiere den rechten Winkel. Benenne die Katheten mit a und b, die Hypotenuse mit c.

Lösungsweg zur Berechnung der Länge einer Kathete

Gegeben:
c (Hypotenuse), a (Kathete)

Gesucht:
b (Kathete)

Ansatz:
$a^2 + b^2 = c^2 \Leftrightarrow b^2 = c^2 - a^2$

① Subtrahiere a^2 von c^2.
② Ziehe die Quadratwurzel aus der Differenz.
③ Runde geeignet und prüfe, ob das Ergebnis realistisch ist.
④ Formuliere einen Antwortsatz.

Gegeben	a = 3,2 cm, c = 5,5 cm
Gesucht	b
Lösung	$b^2 = c^2 - a^2$ $b^2 = 5{,}5^2 - 3{,}2^2$ $b^2 = 30{,}25 - 10{,}24$ $b^2 = 20{,}01$ $b = \sqrt{20{,}01}$ $b \approx 4{,}47$ (cm)

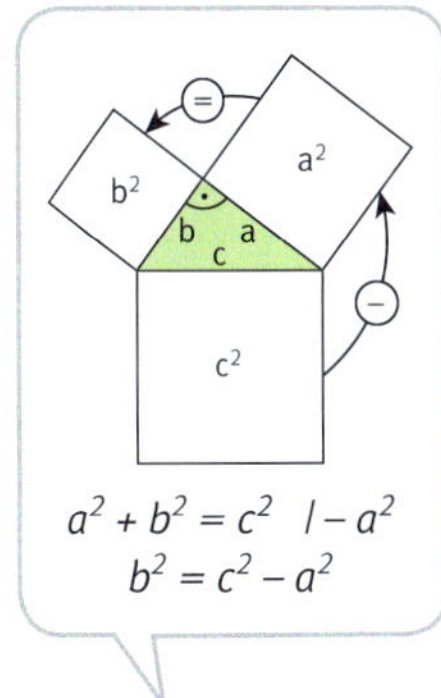

2 Berechne die Entfernung am Boden aus Aufgabe 1 mit dem Satz des Pythagoras.

3 Berechne jeweils die Länge der Kathete. Achte auf die Benennung der Seiten.

a)
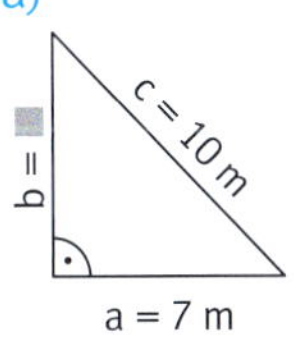

b)
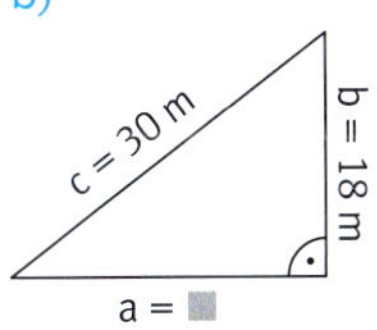

c)
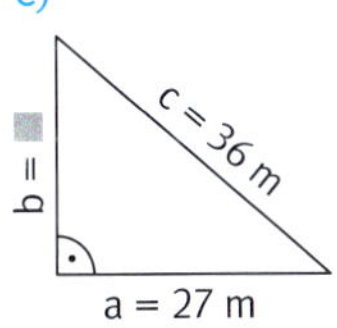

d)
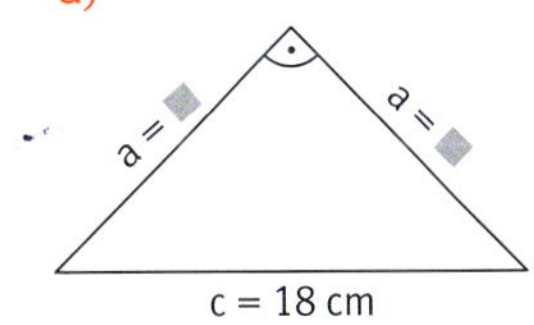

4 Zeichne zu jeder Aufgabe eine Skizze.
a) Eine 8 m lange Leiter lehnt an einer Wand. Am Boden ist sie 2,5 m von der Wand entfernt aufgestellt. Wie hoch reicht die Leiter?
b) Eren und Sara lassen einen Drachen steigen. Eren stellt sich auf die 80 m lange Schnur des fliegenden Drachens. Sara steht 30 m von Eren entfernt direkt unter dem Drachen. Berechne, wie viele Meter der Drachen über Sara schwebt.

5 Berechne die Länge der rot markierten Seiten.

a)
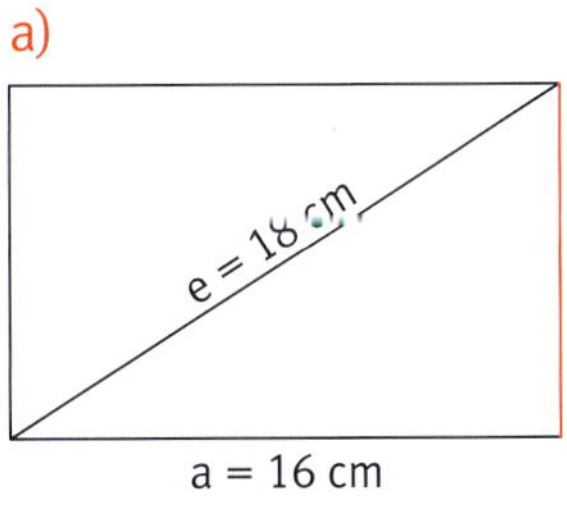

b)
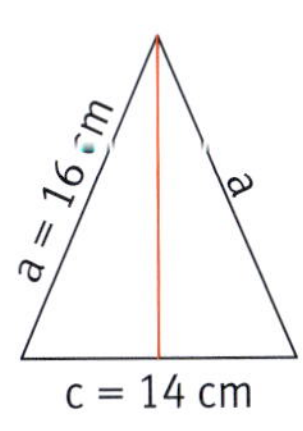

c)
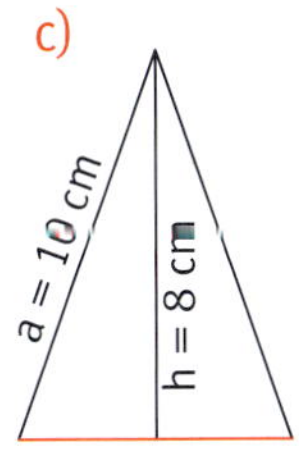

d)
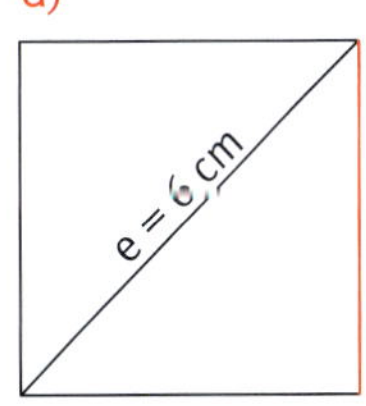

Lösungen zu 3 bis 5

8,25	12	7,14
23,81	24	12,73
14,39	4,24	

Ein Blick in die Geschichte

Pythagoras wurde 570 v. Chr. auf der griechischen Insel Samos geboren.
Er interessierte sich für Philosophie und Mathematik. Auf Reisen nach Ägypten und Babylonien sammelte er mathematische Kenntnisse. Hier muss er den Zusammenhang zwischen Kathetenquadraten und Hypotenusenquadrat entdeckt haben. Zu seinen Lebzeiten war die Erkenntnis schon mehr als 1 000 Jahre bekannt. Pythagoras hat den nach ihm benannten Satz also gar nicht als erster entdeckt.
Später gründete er die Gemeinschaft der Pythagoreer. Seine Anhänger lebten nach strengen Regeln. Sie mussten z. B. Vegetarier sein. Sie glaubten an die Unsterblichkeit der Seele und die Seelenwanderung. Ihr Interesse galt den natürlichen Zahlen und besonderen Zahlenverhältnissen und deren Bedeutung im Universum.

Die Ägypter und der Satz des Pythagoras

Durch die regelmäßigen Überschwemmungen des Nils mussten die alten Ägypter die Felder jährlich neu vermessen. Die Feldvermesser hießen Seilspanner, weil sie zur genauen Vermessung von rechten Winkeln Seile spannten, die durch Knoten in 12 gleiche Abstände unterteilt waren.

a) Teile eine Schnur (120 cm Länge) in 12 gleiche Teile. Markiere die Teile mit Klebestreifen.
b) Lege die Schnur so, dass ein rechtwinkliges Dreieck entsteht. Überprüfe damit einige rechte Winkel in deiner Umgebung, z. B. am Türrahmen, am Tisch oder am Fenster.
c) Schreibe den Satz des Pythagoras mit den Längen des Seiles (in cm) auf.
d) Dieses Seil wurde von den Ägyptern zur Landvermessung verwendet. Es kann unterschiedliche Längen haben. Ergänze in der Tabelle den Abstand der Knoten und mögliche Angaben zur Länge der Katheten a und b sowie zur Länge der Hypotenuse c.

	Länge des Seiles	Abstand zwischen den Knoten	Länge der Kathete a	Länge der Kathete b	Länge der Hypotenuse c
1	120 cm	10 cm	30 cm	■	■
2	60 cm	■	■	■	■
3	48 cm	■	■	■	■

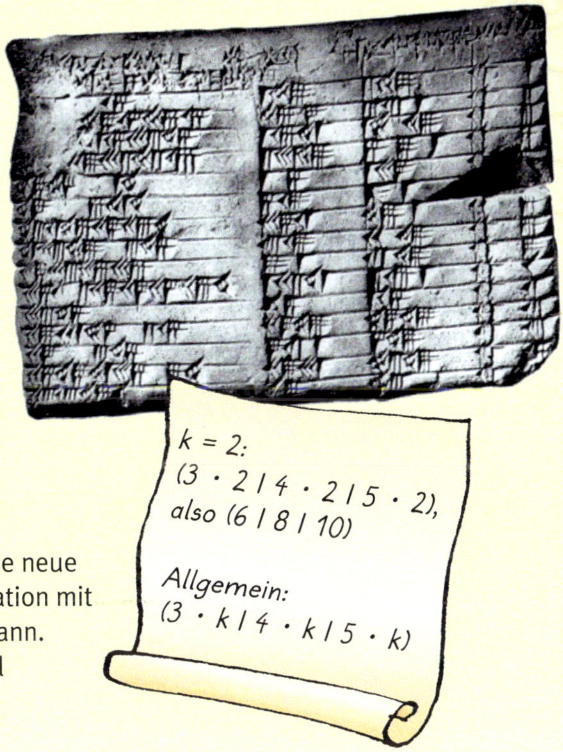

Pythagoreische Tripel

Die Zahlen (3 | 4 | 5) bilden ein sogenanntes pythagoreisches Tripel. Sie erfüllen die Gleichung $a^2 + b^2 = c^2$
Diese pythagoreischen Tripel haben Archäologen schon auf babylonischen Tontafeln (ca. 1800 bis 1500 v. Chr.) entdeckt. Weitere Tripel wurden auf Keilschriftafeln, die nur wenige Jahre jünger sind, gefunden, z. B. (56 | 90 | 106) und (5 | 12 | 13).

a) Überprüfe die Tripel.
b) Mathematiklehrer Lemke sucht mit seiner Klasse neue Tripel. Er überlegt sich, dass er durch Multiplikation mit einer natürlichen Zahl k neue Tripel erzeugen kann. Begründe, dass dadurch tatsächlich neue Tripel entstehen.

Den Satz des Pythagoras beweisen

Für den Satz des Pythagoras gibt es viele Ideen nachzuweisen, dass er für alle rechtwinkligen Dreiecke gilt.
Hier ist die „Bastelanleitung" für einen Beweis:

Schritt 1:
Zeichne vier Quadrate und schneide sie aus: zwei Quadrate mit der Seitenlänge 6 cm und zwei Quadrate mit der Seitenlänge 8 cm.

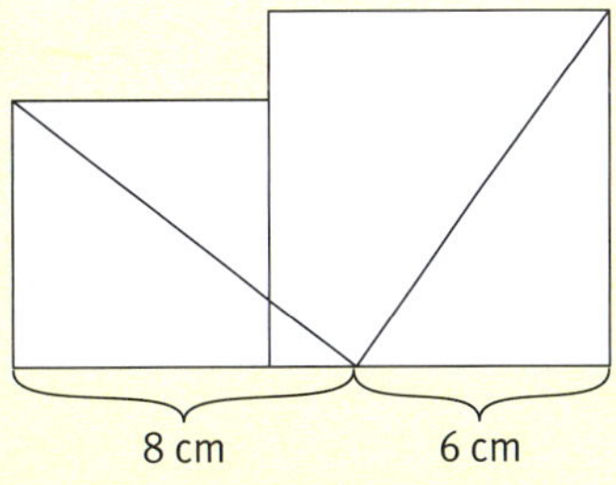

Schritt 2:
Lege je ein großes und ein kleines Quadrat zur Seite. Die beiden anderen Quadrate legst du so, wie in der Zeichnung dargestellt. Zeichne nach dieser Vorlage Linien ein. Achte darauf, dass die Quadrate direkt nebeneinander liegen und nicht verrutschen. Schneide die entstandenen Vielecke an den gezeichneten Linien aus. Du erhältst fünf Puzzleteile.

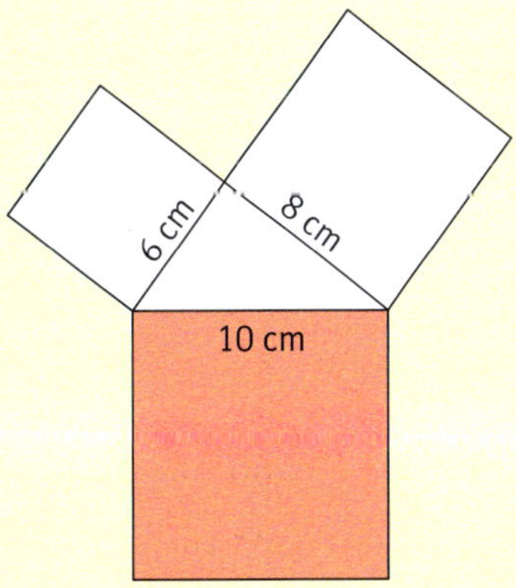

Schritt 3:
Zeichne nun in die Mitte eines DIN-A-4 Blattes ein rechtwinkliges Dreieck mit den Seitenlängen 6 cm, 8 cm und 10 cm. Klebe die beiden zur Seite gelegten Quadrate an den entsprechenden Seiten auf.

Schritt 4:
Versuche nun, das Quadrat mit der Seitenlänge 10 cm mit den fünf Puzzleteilen auszulegen.

Den Satz des Pythagoras anwenden

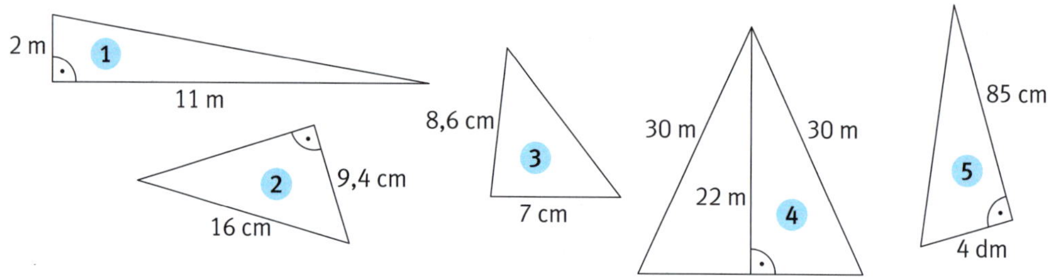

1 Welche fehlenden Seiten der oben abgebildeten Dreiecke kannst du mit Hilfe des Satzes des Pythagoras berechnen, welche nicht? Berechne, wenn möglich.

2 Berechne die fehlenden Werte des Rechtecks.

	a)	b)	c)	d)	e)	f)	g)
Seite a	77 cm	■	■	192 mm	6,5 m	4,5 dm	0,11 m
Seite b	36 cm	108 cm	144 cm	■	■	28 cm	■
Diagonale e	■	117 cm	145 cm	408 mm	9,7 m	■	61 cm

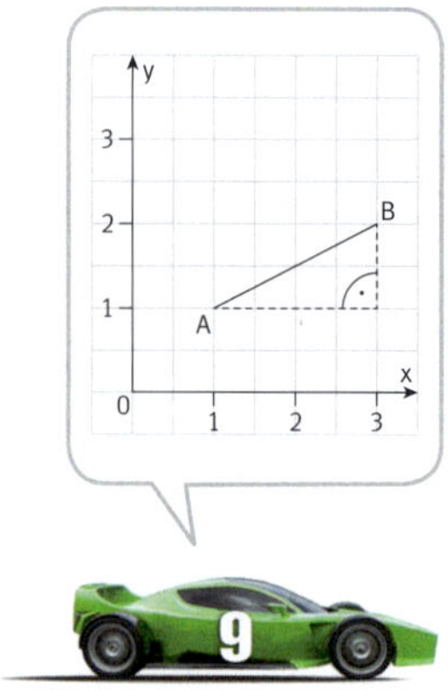

3 Mit dem Satz des Pythagoras kann man den Abstand zweier Punkte im Koordinatensystem berechnen.

a) Trage die gegebenen Punkte in jeweils ein Koordinatensystem ein.
① A (1|1) und B (3|2) ② C (−4|1) und D (−1,5|5)
③ E (−1|0,5) und F (3|−4,5) ④ G (2,5|3) und H (8,5|−1)

b) Berechne den Abstand zwischen den Punkten A und B, C und D und E und F. Überprüfe dein Ergebnis dann durch Messen.

4 Denise will ihr Regal blau streichen. Sie kauft eine Farbdose und einen 35 cm langen Pinsel. Die Farbdose ist 30 cm hoch und hat einen Durchmesser von 12 cm. Wie weit ragt der Pinsel mindestens aus der Dose? Reicht das, um sauber streichen zu können?

5 Eine Klappleiter ist 4 m lang. Sie wird wie auf dem Bild aufgestellt. Damit sie nicht umfällt, wenn ein Mensch darauf steht, müssen die Füße der Klappleiter einen Abstand von 1,20 m haben. Kann Tayfun an der Decke in Höhe von 3,60 m eine Energiesparlampe austauschen?

6 Betrachte das Bild.

a) Welche Längen kann man mit dem Satz des Pythagoras berechnen?

b) Schreibe eine Textaufgabe und berechne. Schätze dazu die benötigten Längen.

Den Satz des Pythagoras anwenden

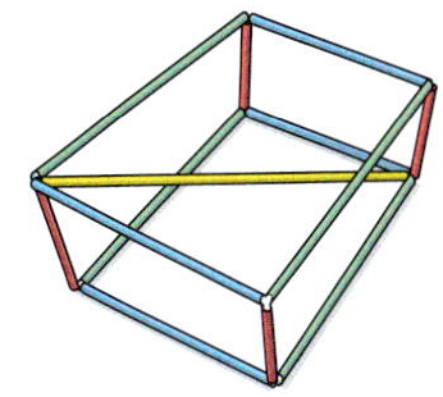

1 Fertige aus dickeren Trinkhalmen und Pfeifenputzern das Kantenmodell eines Quaders. Baue mindestens eine Flächendiagonale und eine Raumdiagonale ein. Vergleiche dein Modell mit denen deiner Mitschüler.
Wo sind rechtwinklige Dreiecke zu entdecken?

2 Berechne die Länge der Raumdiagonalen in deinem Modell (gelbe Strecke). Gehe in drei Schritten vor:

1. Berechne zunächst die Länge der Diagonalen auf der Grundfläche des Quaders.
2. Betrachte das rechtwinklige Dreieck aus der roten Kante, der Diagonalen der Grundfläche und der Raumdiagonalen. Berechne damit die Länge der Raumdiagonalen.
3. Kontrolliere durch Messen.

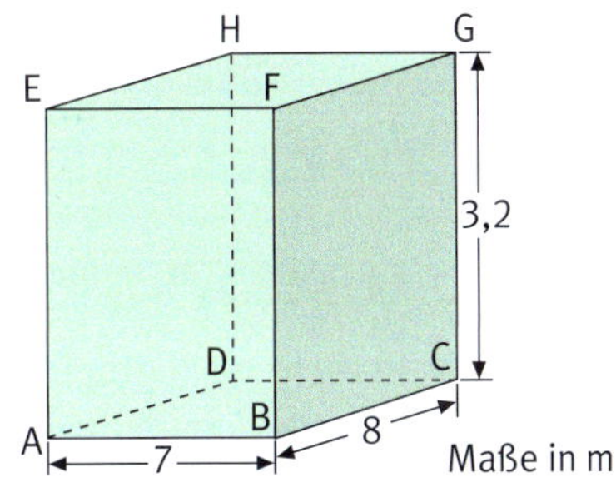

3 Berechne die Länge der Wege.
a) Im Punkt C sitzt eine Fliege, die in die Ecke E fliegt. Wie weit ist ihr Weg?
b) Im Punkt C sitzt auch ein Käfer, der nicht fliegen kann. Er krabbelt quer über den Boden zum Punkt A und dann die Kante hoch zum Punkt E.

4 a) Berechne die Flächendiagonale und die Raumdiagonale eines Würfels mit $a = 5$ cm. Erstelle vorher eine Schrägbildskizze.
b) Wie verändert sich die Länge der Raumdiagonalen, wenn die Kantenlänge des Würfels verdoppelt (verdreifacht) wird? Vermute und prüfe nach.

TRIMM-DICH-ZWISCHENRUNDE

1 Prüfe, ob die Dreiecke rechtwinklig sind. Beachte, dass die Hypotenuse nicht immer bei c ist.
a) $a = 20$ cm; $b = 16$ cm; $c = 12$ cm b) $a = 9$ cm; $b = 4$ cm; $c = 12$ cm

2 Berechne die fehlenden Seitenlängen in rechtwinkligen Dreiecken.

	Dreieck 1	Dreieck 2	Dreieck 3	Dreieck 4 (gleichschenklig)
Kathete 1	13 cm	■	65 cm	■
Kathete 2	4,5 cm	12 cm	■	■
Hypotenuse	■	32 cm	1 m	23 cm

3 Entscheide, ob die Kathete oder die Hypotenuse gesucht ist. Zeichne eine Skizze und berechne dann.
a) Ein rechteckiger Platz ist 13 m lang und 7 m breit. Berechne die Länge der Diagonalen.
b) Eine Leiter lehnt am Baum. Die Leiter ist 5 m lang. Am Boden ist sie 1,7 m vom Baum entfernt aufgestellt. Wie hoch reicht die Leiter?

Den Satz des Pythagoras wiederholen

Quadratzahlen und Quadratwurzeln

Quadratzahlen berechnen
S. 36

Wenn a eine natürliche Zahl ist ($a \in \mathbb{N}$), dann nennt man $a \cdot a = a^2$ eine Quadratzahl. Sie entspricht dem Flächeninhalt eines Quadrates mit der Seitenlänge a.

$4 \cdot 4 = 4^2 = 16$	16 ist die Quadratzahl von 4.	quadrieren: 4^2 („vier hoch 2“)

Quadratwurzeln berechnen
S. 37

Die Umkehrung des Quadrierens ist das Wurzelziehen.
Die Quadratwurzel ist die positive Zahl a, die mit sich selbst multipliziert die Ausgangszahl a^2 ergibt. Sie entspricht der Seite eines Quadrates bei vorgegebenem Flächeninhalt.

$\sqrt{9} = \sqrt{3^2} = \sqrt{3 \cdot 3} = 3$	3 ist die Quadratwurzel aus 9, weil $3 \cdot 3 = 9$.	Wurzel ziehen: $\sqrt{9}$ („Wurzel aus 9“)

Satz des Pythagoras

Den Satz des Pythagoras anwenden
S. 40 f.
S. 42 f.

In rechtwinkligen Dreiecken ist die Summe der Flächeninhalte der Kathetenquadrate genauso groß wie der Flächeninhalt des Hypotenusenquadrats.

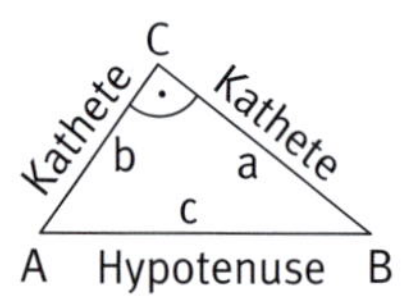

Es gilt: $a^2 + b^2 = c^2$

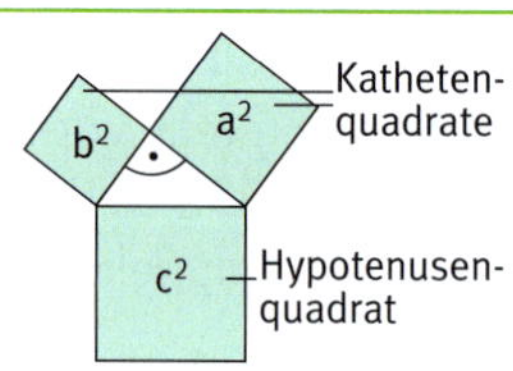

Berechnung der Länge der Hypotenuse:
① Addiere a^2 und b^2.
② Ziehe die Quadratwurzel aus der Summe.
③ Runde geeignet.
④ Bei Anwendungen formuliere einen Antwortsatz.

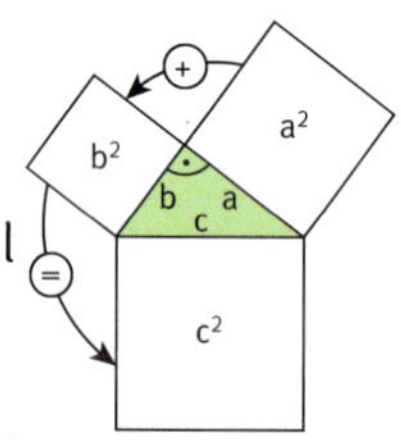

Gegeben	a = 6 cm, b = 8 cm
Gesucht	c
Lösung	$c^2 = a^2 + b^2$ $c^2 = 6^2 + 8^2$ $c^2 = 36 + 64$ $c^2 = 100$ $c = \sqrt{100}$ $c = 10$ (cm)

Berechnung der Länge einer Kathete:
① Subtrahiere a^2 von c^2.
② Ziehe die Quadratwurzel aus der Differenz.
③ Runde geeignet.
④ Bei Anwendungen formuliere einen Antwortsatz.

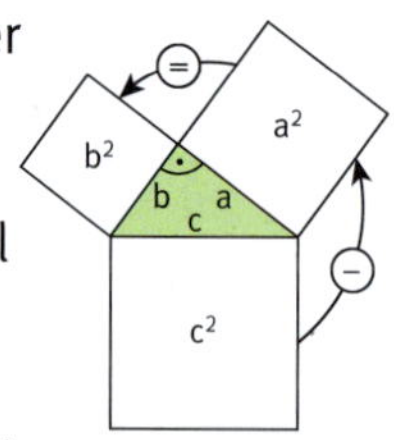

Gegeben	a = 3,2 cm, c = 5,5 cm
Gesucht	b
Lösung	$b^2 = c^2 - a^2$ $b^2 = 5{,}5^2 - 3{,}2^2$ $b^2 = 30{,}25 - 10{,}24$ $b^2 = 20{,}01$ $b = \sqrt{20{,}01}$ $b \approx 4{,}47$ (cm)

Aufgaben zur Differenzierung

Basis-Aufgaben | **Vertiefende Aufgaben**

1 Ordne den Aufgaben ihre Ergebnisse zu.

Basis-Aufgaben:

18^2	14^2	0,04	16
100^2	$(\frac{1}{5})^2$	196	$\frac{1}{25}$
4^2	$0,2^2$	10000	324

Vertiefende Aufgaben:

$-(\frac{1}{5})^2$	5^2	$\frac{1}{5^2}$	25	225
15^2	$0,5^2$		$\frac{1}{25}$	$-\frac{1}{25}$
-5^2	$(\frac{1}{5})^2$	$(-5)^2$	-25	0,25

2 Prüfe nach, ob richtig gerechnet wurde. Verbessere die Fehler.

a) $\sqrt{1,44} = 1,2$ b) $\sqrt{19,6} = 14$
c) $\sqrt{1,21} = 1,1$ d) $\sqrt{0,2} = 0,4$
e) $\sqrt{8,1} = 0,9$ f) $\sqrt{324} = 18$

Welchen Fehler macht Sascha?
Warum stimmt trotzdem ein Ergebnis?

a) $\sqrt{16} = 8$ b) $\sqrt{36} = 18$
c) $\sqrt{4} = 2$ d) $\sqrt{64} = 32$
e) $\sqrt{20} = 10$ f) $\sqrt{30} = 15$

3 Sind die Aussagen richtig oder falsch? Korrigiere falsche Aussagen.

a) Es gibt keine negative Quadratzahl.
b) Ein Quadrat mit dem Flächeninhalt 5 m^2 hat die Seitenlänge 2,5 m.

a) Jede Quadratwurzel ist eine irrationale Zahl.
b) Das Quadrat einer Zahl ist immer größer als die Zahl selbst.

4 Berechne die Länge der rot markierten Seite.

a)
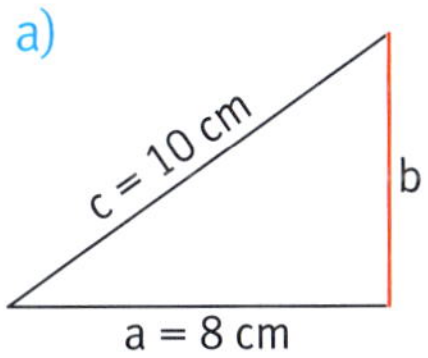

b)
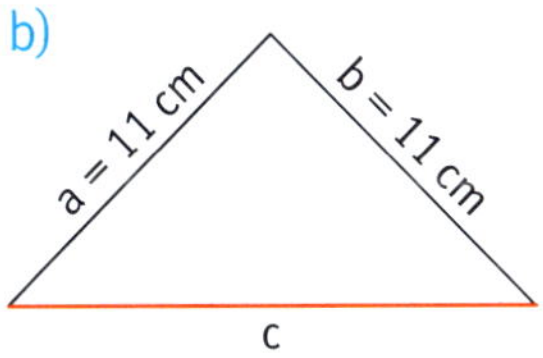

a)
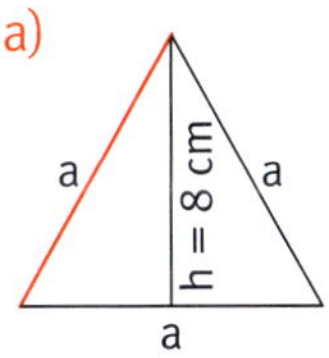

b)
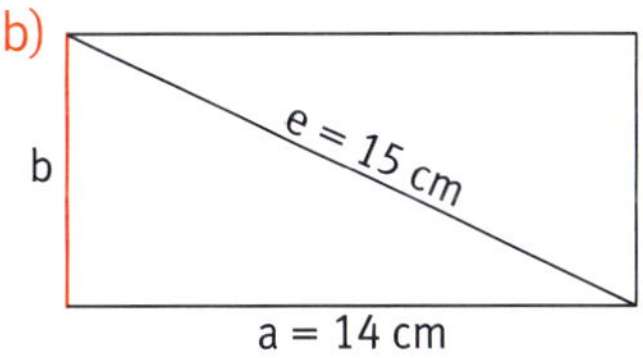

5 Beim Training der Fußballmannschaft müssen die Spieler von Eckfahne (1) direkt zu Eckfahne (3) sprinten. Wie lang ist die Strecke, die gesprintet werden muss?

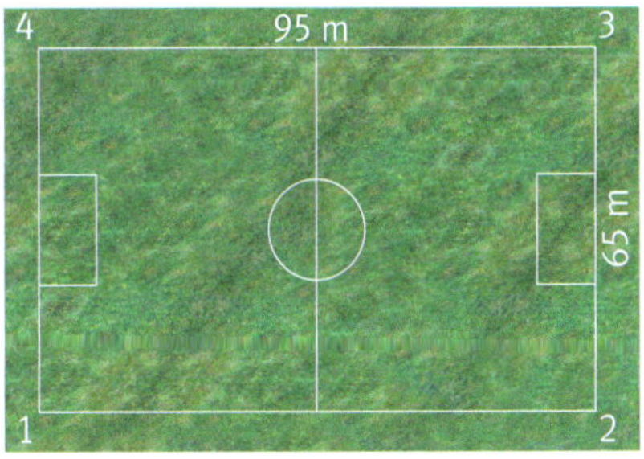

Der Trainer einer Fußballjugend lässt seine Spieler die Strecken 1 bis 6 fünfmal durchlaufen.

a) Wie lang ist die Sprintstrecke?
b) Wie lang ist die Gesamtstrecke?

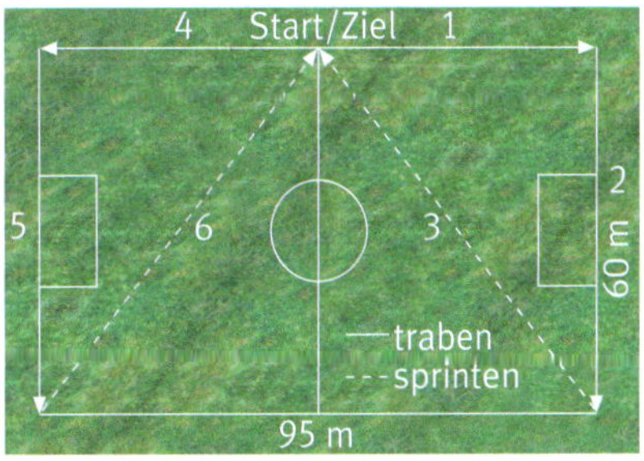

1 Bestimme die Zahl unter der Wurzel.

a) $\sqrt{■} = 15$ b) $\sqrt{■} = 150$

c) $\sqrt{■} = 1{,}5$ d) $\sqrt{■} = 0{,}15$

e) $\sqrt{■} = \frac{1}{4}$ f) $\sqrt{■} = \frac{1}{11}$

2 Ergänze die Lücken mit passenden Ziffern.

a) $1■^2 = 2■6$ b) $1■^2 = 22■$

c) $\sqrt{1■6} = ■4$ d) $\sqrt{■^2} = 9$

e) $\sqrt{■{,}49} = 0{,}■$ f) $\sqrt{■■■} = 4^2$

3 Prüfe rechnerisch, ob es sich um rechtwinklige Dreiecke handelt.

	Seite a	Seite b	Seite c
a)	6 cm	8 cm	10 cm
b)	10 cm	13 cm	15 cm
c)	1,5 m	2 m	2,5 m
d)	9 m	12 m	15 m

4 a) Berechne alle Streckenlängen. Runde auf eine Stelle nach dem Komma (Maße in cm).

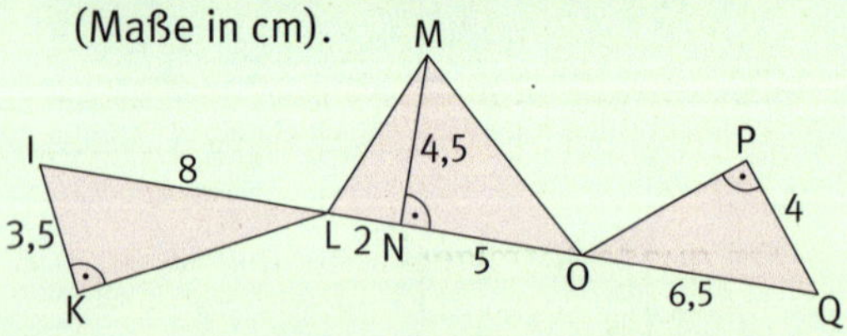

b) Berechne den Umfang und den Flächeninhalt der drei Dreiecke.

5 Übertrage das Koordinatensystem und berechne die Längen der Strecken [AD] und [BC].

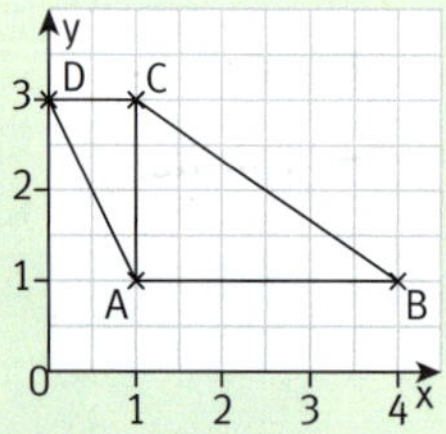

6 Ein Flugzeug startet in Berlin-Schönefeld. Nach 41 Flugkilometern überfliegt das Flugzeug in genau 8 km Höhe das Schloss Sanssouci in Potsdam. Wie weit sind das Schloss und der Flughafen Schönefeld voneinander entfernt?

7 Aysche kürzt ihren Schulweg durch den Park ab. Wie viele Meter spart sie?

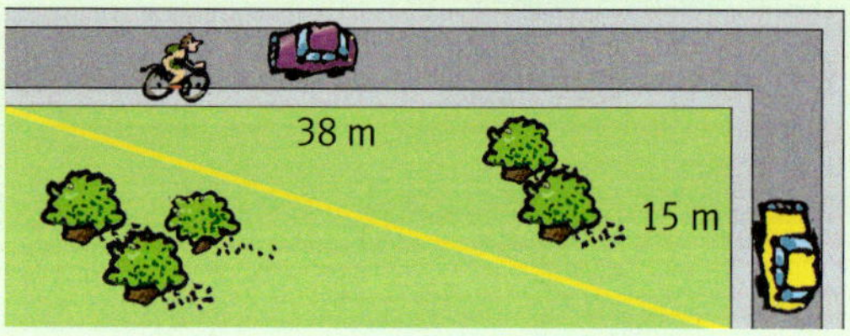

8 Die Größe von Monitoren wird durch die Diagonale, gemessen in Zoll, angegeben. Berechne die fehlenden Maße.
(1 Zoll ≙ 2,54 cm)

Zoll	Diagonale	Länge	Höhe
■	47 cm	■	23 cm
■	■	48,7 cm	27,4 cm
58	■	128,4 cm	■

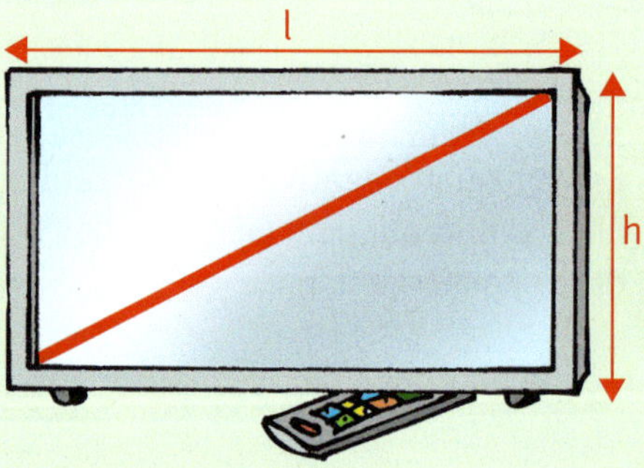

9 In Leichtathletik werden oft mitunter nur senkrechte Entfernungen, d.h. Entfernungen entlang der weißen Linie gemessen.

a) Jochens Ball trifft 10 m seitlich der ausgesteckten Messlinie auf. Wie viele Meter werden gemessen und wie viele hat er tatsächlich geworfen?

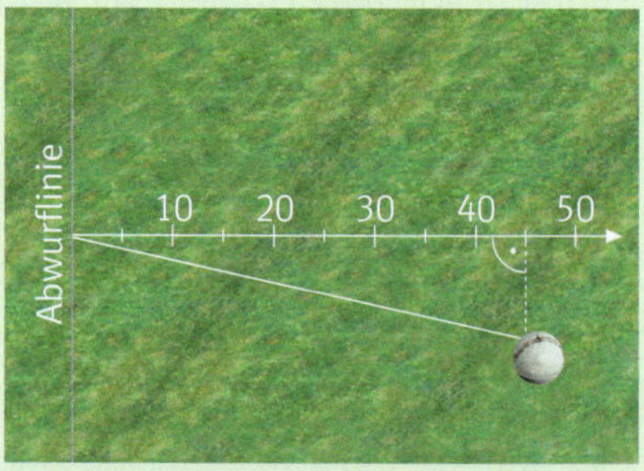

b) Maria ist beim Weitsprung in Wirklichkeit 4,60 m gesprungen, gewertet werden aber nur 4,58 m. Wie weit ist sie von der Ideallinie abgekommen?

10 Löse die Gleichungen.

a) $x^2 = 289$ b) $x^2 = 25$

c) $x^2 - 4 = 60$ d) $2x^2 = 648$

11 Berechne den Flächeninhalt eines gleichschenkligen Dreiecks mit den Seitenlängen $a = b = 8$ cm und $c = 6$ cm.

12 a) Berechne die Länge der rot markierten Seite in dem Trapez und der Raute.

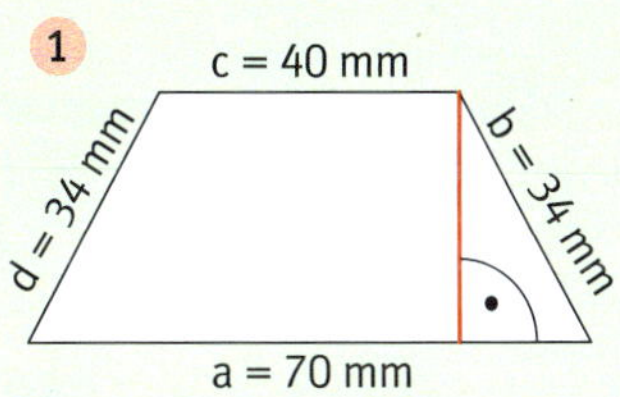

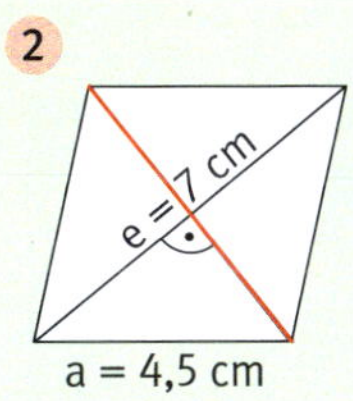

b) Zeichne die Vierecke und überprüfe deine Ergebnisse durch Messen.

c) Berechne den Umfang und den Flächeninhalt.

13 Ein Schwimmer will einen 210 m breiten Fluss auf kürzestem Weg überqueren. Der Fluss hat eine starke Strömung und der Schwimmer wird abgetrieben. Erschöpft landet er nach einer Schwimmstrecke von 350 m am anderen Ufer. Wie weit wurde er durch die Strömung abgetrieben? Fertige eine Skizze an.

14 Familie Meier hat Sorgen, dass die Kiefer in ihrem Garten bei einem Sturm abknicken könnte und das Haus beschädigt. Der Baum steht vom Haus in einer Entfernung von 7 m. Muss die Familie mit Schäden am Haus rechnen, wenn die Kiefer 9,40 m lang ist und in einer Höhe von 1,80 m abknickt?

15 Ein Blumenbeet hat die Form eines gleichseitigen Dreiecks mit der Seitenlänge 3 m. Wie viel kostet eine Bepflanzung, wenn pro Quadratmeter Kosten in Höhe von 15,00 € anfallen?

16 Ein Feuerwehrfahrzeug hat eine 30 m lange Drehleiter. Das Fahrzeug ist 3,20 m hoch. Aus Sicherheitsgründen muss es 12 m Abstand zum brennenden Haus haben. Aus welcher maximalen Höhe kann die Feuerwehr mit diesem Fahrzeug Personen retten? Fertige eine Skizze an.

17 Eine Seilbahn überwindet einen Höhenunterschied von 700 m. Auf einer Karte im Maßstab 1 : 50 000 beträgt die horizontale Entfernung zwischen Tal- und Bergstation 4,8 cm. Wie lang ist das Halteseil mindestens? Fertige eine Skizze an.

18 Wie weit muss der Junge mindestens springen, damit er über den Graben kommt? Der Graben hat im Querschnitt die Form eines symmetrischen Trapezes und ist am Grund 2,60 m breit und 1,10 m tief.

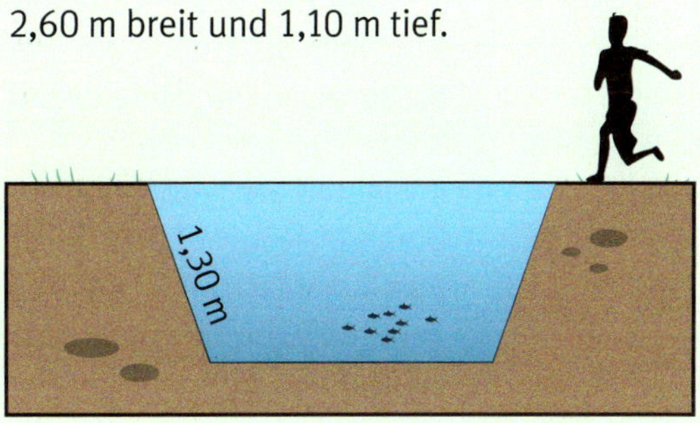

19 Ein quaderförmiger Koffer ist 90 cm lang, 50 cm hoch und 20 cm breit. Passt ein Regenschirm, der 0,95 m lang ist, in diesen Koffer?

20 Thorsten behauptet:

- *Die Raumdiagonale eines Quaders kann man mit $d = \sqrt{a+b+c}$ berechnen.*
- *Mit der Formel $e = \sqrt{a^2+b^2}$ kann man die Länge der Diagonalen e eines Rechtecks mit den Seitenlängen a und b berechnen.*
- *In einem Quadrat mit der Seitenlänge a kann man die Länge der Diagonalen e mithilfe von $e = \sqrt{3a^2}$ berechnen.*

Hat Thorsten Recht?

Begründe deine Entscheidung.

1 Berechne, falls nötig, mithilfe deines Taschenrechners. Runde ggf. auf eine Stelle nach dem Komma.

a) 5^2 b) $6{,}4^2$ c) 1000^2 d) $\sqrt{4900}$ e) $\sqrt{5}$ f) $\sqrt{225}$ g) $\sqrt{71}$ h) $\sqrt{1}$

2 Berechne die Flächeninhalte oder Seitenlängen der Quadrate.

	a)	b)	c)	d)
Seitenlänge a	9 m	2,8 m	■	■
Flächeninhalt A	■	■	169 m²	484 m²

3

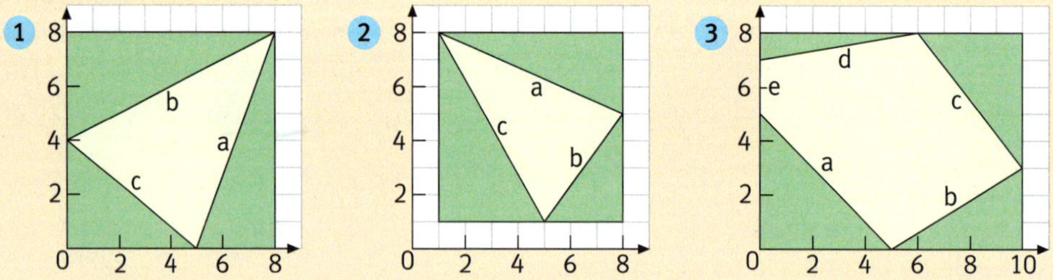

a) Über die dunklen Dreiecke lassen sich die Seitenlängen a, b, c, (d) berechnen. Wähle als Einheit cm und runde auf eine Dezimalstelle.

b) Berechne mit Hilfe dieser Dreiecke auch die Flächeninhalte der Innenfiguren.

4 In einem Café wird Orangensaft in einem zylinderförmigen Glas serviert, welches 16 cm hoch ist und einen Innendurchmesser von 6 cm hat. Wie weit ragt ein 20 cm langer gerader Strohhalm aus dem Glas heraus, wenn er schräg im Glas lehnt?

5 Die Gemeinde Großbeeren baut für ihre Jugendlichen eine Skateboard-Rampe.

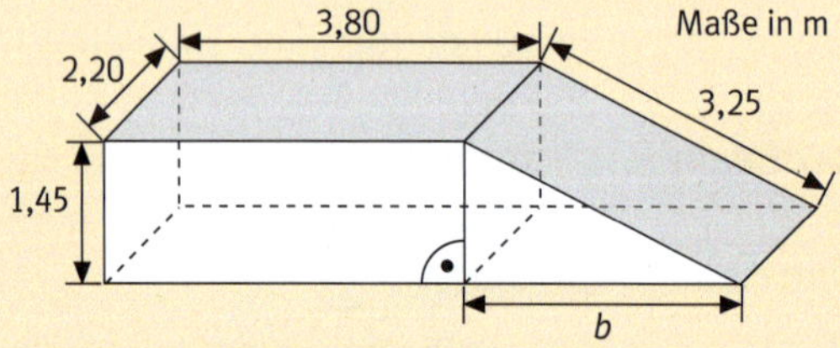

a) Berechne die Länge von b. Runde das Endergebnis auf zwei Kommastellen.

b) Die Rampe wird aus Beton gefertigt. Wie viele Kubikmeter Beton werden verarbeitet?

c) Die Seitenflächen sollen gestrichen werden. Wie viel Farbe wird benötigt, wenn ein Liter Farbe für 6 m² reicht?

6 Ein Lastwagen hat einen Laderaum mit folgenden Maßen:
Länge: 6,05 m
Breite: 2,46 m
Höhe: 2,36 m
Passen Eisenstangen, die 7,20 m lang sind, in den Laster?

Potenzen und Wurzeln

Auf der Erde gibt es ungefähr 1,4 Millionen Tierarten, von denen der größte Teil mit ungefähr einer Million Insekten sind. Es kommt Erstaunliches heraus, wenn man Tiere einer Art miteinander vergleicht:
Der größte Vogel ist der Strauß. Er wird bis zu 2,8 m hoch und bis zu 160 kg schwer. Ein Straußenei wiegt im Durchschnitt 1,9 kg.
Dagegen ist der kleinste Vogel, der Kolibri, ein Winzling. Der kleinste seiner Gattung, die Bienenelfe ist gerade mal knapp 6 cm lang und wiegt knapp 2 g. Die Eier sind so klein wie Erbsen und ungefähr 0,3 g schwer.
Vergleiche:

- Wie viel Mal schwerer ist ein Strauß als ein Kolibri?
- Wie viel Mal größer ist ein Strauß als ein Kolibri?
- Wie viel Mal leichter ist ein Ei des Kolibris gegenüber einem Straußenei?

Unterschiedliche Frösche leben in Papua-Neuguinea und Westafrika. Erst 2009 wurde der kleinste Frosch mit einer Größe von circa 8 mm und einem Gewicht von 15 g entdeckt. Dagegen ist der Goliathfrosch mit einer Größe von bis zu 33 cm und einem Gewicht von bis zu 3 kg ein Riese.

- Vergleiche die Größe und das Gewicht der Frösche.

Der Quizmaster einer Show behauptet, dass alle Ameisen der Erde zusammen mehr als alle Menschen wiegen.
Überprüfe diese Aussage mithilfe der folgenden Angaben: Auf der Welt leben knapp 8 000 000 000 Menschen und 10 000 Billionen Ameisen. Eine Ameise wiegt 4 bis 12 mg, das durchschnittliche Körpergewicht eines Menschen beträgt 60 kg.
Welche Schwierigkeiten gibt es beim Lösen dieser Aufgabe?

Rechenregeln

Zusammenhang zwischen Addition und Multiplikation erkennen

1 Schreibe als Multiplikationsaufgabe und berechne ohne Taschenrechner.

a) $6 + 6 + 6 + 6$ b) $14 + 14 + 14 + 14 + 14$

c) $2 + 2$ d) $7 + 7 + 7 + 9 + 9$

e) $-10 - 10 - 10 - 10 - 10 - 10$ f) $-(1 + 1 + 1 + 1 + 1 + 1)$

g) $0{,}25 + 0{,}25 + 0{,}25 - 0{,}3 - 0{,}3$ h) $\frac{3}{4} + \frac{3}{4} + \frac{3}{4} + \frac{3}{4}$

i) $\frac{6}{10} + 1{,}6 + 1{,}6 + 1{,}6 + \frac{6}{10}$ j) $-1{,}5 - 1{,}5 - \frac{3}{4} - 1{,}5 - \frac{3}{4} - 1{,}5$

Mit rationalen Zahlen rechen

2 Berechne ohne Taschenrechner. Vergleiche die Ergebnisse.

a) $5 \cdot (-3)$ $-5 \cdot 3$ $-5 \cdot (-3)$ $5 \cdot 3$

b) $27 : 9$ $27 : (-9)$ $-27 : 9$ $-27 : (-9)$

3 Berechne ohne Taschenrechner.

a) $-2 \cdot (-2) \cdot (-2)$ b) $5 \cdot 8 \cdot 5 \cdot (-8)$ c) $-18 : 1{,}5 : (-4)$

$-10 \cdot (-10) \cdot (-10) \cdot (-10)$ $-4 \cdot (-5) \cdot (-20)$ $95 : (-5) : (-\frac{1}{2})$

$-\frac{1}{4} \cdot (-\frac{1}{4}) \cdot (-\frac{1}{4})$ $-4 \cdot 8 \cdot (-2) \cdot (-1)$ $(-\frac{1}{8}) : (-\frac{1}{4}) \cdot 2$

$-0{,}1 \cdot (-0{,}1) \cdot (-0{,}1)$ $9 \cdot (-2) \cdot (-5)$ $0{,}75 : \frac{1}{4} : (-1)$

Eine fortgesetzte Addition gleicher Summanden kann man verkürzt als Multiplikation schreiben:

$\underbrace{a + a + \ldots + a}_{b\text{-mal}} = b \cdot a$ Summand: a, Anzahl der Summanden: b

Beim Multiplizieren und Dividieren zweier rationaler Zahlen gilt:
Bei gleichem Vorzeichen ist das Ergebnis positiv. Bei unterschiedlichem Vorzeichen ist das Ergebnis negativ.
Multipliziert man eine gerade Anzahl negativer Faktoren miteinander, ist das Ergebnis positiv, bei einer ungeraden Anzahl von negativen Faktoren ist das Ergebnis negativ. Entsprechendes gilt für die Division.

$-4 - 4 - 4 - 4 - 2\frac{1}{2} - 2\frac{1}{2} - 2\frac{1}{2} = 4 \cdot (-4) + 3 \cdot (-2\frac{1}{2}) = -16 - 7{,}5 = -23{,}5$

Klammer- und Punkt-vor-Strich-Regel beachten

4 Berechne ohne Taschenrechner. Vergleiche die Ergebnisse.

a) $9 \cdot 4 + 6$ b) $5 \cdot 7 + 8$ c) $6 + 8 \cdot 5 + 15$ d) $2 \cdot (9 + 6) - 4 \cdot 5$

$9 + 4 \cdot 6$ $5 \cdot (7 + 8)$ $(6 + 8) \cdot (5 + 15)$ $2 \cdot 9 + (6 - 4) \cdot 5$

5 Berechne ohne Taschenrechner.

a) $-23 - 27 : 9$ b) $21 : (-10 + 7)$ c) $(50 + 22) : (-10 - 2)$

d) $\frac{1}{2} \cdot (-3{,}2 - 4{,}6)$ e) $(13 - 57) : \frac{1}{4}$ f) $(1\frac{1}{2} - 1\frac{1}{4}) \cdot (-8 - 12)$

Bei der Verbindung der Grundrechenarten gelten folgende Regeln.
① Die Klammern zuerst berechnen ② Punkt-vor-Strich-Rechnung

$-2 \cdot (-56 : 7 + 9 : 3) = -2 \cdot (-8 + 3) = -2 \cdot (-5) = 10$

Rechnen mit Systemzahlen und Hundertstelbrüchen

6 Berechne ohne Taschenrechner. *Mit Systemzahlen rechnen*

a) $6 \cdot 10$
$-3{,}7 \cdot 100$
$0{,}5 \cdot 1000$

b) $7 \cdot 10 \cdot 10 \cdot 10$
$0{,}008 \cdot 10 \cdot 10$
$-8{,}25 \cdot 1000 \cdot 10$

c) $800 : 10$
$240 : 100$
$-4{,}8 : 10 : 10$

7 Schreibe als Dezimalzahl. *Mit Hundertstelbrüchen rechnen*

a) $\frac{1}{10}$
$\frac{1}{100}$
$\frac{1}{1000}$

b) $7{,}4 \cdot \frac{1}{10}$
$7{,}4 \cdot \frac{1}{100}$
$7{,}4 \cdot \frac{1}{1000}$

c) $-6 \cdot \frac{1}{10}$
$-125 \cdot \frac{1}{100}$
$-12 \cdot \frac{1}{1000}$

> Beim Multiplizieren bzw. Dividieren mit (durch) Systemzahlen verschiebt sich das Komma nach rechts bzw. nach links.
>
> $45{,}6 \cdot 100 = 4560$ — 2 Stellen nach rechts
>
> $626{,}3 : 100 = 6{,}263$ — 2 Stellen nach links
>
> Beim Multiplizieren mit Hundertstelbrüchen verschiebt sich das Komma entsprechend der Anzahl der Nullen im Nenner des Hundertstelbruchs nach links.
>
> $54 \cdot \frac{1}{10000} = \frac{54}{10000} = 54 : 10000 = 0{,}0054$ (vier Stellen nach links)

Terme

8 Vereinfache die Terme. *Terme vereinfachen*

a) $5x + 7x + 4x$
b) $-6x + 7 - 2x + 10$
c) $4x - 7y - 2x + 3y$
d) $2 \cdot 2{,}5a - \frac{1}{2} \cdot 12b$
e) $-35c : 7 - 13 \cdot 2c + 10d$
f) $-\frac{1}{4} \cdot 16e + 4 \cdot 2f + 28f : 14$
g) $6 \cdot (3x + 8)$
h) $-4 \cdot (5x - 5)$
i) $\frac{1}{2} \cdot (3y - 8) + 0{,}75$

> Terme lassen sich durch Zusammenfassen oder Multiplizieren und Dividieren vereinfachen.
> Wird eine Summe oder eine Differenz mit einem Faktor multipliziert, dann wird jedes Glied in der Klammer mit dem Faktor multipliziert (Distributivgesetz).
> $2 \cdot 3a - 8b : 2 + 7a - 6b = 6a - 4b + 7a - 6b = 13a - 10b$
> $6 \cdot (-2x - 5) = 6 \cdot (-2x) + 6 \cdot (-5) = -12x - 30$

Runden

9 Runde die Zahlen auf zwei Stellen (eine Stelle) nach dem Komma. *Zahlen runden*

a) 0,737 b) 7,582 c) 34,0943 d) 7,85429 e) 7,311
f) 9,993 g) 0,9863 h) 1,8948 i) 12,5874 j) 9,234982

> Beim Runden von Dezimalzahlen entscheidet die Ziffer rechts neben der Rundungsstelle über die Rundung.
> Bei 0, 1, 2, 3, 4 wird abgerundet, bei 5, 6, 7, 8, 9 wird aufgerundet.
>
> $5{,}341 \approx 5{,}34$ $9{,}679 \approx 9{,}68$

Quadrat- und Kubikzahlen berechnen

Boxengröße	Länge	Breite	Höhe
Größe 1	12 cm	12 cm	12 cm
Größe 2	20 cm	20 cm	20 cm
Größe 3	31 cm	31 cm	31 cm

1 Tom möchte endlich Ordnung in seinem Zimmer schaffen. Dafür hat er sich drei würfelförmige Ordnungsboxen in unterschiedlichen Größen gekauft. Suche zur Beantwortung von Toms Fragen aus der Formelsammlung (ab S. 195) die benötigten Formeln heraus und notiere sie. Wie musst du jeweils rechnen?

Quadrat- und Kubikzahlen

Das Produkt aus zwei gleichen natürlichen Zahlen nennt man **Quadratzahl.**
Schreibweise: $a \cdot a = a^2$ für $a \in \mathbb{N}$

$25 \cdot 25 = 25^2 = 625$
625 ist eine Quadratzahl.

$5 \cdot 5 \cdot 5 = 5^3 = 125$
125 ist eine Kubikzahl.

Das Produkt aus drei gleichen natürlichen Zahlen nennt man **Kubikzahl.**
Schreibweise: $a \cdot a \cdot a = a^3$ für $a \in \mathbb{N}$

250 ist keine Quadratzahl, denn es gibt keine natürliche Zahl a für die gilt:
$a^2 = 250$
$15^2 = 225 < 250 < 256 = 16^2$

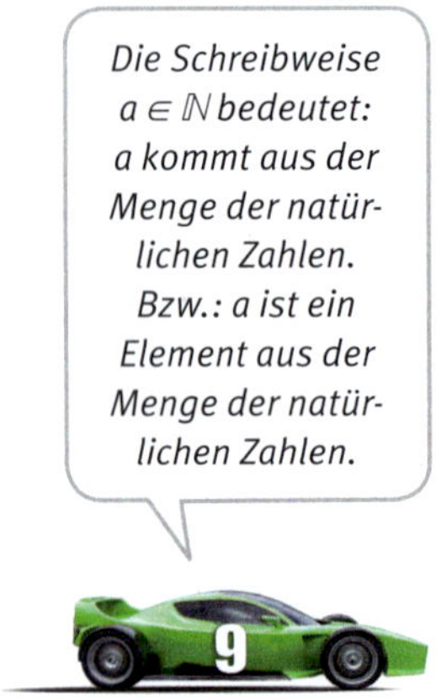

2 Beantworte nun Toms Fragen.

3 Übertrage die Tabelle und vervollständige sie. Rechne im Kopf. Die hier auftretenden Quadrat- und Kubikzahlen solltest du auswendig lernen.

	1	2	3	4	...	10
Quadratzahl	$1^2 = 1$	$2^2 = 4$	■	■	■	■
Kubikzahl	$1^3 = 1$	$2^3 =$ ■	■	■	■	■

4 Untersuche: Handelt es sich um eine Quadrat- oder eine Kubikzahl?
a) 1000 b) 49 c) 8000
d) 27 e) 64 f) 1000000
g) 10000 h) 324 i) 125

5 a) Nenne mindestens drei Quadratzahlen zwischen 500 und 1000.
b) Finde mindestens drei Kubikzahlen zwischen 10000 und 20000.

6 Übertrage die Tabelle und vervollständige sie.

	a	b	a^2	b^3	$b^3 - a^2$	$(a + b)^2$
a)	1	5	■	■	■	■
b)	4	3	■	■	■	■
c)	2	10	■	■	■	■

1 a) Falte ein DIN-A4-Blatt fortlaufend, so dass sich die Fläche halbiert. Wie oft kannst du das machen?

b) Stell dir vor, man könnte es zehnmal machen. Übertrage die Tabelle und fülle sie aus. Erkläre, wie es bei der 11. (12., 13., ...) Faltung weitergeht.

Anzahl Faltungen	0	1	2	3	4	5	6	7	8	9	10
Anzahl Papierschichten	1	2	■	■	■	■	■	■	■	■	■

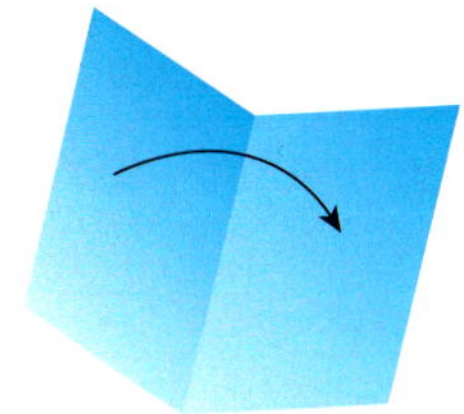

Produkte aus lauter gleichen Faktoren kann man als **Potenz** schreiben:

5 gleiche Faktoren		Potenz		Potenzwert
$2 \cdot 2 \cdot 2 \cdot 2 \cdot 2$	=	2^5	=	32

Basis 2^5 Exponent

Man spricht: „2 hoch 5"

Diese Schreibweise gilt auch für **rationale Zahlen** a als Basis:

$a^n = \underbrace{a \cdot a \cdot \ldots \cdot a}_{n \text{ Faktoren}}$ $\quad a \in \mathbb{Q}$

Weiterhin gilt:
$a^1 = a$ für alle $a \in \mathbb{Q}$
$a^0 = 1$ für alle $a \in \mathbb{Q}$ und $a \neq 0$

Für $a \in \mathbb{N}$ gilt:
Die Potenz **$a^2 = a \cdot a$** nennt man **Quadratzahl.**
Die Potenz **$a^3 = a \cdot a \cdot a$** nennt man **Kubikzahl.**

Potenzen

rationale Zahlen $\mathbb{Q}$
Ganze Zahlen, Brüche und Dezimalzahlen (auch periodische):
$\{\ldots; -2; -1{,}5; -\frac{1}{2}; 0{,}\overline{3}; \frac{3}{7}; 3, \ldots\}$

2 Schreibe die Anzahl der Papierschichten bis einschließlich zur 10. Faltung als Potenz. Ergänze dazu die Tabelle aus Aufgabe 1 um eine weitere Zeile.

3 Bestimme den Unterschied zwischen 4^3 und 3^4, indem du jeweils die richtige Schreibweise zuordnest.

$3 \cdot 4$ | $3 \cdot 3 \cdot 3 \cdot 3$ | $4 + 4 + 4$ | $4 \cdot 4 \cdot 4$

4 Schreibe als Potenz.

$\frac{2}{3} \cdot \frac{2}{3} \cdot \frac{2}{3} \cdot \frac{2}{3} \cdot \frac{2}{3} = \frac{2^5}{3^5} = \left(\frac{2}{3}\right)^5$

$x \cdot x \cdot x \cdot x \cdot x = x^5$

a) $3 \cdot 3 \cdot 3 \cdot 3$ b) $7 \cdot 7 \cdot 7 \cdot 7 \cdot 7 \cdot 7$ c) $19 \cdot 19 \cdot 19$
d) $x \cdot x \cdot x \cdot x$ e) $y \cdot y \cdot y \cdot y \cdot y$ f) $b \cdot b \cdot b \cdot b \cdot b$
g) $\frac{1}{3} \cdot \frac{1}{3} \cdot \frac{1}{3}$ h) $\frac{1}{8} \cdot \frac{1}{8} \cdot \frac{1}{8} \cdot \frac{1}{8}$ i) $\frac{1}{10} \cdot \frac{1}{10} \cdot \frac{1}{10}$
j) $\frac{3}{4} \cdot \frac{3}{4} \cdot \frac{3}{4} \cdot \frac{3}{4}$ k) $\frac{2}{5} \cdot \frac{2}{5} \cdot \frac{2}{5} \cdot \frac{2}{5} \cdot \frac{2}{5}$ l) $\frac{3}{10 \cdot 10 \cdot 10 \cdot 10}$

$3^4 = 81$
1. Eingabe mit der [x^y]- *oder* [y^x]-*Taste:*
[3] [x^y] [4] = 81 *oder*
[3] [y^x] [4] = 81
2. Eingabe mit der [^]-*Taste:*
[3] [^] [4] = 81
Wie rechnet dein Taschenrechner?

5 Berechne die Potenzen zuerst im Kopf. Überprüfe mit dem Taschenrechner.
a) 4^3 b) 5^4 c) 3^5 d) 2^6 e) 10^7 f) $0{,}5^2$ g) $0{,}2^4$

6 Bakterien vermehren sich durch Teilung. Eine Bakterienart teilt sich alle 20 Minuten.
a) Wie viele Bakterien sind es nach einer (zwei, drei) Stunde(n)?
b) Nach der wievielten Teilung sind es über eine Million Bakterien?

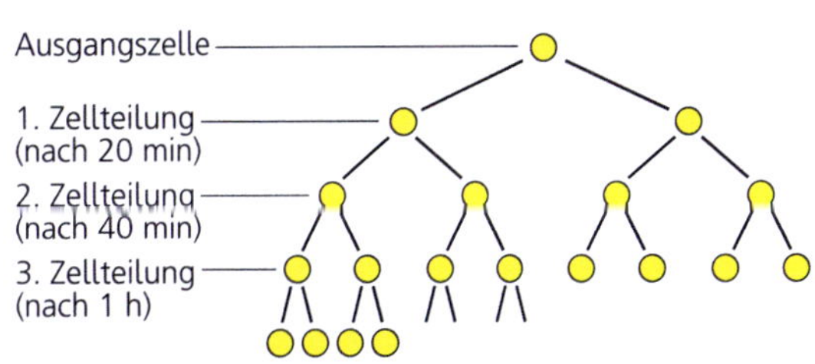

Faktorenprodukt	$(-3)\cdot(-3)$	$(-3)\cdot(-3)\cdot(-3)$	$(-3)\cdot(-3)\cdot(-3)\cdot(-3)$	$(-3)\cdot(-3)\cdot(-3)\cdot(-3)\cdot(-3)$
Potenz	$(-3)^2$	$(-3)^3$	$(-3)^4$	$(-3)^5$
Potenzwert	9	−27	■	■

Vorzeichenregeln bei Potenzen mit negativer Basis

1 a) Übertrage die Tabelle und setze die Reihe bis $(-3)^8$ fort.
b) Erkläre, wann der Potenzwert positiv und wann er negativ wird.
c) Formuliere mit den Textbausteinen zwei Merksätze.

Exponent | negative Basis | gerade Zahl | Potenzwert | ungerade Zahl | positiv | negativ

2 Übertrage und ergänze das fehlende Vorzeichen.
a) $(-4)^2 = ■16$ b) $-8^4 = ■4096$ c) $(-1)^5 = ■1$ d) $(-1)^6 = ■1$
e) $(-2)^4 = ■16$ f) $(-7)^1 = ■7$ g) $(-\frac{1}{2})^6 = ■\frac{1}{64}$ h) $(-0{,}1)^4 = ■0{,}0001$

3 Schreibe als Potenz und berechne den Wert.
a) $8\cdot8\cdot8\cdot8$ b) $(-2)\cdot(-2)\cdot(-2)\cdot(-2)\cdot(-2)$
c) $\frac{1}{10}\cdot\frac{1}{10}\cdot\frac{1}{10}\cdot\frac{1}{10}\cdot\frac{1}{10}\cdot\frac{1}{10}$ d) $(-0{,}3)\cdot(-0{,}3)\cdot(-0{,}3)$

4 Schreibe als Produkt und berechne.
a) 5^3 $(-4)^1$ 8^3 $(-5)^4$ b) $0{,}1^4$ $(\frac{1}{5})^3$ $(-\frac{1}{6})^2$ $\frac{1}{4^4}$

5 Vergleiche die Potenzwerte mithilfe der Zeichen <, > oder =.
a) -2^3 und 2^3 b) $(-4)^4$ und -4^4 c) $-(-5)^2$ und -5^2
d) -3^3 und $(-3)^3$ e) -6^2 und $-(-6)^2$ f) 8^3 und $-(-8)^3$

6 Übertrage und ergänze das fehlende Vorzeichen.
a) $■(3)^3 = -27$; $(■3)^3 = +27$; $(-3)^3 = ■27$; $-(3)^3 = ■27$
b) $(+5)^4 = ■625$; $(-5)^4 = ■625$; $(■5)^4 = 625$; $-5^4 = ■625$
c) $(-1)^2\cdot(-4)^3 = ■64$; $(-1)^3\cdot(-4)^3 = ■64$; $(-1)^2\cdot(+4)^3 = ■64$; $(-1)^3\cdot(+4)^3 = ■64$

7 Übertrage und setze die Zeichen <, > oder = ein.
a) $2^3 ■ 3^2$ b) $(-1{,}2)^4 ■ (+1{,}2)^4$ c) $0{,}7^3 ■ (-0{,}7)^3$
d) $(-4)^2 ■ 2^4$ e) $(-\frac{1}{7})^3 ■ \frac{1}{(-7)^3}$ f) $(-0{,}4)^4 ■ -0{,}44^1$
g) $1{,}9^3 ■ (+1{,}9)^3$ h) $-(-2{,}5)^3 ■ -2{,}5^3$ i) $-3{,}1^2 ■ 3{,}1^2$

8 Berechne mit dem Taschenrechner. Überlege zunächst, ob das Ergebnis positiv oder negativ ist. Denke bei der Eingabe an die Klammern.
a) $(-23)^2$ b) -34^2 c) $(-1{,}4)^3$ d) $(-8)^6$ e) $(-7)^5$ f) $(+15)^4$ g) -16^3 h) $(-45)^3$

1 Erkläre, wie Kevin den Term mit Potenzen berechnet. Erweitere dazu den Merksatz aus dem Basiswissencheck von S. 54.

2 Berechne ohne Taschenrechner.

a) $171 + 9^3$ b) $4^3 - 624$ c) $(-2)^8 - 156$
d) $184 - (-2)^4$ e) $2 \cdot 5^3$ f) $-5 \cdot 3^3$
g) $3 \cdot (-6)^2$ h) $(-1)^5 \cdot 15$ i) $2^4 + 11^2$
j) $10^4 - 10^2$ k) $(-8)^2 - 2^6$ l) $3^3 + (-4)^3$
m) $15 \cdot 2^2 + 2 \cdot 12^2$ n) $3 \cdot 5^3 + 7^2 - 10^2$ o) $4^3 : 2 - 5^3 : 5$

3 Berechne ohne Taschenrechner.

a) $(15 - 13)^5$ b) $(11 - 21)^2 - (12 - 18)^2$ c) $(27 - 8 \cdot 3)^3 - (6 - 3)^4$
d) $(21 - 13) \cdot 3^4$ e) $5^3 \cdot (112 : 2 - 6 \cdot 8) + 5^3$ f) $2^8 - (5^4 - 5^3) : 2^2$

Die Klammer sagt: „Zuerst komm ich", Potenz vor Punkt und Punkt vor Strich, und was man noch nicht rechnen kann, das schreibt man unverändert an.

4 Übertrage und setze die Zeichen <, > oder = ein.

a) $(3 + 4)^2 \;\blacksquare\; 3^2 + 4^2$ b) $(19 - 13)^2 \;\blacksquare\; 19^2 - 13^2$
c) $(6 \cdot 6)^2 \;\blacksquare\; 6^2 \cdot 6^2$ d) $(12 : 4)^3 \;\blacksquare\; 12^3 : 4^3$

5

Ich habe so gerechnet.

$6^3 + 6^3 + 6^3 + 6^3$
$= 216 + 216 + 216 + 216$
$= 864$

$6^3 + 6^3 + 6^3 + 6^3$
$= 4 \cdot 6^3$
$= 4 \cdot 216 = 864$

Tim

Ich rechne schneller!

Tobias

a) Erkläre die unterschiedlichen Rechenwege von Tim und Tobias.
b) Rechne wie Tobias.

A $8^2 + 8^2 + 8^2 + 8^2$ B $(-5)^4 + (-5)^4 + (-5)^4 + (-5)^4$
C $3^4 + 3^4 + 3^4 - 3^4 - 3^4$ D $(-5)^6 + (-5)^6 - (-5)^6 - (-5)^6$

Distributivgesetz:
ausmultiplizieren
$a \cdot (b + c) = a \cdot b + a \cdot c$
ausklammern
Auflösen von Minusklammern:
$-(b + c) = -b - c$
$-(-b - c) = b + c$

6 Kevin hat einen Term so zusammengefasst: $3b^2 + 6b^2 = (3 + 6)b^2 = 9b^2$
Begründe, warum man diese beiden Terme nicht vereinfachen kann.

$3x^3 + 4x^2 + 9x^4$ $6x^3 - 5y^3$

Übertrage den Satz und vervollständige ihn:
Potenzen kann man addieren bzw. subtrahieren, wenn sie die gleiche ▬ und den gleichen ▬ haben.

7 Vereinfache die Terme so weit wie möglich.

a) $5b^3 + 12b^3 + 8b^3$ b) $4x^4 + 23b^4 - 15b^4 + x^4$ c) $2s^5 + 47s^5 - 50s^5$
d) $-12a^3 + 23b^3 - 6a^3 - 17b^3$ e) $-54x^3 + 17y^5 - 12x^3 - 2y^4 + 4y^5$
f) $3 \cdot (x^2 + y^2) - 4 \cdot 2x^2 + 20y^2 : 5$ g) $(a^3 - b^4) \cdot 7 - 2 \cdot (a^3 + b^4) - (b^4 - 3a^3)$

Potenzen mit gleicher Basis untersuchen

$3^3 \cdot 3^2 = (3 \cdot 3 \cdot 3) \cdot (3 \cdot 3) = 3^{3+2} = 3^5$

$5^4 \cdot 5^3 = (5 \cdot 5 \cdot 5 \cdot 5) \cdot (5 \cdot 5$

$8^7 \cdot 8^3 = (8 \cdot 8 \cdot 8$

$9^5 \cdot 9^4 =$

$4^5 : 4^3 = \frac{4 \cdot 4 \cdot 4 \cdot 4 \cdot 4}{4 \cdot 4 \cdot 4} = 4^{5-3} = 4^2$

$7^6 : 7^2 = \frac{7 \cdot 7 \cdot 7 \cdot 7 \cdot 7 \cdot 7}{7 \cdot 7} =$

$2^9 : 2^6 = \frac{2 \cdot 2 \cdot 2 \cdot 2}{2 \cdot 2 \cdot 2}$

$6^6 \cdot 6^5 =$

1 Führe die Aufgaben zu Ende. Welche Regel kannst du erkennen?

1./2. Potenzgesetz: Potenzen mit gleicher Basis

1. Potenzgesetz

Potenzen mit gleicher Basis werden **multipliziert,** indem man die **Exponenten addiert.**
$a^m \cdot a^n = a^{m+n}$

$7^2 \cdot 7^3 = 7^{2+3} = 7^5$

2. Potenzgesetz

Potenzen mit gleicher Basis werden **dividiert,** indem man die **Exponenten subtrahiert.**
$a^m : a^n = a^{m-n}$

$9^5 : 9^3 = 9^{5-3} = 9^2$

2 Schreibe auf verschiedene Arten als ...

① Produkt zweier Potenzen.
$(-3{,}2)^5 = (-3{,}2)^2 \cdot (-3{,}2)^3$

② Quotient zweier Potenzen.
$(-3{,}2)^5 = (-3{,}2)^7 : (-3{,}2)^2$

a) 4^6 $\quad 3{,}2^7$ $\quad 0{,}6^5$ $\quad 1{,}45^{13}$ $\quad (\frac{2}{7})^9$

b) $(-4{,}5)^4$ $\quad (-1)^7$ $\quad (-\frac{4}{5})^{10}$ $\quad (-0{,}3)^3$ $\quad 7^2$

3 Bestimme x und y.

a) $3^x \cdot 3^6 = 3^{10}$ b) $10^5 : 10^2 = 10^x$ c) $7^2 \cdot 7^x = 7^5$ d) $3^3 : 3 = 3^x$
e) $(3^5 : 3^2) \cdot 3^y = x^6$ f) $x^4 : x^2 = 5^y$ g) $4^x \cdot 4^6 \cdot (4^y : 4^2) = 4^{10}$

4 Vereinfache zunächst und berechne dann.

a) $2^3 \cdot 2^5$ b) $4^4 \cdot 4^2$ c) $5{,}5^2 \cdot 5{,}5^2$ d) $0{,}3^3 \cdot 0{,}3^4$
e) $8^9 : 8^6$ f) $7^{10} : 7^7$ g) $4{,}2^6 : 4{,}2^3$ h) $0{,}7^5 : 0{,}7^3$
i) $(-5)^5 \cdot (-5)^2$ j) $(-0{,}9)^5 \cdot (-0{,}9)^8$ k) $(-3{,}2)^3 : (-3{,}2)^2$ l) $(-\frac{2}{3})^8 : (-\frac{2}{3})^6$

5 Übertrage und setze die Zeichen <, > oder = ein.

a) $5^3 + 5^2$ ■ $5^3 \cdot 5^2$ b) $-6 \cdot (-6)^3$ ■ -6^4 c) $2^3 : 2^2$ ■ $2 \cdot 2$
d) $(-3{,}2)^4 \cdot (-3{,}2)$ ■ $3{,}2^7$ e) $1{,}8^4 - 1{,}8^3$ ■ $1{,}8^4 : 1{,}8^3$ f) $(-2{,}5)^4 : (-2{,}5)^3$ ■ $(-2{,}5)^0$

6 Vereinfache die Terme.

a) $a^3 \cdot a^6$ b) $(-b)^4 : (-b)^2$ c) $c^3 \cdot c^4 \cdot c^5$ d) $d^7 : d^3 : d^2$
e) $e^4 \cdot e^7 \cdot e^3$ f) $f^2 \cdot f^4 \cdot f$ g) $(g^7 : g^5) : g^2$ h) $(-h)^4 \cdot (-h)^2 : (-h)^3$

Potenzen mit negativen Exponenten untersuchen

$9^3 : 9^5$ $\quad$ $9^6 : 9^4$ $\quad$ $11^3 : 11^2$ $\quad$ $11^2 : 11^3$ $\quad$ $7^5 : 7^5$ $\quad$ $7^5 \cdot 7^5$

7^0 $\quad$ 9^2 $\quad$ 11^{-1} $\quad$ 11^1 $\quad$ 9^{-2} $\quad$ 7^{10}

1 a) Ordne jeder Aufgabe ein Ergebnis zu, indem du das 1. und 2. Potenzgesetz anwendest.
b) Untersuche, wann der Exponent im Ergebnis Null ist und erkläre. Finde drei weitere Aufgabenbeispiele.
c) Untersuche, wann der Exponent im Ergebnis negativ ist und erkläre. Finde drei weitere Aufgabenbeispiele.

Potenzen mit negativen Exponenten

Mit dem Potenzgesetz können wir auch folgende Fälle erklären:

Der Exponent ist negativ.	**Der Exponent ist 0.**
Beispiel: $5^3 : 5^5 = 5^{3-5} = \mathbf{5^{-2}}$ $\frac{5^3}{5^5} = \frac{5 \cdot 5 \cdot 5}{5 \cdot 5 \cdot 5 \cdot 5 \cdot 5} = \frac{1}{5 \cdot 5} = \mathbf{\frac{1}{5^2}}$ Somit ist $5^{-2} = \frac{1}{5^2}$ (Kehrbruch von 5^2)	**Beispiel:** $6^4 : 6^4 = 6^{4-4} = \mathbf{6^0}$ $\frac{6^4}{6^4} = \frac{6 \cdot 6 \cdot 6 \cdot 6}{6 \cdot 6 \cdot 6 \cdot 6} = \frac{1}{1} = \mathbf{1}$ Also muss gelten: $6^0 = 1$
Allgemein: $a^{-n} = \frac{1}{a^n}$ für alle natürlichen Zahlen	**Allgemein:** $a^0 = 1$ für $a \neq 0$

Somit ist auch ein **ganzzahliger Exponent** möglich.

2 Schreibe als Bruch oder als Potenz mit einem negativen Exponenten.

a) 2^{-3} b) 10^{-2} c) 4^{-1} d) $\frac{1}{64}$ e) $\frac{1}{32}$ f) $\frac{1}{625}$
g) x^{-5} h) a^{-2} i) b^{-3} j) y^{-x} k) $\frac{1}{x^2}$ l) $\frac{1}{a^m}$

Beachte:
$a + (-b) = a - b$
$a - (-b) = a + b$

3 Vereinfache zunächst und berechne dann.

$3^6 \cdot 3^{-4} = 3^{6+(-4)} = 3^2$
$3^7 : 3^{-2} = 3^{7-(-2)} = 3^9$

a) $2^{10} \cdot 2^{-3}$ b) $5^5 \cdot 5^{-7}$ c) $4^{-7} \cdot 4^{-3}$ d) $3^8 \cdot 3^{-8}$
e) $15^{-9} : 15^{-7}$ f) $6^2 : 6^{-2}$ g) $9^{-12} : 9^{-10}$ h) $11^{-4} : 11^{-4}$

4 Welche Terme haben gleiche Ergebnisse? Schreibe als Gleichungen.

$\frac{6 \cdot 6 \cdot 6 \cdot 6 \cdot 6}{6 \cdot 6 \cdot 6}$ $\quad$ $\frac{6^3}{6^5}$ $\quad$ 6^{3-5} $\quad$ $6^5 : 6^3$ $\quad$ 6^{-2} $\quad$ $\frac{1}{6^2}$ $\quad$ $\frac{6^3}{6^2 \cdot 6^3}$

$6^3 : 6^5$ $\quad$ $\frac{1}{36}$ $\quad$ 6^{5-3} $\quad$ $\frac{6 \cdot 6 \cdot 6}{6 \cdot 6 \cdot 6 \cdot 6 \cdot 6}$ $\quad$ 36 $\quad$ $6^{-3} : 6^{-5}$ $\quad$ $6^{-5} : 6^{-3}$

$2^{-5} = 0{,}03125$
Eingabe:
[2] [x^y] [5] [+/-] [=]
Anzeige: 0,03125

Wie rechnet dein Taschenrechner?

5 Erläutere das Beispiel und berechne ebenso.

$6a^6 : 3a^4 = (6 : 3) \cdot a^{6-4} = 2 \cdot a^2 = 2a^2$

a) $12b^3 : 4b^{-3}$ b) $21m^7 : 7m^6$ c) $84u^{-12} : 12u^{-13}$ d) $27x^7 : 3x^{-3}$
e) $51n^{-9} : 3n^{-6}$ f) $225r^{14} : 15r^{12}$ g) $144y^2 : 12y^{-3}$ h) $4{,}5z^{-5} : 1{,}5z^{-10}$

Potenzen mit gleichen Exponenten untersuchen

$3^2 \cdot 2^2 = 3 \cdot 3 \cdot 2 \cdot 2 = (3 \cdot 2) \cdot (3 \cdot 2) = (3 \cdot 2)^2 = 6^2$

$4^3 \cdot 6^3 = 4 \cdot 4 \cdot 4 \cdot 6 \cdot 6 \cdot 6 =$

$2^{-3} \cdot 5^{-3} = \frac{1}{2} \cdot \frac{1}{2} \cdot \frac{1}{2} \cdot \frac{1}{5} \cdot$

$8^2 : 2^2 = \frac{8 \cdot 8}{2 \cdot 2} = \frac{8}{2} \cdot \frac{8}{2} = (\frac{8}{2})^2 = 4^2$

$5^3 : 8^3 = \frac{5 \cdot 5 \cdot 5}{8 \cdot 8 \cdot 8} =$

$4^{-3} : 2^{-3} =$

1 Führe die Aufgaben zu Ende. Welche Regel kannst du erkennen?

3./4. Potenzgesetz: Potenzen mit gleichen Exponenten

3. Potenzgesetz

Potenzen mit gleichen Exponenten werden **multipliziert**, indem man die **Basen multipliziert.** Der Exponent wird beibehalten.
$a^m \cdot b^m = (a \cdot b)^m$

$7^4 \cdot (\frac{1}{2})^4 = (7 \cdot \frac{1}{2})^4 = 3{,}5^4$

4. Potenzgesetz

Potenzen mit gleichen Exponenten werden **dividiert**, indem man die **Basen dividiert.** Der Exponent wird beibehalten.
$a^m : b^m = (a : b)^m$

$5^5 : (\frac{1}{2})^5 = (5 : \frac{1}{2})^5 = 10^5$

2 Berechne auf zwei verschiedene Arten.

① $(3 \cdot 4)^2 = 12^2 = 144$

② $(3 \cdot 4)^2 = 3^2 \cdot 4^2 = 9 \cdot 16 = 144$

a) $(2 \cdot 3)^2$ $\quad (2 \cdot 5)^2$ $\quad (2 \cdot 6)^3$

b) $(11 \cdot 2)^2$ $\quad (-2 \cdot 8)^2$ $\quad (-7 \cdot 5)^4$

c) $(\frac{1}{2})^3$ $\quad (\frac{2}{3})^5$ $\quad (\frac{3}{4})^3$

d) $(-\frac{2}{3})^3$ $\quad (-\frac{1}{4})^2$ $\quad (-\frac{4}{7})^4$

3 Vereinfache zunächst und berechne dann.

a) $3^4 \cdot 4^4$ b) $10^8 \cdot 0{,}3^8$ c) $0{,}25^5 \cdot 6^5$ d) $7^{-6} \cdot 3^{-6}$
e) $5^{-3} \cdot 4{,}5^{-3}$ f) $36^3 : 12^3$ g) $10^7 : 5^7$ h) $4{,}5^8 : 3^8$
i) $36^{-4} : 4^{-4}$ j) $7{,}2^{-5} : 3{,}6^{-5}$ k) $12^4 : 4^4$ l) $7{,}5^{-3} : 2{,}5^{-3}$

4 Schreibe als Potenz und berechne im Kopf.

a) $5^4 \cdot 2^4$ b) $10^6 \cdot 0{,}01^6$ c) $0{,}125^4 \cdot 8^4$ d) $3^3 \cdot 2^3$
e) $125^2 \cdot 8^2$ f) $40^5 : 4^5$ g) $60^3 : 12^3$ h) $4{,}2^6 : 2{,}1^6$
i) $12{,}3^3 : 4{,}1^3$ j) $250^4 : 2{,}5^4$ k) $15{,}3^4 : 5{,}1^4$ l) $39{,}9^5 : 13{,}3^5$

5 Berechne im Kopf. Erkläre die Ergebnisse.

a) $2^9 \cdot 0{,}5^9$ b) $0{,}25^{-5} \cdot 4^{-5}$ c) $5^3 \cdot 0{,}2^3$ d) $0{,}125^{-11} \cdot 8^{-11}$

6 Vereinfache die Terme.

a) $x^5 \cdot y^5$ b) $x^4 : y^4$ c) $a^4 \cdot b^4 \cdot c^4$ d) $v^{-6} \cdot w^{-6} \cdot 2^{-6}$
e) $a^{-3} : a^{-3}$ f) $(x^2 : 2^2) \cdot y^2$ g) $((-3)^4 \cdot a^4) : b^4$ h) $(z^{-2} : 2^{-2}) \cdot o^{-2}$

$(10^2)^3 = 10^2 \cdot 10^2 \cdot 10^2 = 10^{2+2+2} = 10^{3 \cdot 2} = 10^6$

$(3^3)^4 = 3^3 \cdot 3^3 \cdot 3^3 \cdot 3^3 = 3^{3+}$

$(4^{-2})^3 = 4^{-2} \cdot$

$(5^3)^{-4} = \frac{1}{5^3 \cdot 5^3 \cdot 5^3 \cdot 5^3} = \frac{1}{5^{3+3+3+3}} =$

$(7^2)^{-5} = \frac{1}{7^2 \cdot 7^2 \cdot 7^2 \cdot 7^2 \cdot 7^2} =$

$(2^{-3})^{-3} = \frac{1}{2^{-3} \cdot}$

1 a) Führe die Aufgaben zu Ende. Welche Regel kannst du erkennen?
b) Formuliere einen Merksatz:
Potenzen werden potenziert, indem $\square$.
c) Welche Beispiele passen zu diesem Merksatz? Notiere sie dazu.

$(7^4)^3 = 7^{12}$ | $2^3 \cdot 2^4 = 2^7$ | $(6^{-2})^3 = 6^{-6}$ | $4^3 \cdot 5^3 = 20^3$ | $(a^m)^n = a^{m \cdot n}$ | $(a^m)^n = a^{m+n}$

Beachte:
$(-) \cdot (+) = (-)$
$(+) \cdot (-) = (-)$
$(-) \cdot (-) = (+)$

2 Ergänze die fehlenden Exponenten.
a) $(5^3)^6 = 5^{\square}$ b) $(3^{\square})^{-4} = 3^8$ c) $(10^2)^{\square} = 10^{-6}$ d) $(9^{-3})^{\square} = 9^{-12}$
e) $6^{-4} = 36^{\square}$ f) $25^{\square} = 5^6$ g) $(4^2)^{\square} = 16^6$ h) $2^{-9} = 8^{\square}$

3 Vereinfache zunächst und berechne dann.
a) $(2^2)^3$ b) $(4^4)^3$ c) $(6^3)^2$ d) $(1{,}2^5)^2$
e) $(3^{-4})^2$ f) $(9^{-2})^2$ g) $(10^{-5})^3$ h) $(2{,}6^{-3})^3$

4 Notiere die Basis als Potenz, dann berechne.

$9^3 = (3^2)^3 = 3^6$

a) 4^7 b) 36^4 c) 25^{-3} d) 64^{-4} e) 125^2
f) 81^3 g) 16^7 h) $0{,}49^5$ i) 1000^{-4} k) 900^3

5 Wende die verschiedenen Potenzgesetze an und schreibe als eine Potenz.
a) $(10^{-3})^{-3}$; $(2^{-3})^{-3}$; $(5^{-4})^{-4}$
b) $4^4 \cdot 4^{-3}$; $5^{-4} \cdot 5^3$; $9^{-2} \cdot 9^{-2}$
c) $5^3 : 5^5$; $8^{-2} : 4^{-2}$; $6^{-3} : 0{,}5^{-3}$
d) $100^{-4} \cdot 0{,}1^{-4}$; $0{,}01^{-2} : 10^{-2}$; $10^{-2} : 0{,}01^{-2}$
e) $(10^{-2})^3$; $(0{,}1^{-4})^2$; $(0{,}1^{-2})^{-3}$

6 Schreibe als eine Potenz.
a) $(x^{-2})^3$ b) $(y^3)^{-3}$ c) $(x^{-2})^{-1}$ d) $(y^{-2})^4$ e) $a^{-2} \cdot a^3$
f) $x^2 : x^{-5}$ g) $y^{-2} \cdot y^{-4}$ h) $a^{-4} : b^{-4}$ i) $x^{-4} \cdot y^{-4}$ k) $a^{-2} : b^{-2}$

7 Beachte alle Rechengesetze für die Multiplikation von Potenzen.

$a \cdot 5^2 \cdot a \cdot 3^2 = (5 \cdot 3)^2 \cdot a^{(1+1)} = 15^2 \cdot a^2 = 225a^2$

a) $2^5 \cdot b^9 \cdot 3^5 \cdot b^{-8}$ b) $x^3 \cdot 4^{-2} \cdot 5^{-2} \cdot x^6$ c) $5^{-3} \cdot 3^5 \cdot 3^{-3} \cdot 5^5$
d) $3^2 \cdot 7^{-11} \cdot 7^{12} \cdot 2^2 \cdot 5^2$ e) $a^6 \cdot 2^{14} \cdot 0{,}5^{14} \cdot a^{-4}$ f) $2^4 \cdot 5^4 \cdot 2^{-6} \cdot 5^{-6} \cdot 10^2$
g) $2^3 \cdot 2^3 \cdot 2^{-3} \cdot 2^3 \cdot 2^{-3}$ h) $9^{22} \cdot n^7 \cdot 9^{-18} \cdot m^7 \cdot 9^{-4}$ i) $(4^3)^2 \cdot b^3 \cdot 4^6 \cdot b^{-6}$
j) $n^9 \cdot 10 \cdot n \cdot n^0 \cdot (10^2)^2$ k) $(x^2)^{-3} \cdot 11^2 \cdot 4^2 \cdot x^6$ l) $3^3 \cdot z^{-4} \cdot (a^6)^{-1} \cdot z^{-4} \cdot a^3$

8 a) Bilde jeweils die größte (kleinste) Zahl, die man mit den drei Ziffern 3, 4 und 5 schreiben kann.
b) Mit welcher Zahl muss man 5^3 multiplizieren, damit man 15^3 erhält?
c) Durch welche Zahl muss man 9^5 dividieren, um 3^5 zu erhalten?

Große Zahlen mit Zehnerpotenzen schreiben

Merkur	58 000 000 km	Venus	108 000 000 km
Erde	149 000 000 km	Mars	228 000 000 km
Jupiter	778 000 000 km	Saturn	1 430 000 000 km
Uranus	2 870 000 000 km	Neptun	4 500 000 000 km

1 Die Abbildung zeigt die mittleren Entfernungen der Planeten von der Sonne. Diese sehr großen Zahlen sind umständlich zu schreiben und nicht leicht zu lesen. Man verwendet zur besseren Übersichtlichkeit Zehnerpotenzen.
Setze die Tabelle um weitere sechs Stufenzahlen fort und erkläre.

Stufenzahl	Stufenname	Produkt	Zehnerpotenz	
10	Zehn	10	10^1	
100	Hundert	$10 \cdot 10$	10^2	$\cdot 10$
1 000	Tausend	$10 \cdot 10 \cdot 10$	10^3	$\cdot 10$

Zehnerpotenzen mit positiven Exponenten

Zum Schreiben sehr großer Zahlen verwendet man **Zehnerpotenzen**.

Die Entfernung des Merkurs zur Sonne kann man in ein Produkt aus einer Vorzahl und einer Stufenzahl zerlegen. Die Stufenzahl schreibt man dann als **Zehnerpotenz mit positivem Exponenten.**
$58\,000\,000 = 5{,}8 \cdot 10\,000\,000 = 5{,}8 \cdot 10^7$ (km)

Möchte man umgekehrt die große Zahl ausschreiben, dann gibt der Exponent in der Zehnerpotenz an, um wie viele Stellen man das Komma nach rechts rücken muss. Nicht besetzte Stellen werden mit Nullen aufgefüllt.
Entfernung Sonne – Venus: $1{,}08 \cdot 10^8 =$ **1 , 0 8** 0 0 0 0 0 0 , $= 108\,000\,000$ (km)

8 Stellen nach rechts

2 Schreibe die Entfernungen der anderen Planeten zur Sonne mit Zehnerpotenzen.

3 Die Schreibweise mit Zehnerpotenzen und einer Vorzahl zwischen 1 und 10 bezeichnet man als Standardschreibweise. Schreibe die Zahlen in Standardschreibweise. Runde die Vorzahl wenn nötig auf zwei Stellen nach dem Komma.

34 000	4 560 000	36 580 000	4 594 770	23 500 000	9 458 259

4 Schreibe ohne Zehnerpotenzen.
a) $8 \cdot 10^3$ b) $4 \cdot 10^7$ c) $3{,}2 \cdot 10^4$ d) $7{,}93 \cdot 10^3$ e) $0{,}9 \cdot 10^5$ f) $0{,}09 \cdot 10^6$

5 Die unvorstellbar großen Entfernungen im Weltall werden in Lichtjahren gemessen. Ein Lichtjahr ist die Strecke, die das Licht in einem Jahr zurücklegt. Die Lichtgeschwindigkeit beträgt etwa 300 000 km je Sekunde.
a) Welche Entfernung legt das Licht in einer Stunde zurück?
b) Wie viele Kilometer legt das Licht in einem Jahr zurück?

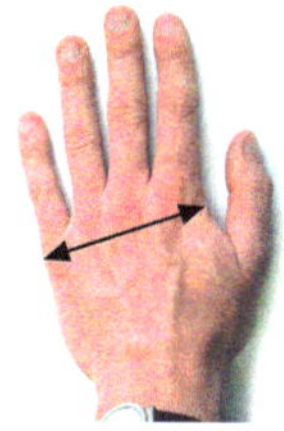
Hand
0,1 m

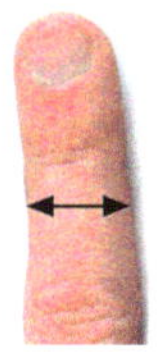
Finger
0,01 m

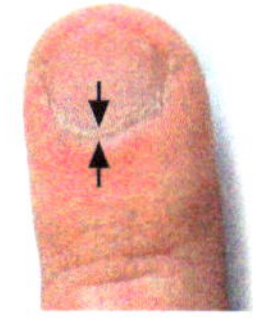
Fingernagelhaut
0,001 m

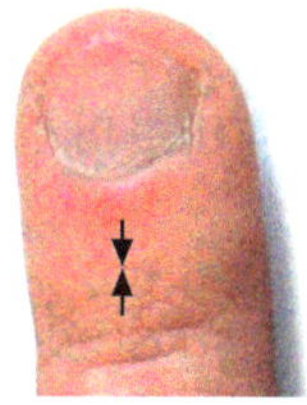
Hautfalte
0,0001 m

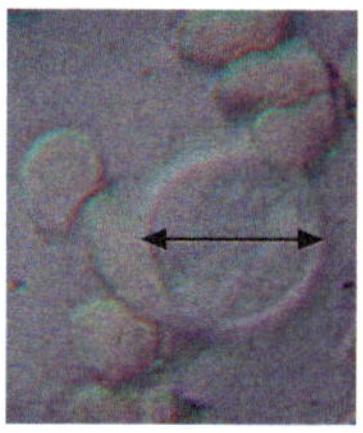
weißes Blutkörperchen
0,00001 m

1 a) Bilde jeweils einen Satz zu den Abbildungen.
b) Sehr kleine Zahlen sind ebenfalls umständlich zu schreiben und nicht leicht zu lesen. Man verwendet zur besseren Übersichtlichkeit Zehnerpotenzen. Setze die Tabelle um weitere vier Stufenzahlen fort und erkläre.

Stufenzahl	Stufenname	Produkt	Zehnerpotenz
10	Zehn	10	10^1
1	Eins	1	10^0
0,1	Zehntel	$\frac{1}{10}$	10^{-1}
0,01	Hundertstel	$\frac{1}{10} \cdot \frac{1}{10} = \frac{1}{100}$	

: 10
: 10

$a^1 = a$
$a^0 = 1$

Zehnerpotenzen mit negativen Exponenten

Zum Schreiben sehr kleiner Zahlen verwendet man **Zehnerpotenzen**.

Den Durchmesser eines roten Blutkörperchens kann man in ein Produkt aus einer Vorzahl und einer Stufenzahl zerlegen. Die Stufenzahl schreibt man dann als **Zehnerpotenz mit negativem Exponenten**.
$0{,}000007 = 7 \cdot 0{,}000001 = 7 \cdot 10^{-6}$ (m)

Möchte man umgekehrt die Dezimalzahl ausschreiben, dann gibt der Exponent in der Zehnerpotenz an, um wie viele Stellen man das Komma nach links rücken muss. Nicht besetzte Stellen werden mit Nullen aufgefüllt.
$3{,}2 \cdot 10^{-5} = 0{,}0000\mathbf{3}{,}\mathbf{2} = 0{,}000032$

5 Stellen nach links

2 Schreibe in Standardschreibweise bzw. als Dezimalzahl.

a)

0,2	0,091	0,0006	0,125	0,0000000037	0,000054	0,000000224

b)

$2{,}4 \cdot 10^{-3}$	$5{,}25 \cdot 10^{-2}$	$6 \cdot 10^{-6}$	$6{,}65 \cdot 10^{-4}$	$4{,}4 \cdot 10^{-8}$	$2{,}002 \cdot 10^{-8}$

3 Bilde jeweils einen Satz zu den Abbildungen mit den Angaben als Dezimalzahl.

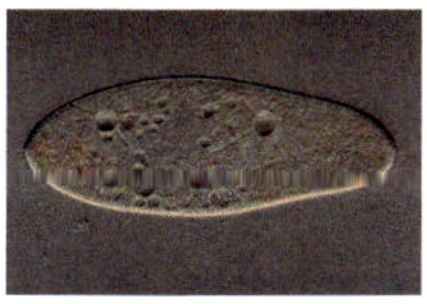
Pantoffeltierchen
$3 \cdot 10^{-1}$ mm

Augentierchen
$5 \cdot 10^{-2}$ mm

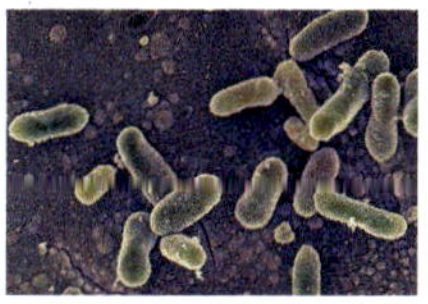
Typhus-Bakterien
$6 \cdot 10^{-3}$ mm

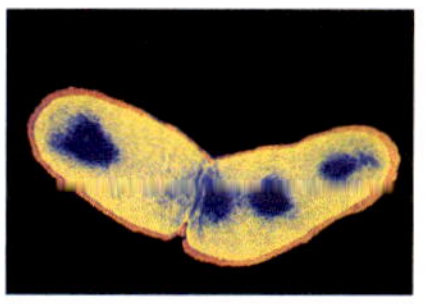
Tbc-Bakterien
$25 \cdot 10^{-4}$ mm

BASISWISSENCHECK

Terme und Gleichungen

Termwerte berechnen

❶ Berechne den Termwert für $x = 3$ und $y = -4$.
a) $20x - (5y + 4x) + (6x - 7y) + 12$ b) $6 - (-x) + 8y - (-12y) - 10$

Terme aufstellen und Termwerte berechnen

❷ Pia gibt mehrere Flaschen und einen Kasten am Pfandautomaten zurück. Sie hat x Flaschen zu je 0,25 €. Für den Kasten bekommt sie 2,50 €.
a) Stelle einen Term zur Berechnung des Pfands auf.
b) Berechne die Termwerte für $x = 7$, $x = 12$ und $x = 19$.

Ein Term ist eine Verbindung aus Zahlen, Variablen und Rechenzeichen.
Zum Berechnen eines Termwertes setzt man Zahlen für die Variablen ein.

Valentina kauft zwei Pullover für je 20 € und eine Hose für x €.
Term zur Berechnung der Gesamtkosten in €: $2 \cdot 20 + x$

x (Preis der Hose in €)	45	60	85
Gesamtkosten in €	$2 \cdot 20 + 45 = 85$	$2 \cdot 20 + 60 = 100$	$2 \cdot 20 + 85 = 125$

Gleichungen lösen

❸ Löse die Gleichungen und führe die Probe durch.
a) $-8a - 4 = 20 - 12a$ b) $2b + 6 = 7b + 41$ c) $1{,}2c - 1{,}5 = \frac{7}{10}c + 4{,}5$

Gleichungen aufstellen und lösen (Sachzusammenhänge)

❹ Stelle eine Rechenfrage und löse mithilfe einer Gleichung.

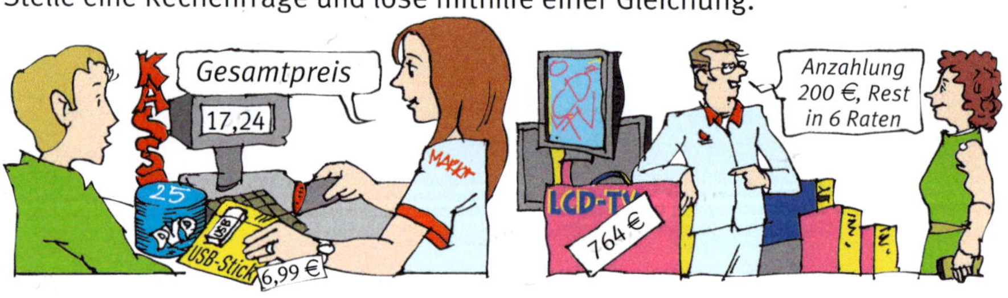

Gleichungen aufstellen und lösen (Geometrie)

❺ Jede Figur hat einen Umfang von 66 cm. Berechne die Seitenlängen.

a)
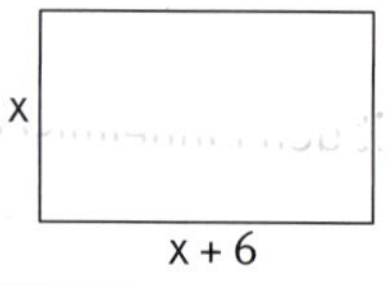

b)
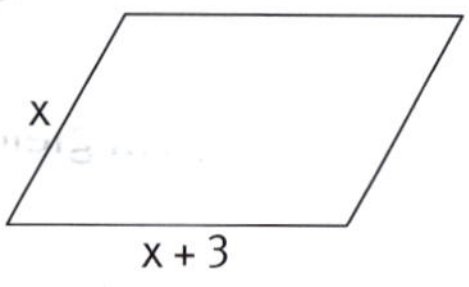

c)
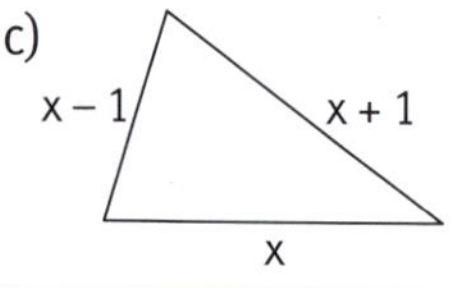

Gleichungen kann man durch äquivalente Umformungen in dieser Reihenfolge lösen.
① auf beiden Seiten der Gleichung die gleiche Zahl (das gleiche Vielfache der Variablen) addieren oder subtrahieren
② auf beiden Seiten der Gleichung mit der gleichen Zahl multiplizieren (durch die gleiche Zahl dividieren)

$8x - 17 = 2x + 25 \quad | -2x$
$6x - 17 = 25 \quad | +17$
$6x = 42 \quad | :6$
$x = 7$
Probe: $8 \cdot 7 - 17 = 2 \cdot 7 + 25$
$39 = 39$ ✓

$u = 2a + c$
$65 = 2a + 35 \quad | -35$
$30 = 2a \quad | :2$
$15 = a$

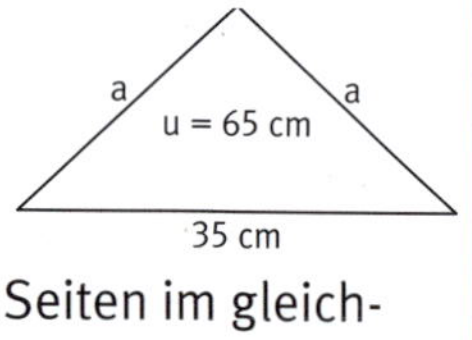

Die beiden gleich langen Seiten im gleichschenkligen Dreieck sind jeweils 15 cm lang.

Funktionen

6 Michael hat zu seiner Radtour einen Graphen gezeichnet.

Graphen interpretieren

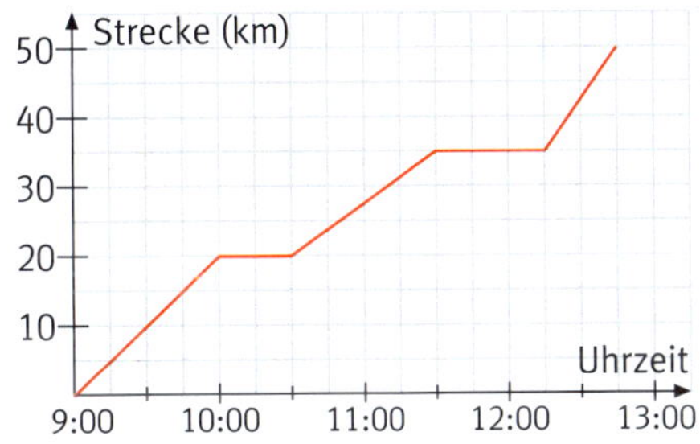

a) Gib an, welche Größen einander zugeordnet werden.
b) Um wie viel Uhr erreichte er sein Ziel?
c) Wie viele Minuten machte er insgesamt Pause?
d) Wann hatte er die höchste Geschwindigkeit?

7 Der Graph zeigt die Bewegung eines LKWs und eines PKWs, der dem LKW einige Zeit später auf dem gleichen Weg folgt.
a) Lies die jeweilige Startzeit ab.
b) Bestimme die jeweilige Durchschnittsgeschwindigkeit.
c) Wie viele Kilometer hat der LKW zur Startzeit des PKW schon zurückgelegt?
d) Um wie viel Uhr holt der PKW den LKW ein?

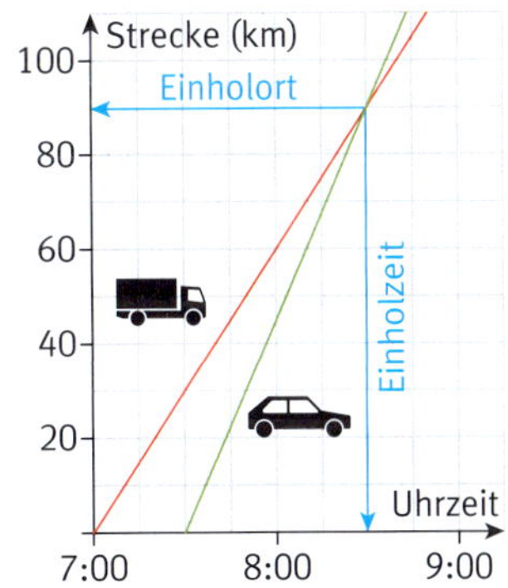

8 Drei Einheimische und eine Touristengruppe aus Berlin wandern zum Liepnitzsee. Die Einheimischen starten am Marktplatz und wandern ohne Pause gleichmäßig pro Stunde 2,5 km. Nach 2 Stunden sind sie am Ziel.

Graphen zeichnen und beurteilen

a) Zeichne den zugehörigen Graphen.
b) Die Touristengruppe startet an der Bushaltestelle. Sie gehen zunächst zügig mit einer Geschwindigkeit von 4 $\frac{km}{h}$ los. Nach einer Stunde machen sie 30 Minuten Pause. Ergänze den Graphen zu ihrer bisherigen Wanderung im Koordinatensystem.

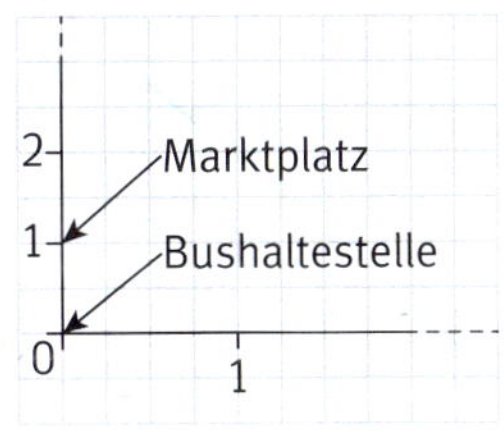

c) Gib an, mit welcher Geschwindigkeit die Touristen die letzte Etappe laufen müssen, um gleichzeitig mit den Einheimischen am Ziel anzukommen.
d) Erkläre die Bedeutung der Schnittpunkte der Graphen.

Funktionen können in einem Koordinatensystem grafisch dargestellt werden, dabei wird jedem Wert der Ausgangsgröße (unabhängige Größe; x-Wert) genau ein Wert der anderen Größe (abhängige Größe; y-Wert) zugeordnet. In Weg-Zeit-Diagrammen wird für Bewegungen der Zusammenhang zwischen einer Zeit t (unabhängige Größe) und der Strecke s (abhängige Größe) dargestellt. Geschwindigkeiten lassen sich mithilfe des Anstiegs der Graphen einordnen und bestimmen.

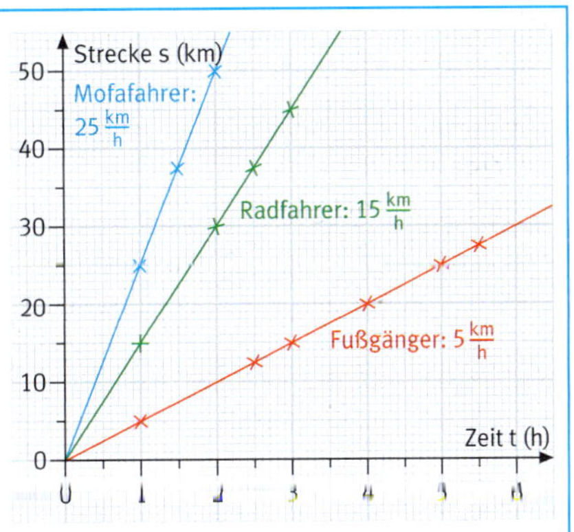

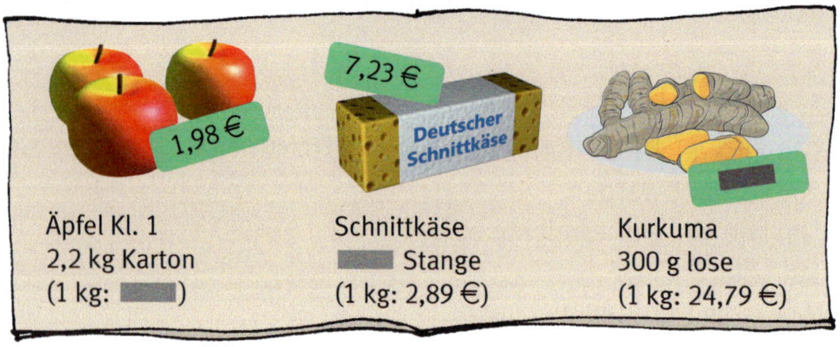

1 Berechne die fehlenden Angaben aus den Werbeangeboten. Runde gegebenenfalls geeignet.

2 a) Gib zum nebenstehenden Angebot die unabhängige Größe (x-Wert) und die abhängige Größe (y-Wert) an.
b) Erstelle eine Wertetabelle von 0 bis 1000 g in 250-g-Schritten.
c) Ermittle die Preise für 50 g, 400 g und 1,5 kg Teeblätter.

3 a) Beschreibe einen möglichen Sachzusammenhang.
b) Bilde den Quotienten zusammengehöriger Wertepaare y : x.
c) Diesen Quotienten y : x nennt man Proportionalitätsfaktor. Erkläre, was er in diesem Sachzusammenhang bedeutet.

Länge (m)	1,5	3	4,5	9
Preis (€)	7,95	15,90	23,85	47,70

4 a) Übertrage und ergänze die Wertetabellen zu den nebenstehenden Angeboten.
b) Stelle die Funktionen grafisch dar. Erkläre, wo du den Proportionalitätsfaktor direkt ablesen kannst und gib ihn an. Findest du mehrere sinnvolle Möglichkeiten?
c) Stelle beide Funktionsgleichungen auf.

Gewicht in kg (Oliven)	0,1	0,5	1,0	1,5
Preis in €	■	■	■	■

Gewicht in kg (Weintrauben)	0,1	0,5	1,0	4,5
Preis in €	■	■	■	■

Proportionale Funktion
$f(x) = y = mx$
$(m, x \in \mathbb{Q})$

Proportionale Funktionen haben Gleichungen der Form **f(x) = y = mx**. Der **Proportionalitätsfaktor m** ist der **gleichbleibende Quotient** $\frac{y}{x}$ aus zugeordneter (abhängige) Größe und Ausgangsgröße (unabhängige Größe). Der Graph einer proportionalen Funktion ist eine Gerade durch den Ursprung.

In einer Eisdiele kosten zwei Kugeln Eis 2,40 €.

① Wertetabelle:

Anzahl Kugeln (x)	1	2	5
Preis in € (y)	1,20	2,40	6,00

② Proportionalitätsfaktor:
$\frac{1{,}20\,€}{1} = \frac{2{,}40\,€}{2} = \frac{6{,}00\,€}{5} = 1{,}20\,€/\text{Kugel}$

③ Funktionsgleichung: $f(x) = y = 1{,}2x$

Statt y = ... schreibt man oft auch f(x) = ...

5 Gegeben sind die Funktionsgleichungen einer proportionalen Funktion.
a) $f(x) = y = 3x$
b) $f(x) = y = -3x$
Zeichne mithilfe einer Wertetabelle die Graphen der Funktionen. Wähle für die x-Werte alle ganzen Zahlen zwischen −4 und 4.

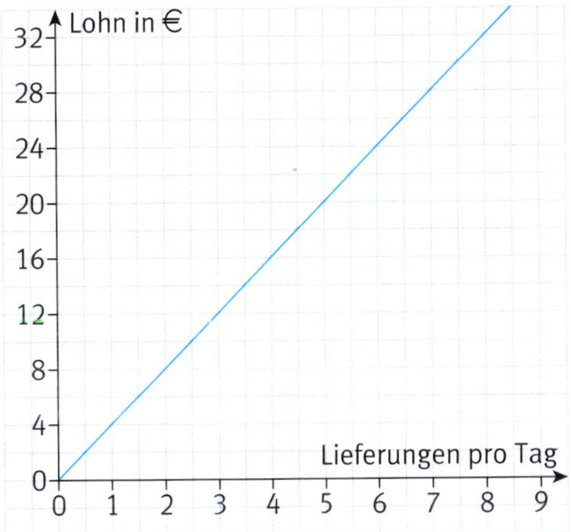

1 Kevin arbeitet in den Ferien bei einem Fahrradkurierdienst. Der Graph zeigt, wie viel € Kevin pro Tag in Abhängigkeit der Anzahl der Lieferungen verdient.

a) Übertrage den Graphen und lies den Lohn pro Lieferung ab.
b) Stelle die Funktionsgleichung auf und berechne damit den Lohn für 9 (13; 23) Lieferungen.
c) Kevin hat 68 € verdient. Gib die Anzahl der Lieferungen an.

2 Arbeitet Kevin am Samstag, erhält er zusätzlich pauschal 12 €.
a) Übertrage die Wertetabelle und vervollständige sie bis zu einer Anzahl von 10 Lieferungen.

Anzahl Lieferungen am Samstag	0	1	2
Lohn in €	■	■	■

b) Zeichne den Graphen in das Koordinatensystem von Aufgabe 1a).
c) Erkläre die Bedeutung des Proportionalitätsfaktors und des Schnittpunkts des Graphen mit der y-Achse.
d) Stelle die Funktionsgleichung auf.

Lineare Funktionen haben Gleichungen der Form **$f(x) = y = mx + n$**. m ist der Proportionalitätsfaktor. Der feste und unabhängige Wert n ist die zugeordnete Größe für den Ausgangswert $x = 0$ (Schnittstelle mit der y-Achse).
Eine proportionale Funktion ist ein Spezialfall einer linearen Funktion für den Wert $n = 0$. Der Graph einer linearen Funktion ist eine entlang der y-Achse verschobene Gerade.

Lineare Funktion
$f(x) = y = mx + n$
($m, n, x \in \mathbb{Q}$)

Die Firma Waschmaschinen-Engel aus Bernau bietet Reparaturen zu einem Stundenlohn von 45 € an. Die Reparaturkosten in Abhängigkeit von der Arbeitszeit werden durch den orangenfarbenen Graphen dargestellt. Außerhalb der Stadt verlangt die Firma zusätzlich 30 € Anfahrtsgebühr. Die Reparaturkosten inkl. Anfahrtsgebühr werden durch den grünen Graphen dargestellt.

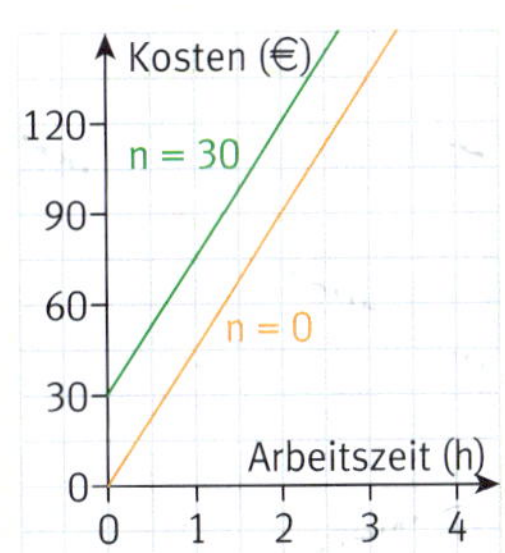

Funktionsgleichungen:
$f_1(x) = 45x$ $f_2(x) = 45x + 30$
$m = 45$ (Lohn pro Stunde); $n = 30$ (Anfahrtsgebühr)

3 Übertrage die Wertetabellen und berechne jeweils die fehlenden Werte für die Funktionsgleichungen $f_1(x) = 2x - 3$ und $f_2(x) = -3x + 1$.

a)

x	−1	0	1	■
y	■	■	■	3

b)

x	−3	0	2	■
y	■	■	■	4

Mit der Steigung und dem y-Achsenabschnitt arbeiten

1 Im Garten der Familie Kleinschmidt gibt es eine 80 cm hohe Regentonne, in der das Wasser zu Beginn 10 cm hoch steht. Während eines Regenschauers steigt der Wasserstand in der Tonne gleichmäßig an.

t (min)	0	1	2
h (cm)	10	15	20

a) Setze die Wertetabelle bis zu einem sinnvollen Endwert fort.

b) Beschreibe mithilfe der Wertetabelle, wie sich der Wasserstand pro Minute, also pro Zeiteinheit ändert.

c) Übertrage den Graphen und setze ihn bis zur fünften Minute fort.

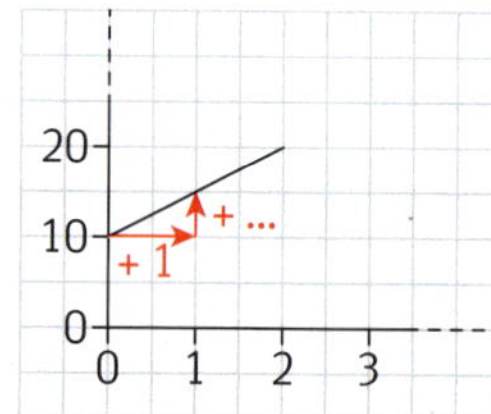

d) Markiere im Graphen den y-Achsenabschnitt und erkläre seine Bedeutung.

e) Zeichne mithilfe von Pfeilen am Graphen ein, wie sich der Wasserstand pro Minute ändert.

f) Erkläre dein Ergebnis. Übertrage dazu den Satz und vervollständige ihn: Erhöht sich der x-Wert um 1 Einheit, dann ■. Die Gerade hat die Steigung m = ■.

g) Stelle die Funktionsgleichung auf.

2 Wie würden die Graphen aussehen, wenn folgende Bedingungen gelten?

(1) Der Wasserstand beträgt zu Beginn 10 cm und steigt pro Minute um 10 cm.

(2) Die Tonne ist zu Beginn leer. Der Wasserstand steigt pro Minute um 5 cm (10 cm).

a) Zeichne und vergleiche mit dem Graphen aus Aufgabe 1.

b) Stelle die Funktionsgleichungen auf.

Steigung m
y-Achsenabschnitt n
Nullstelle

Bei **linearen Funktionen der Form $f(x) = y = mx + n$** gibt **m** die **Steigung** und **n** den **y-Achsenabschnitt** an.
Den x-Wert des Schnittpunkts N $(x_0|0)$ des Graphen mit der x-Achse nennt man **Nullstelle** der Funktion. An dieser Stelle gilt immer $y = 0$.

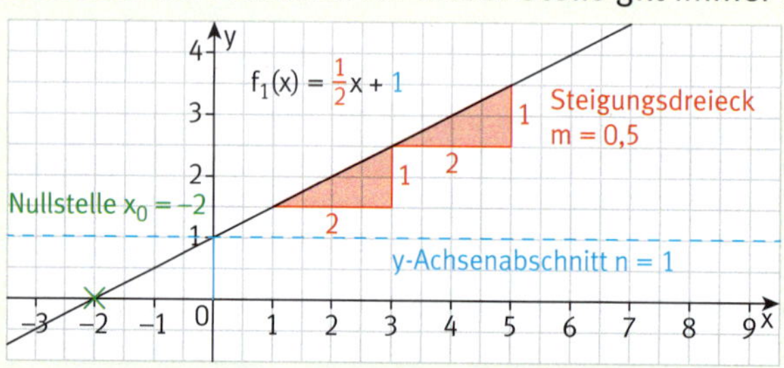

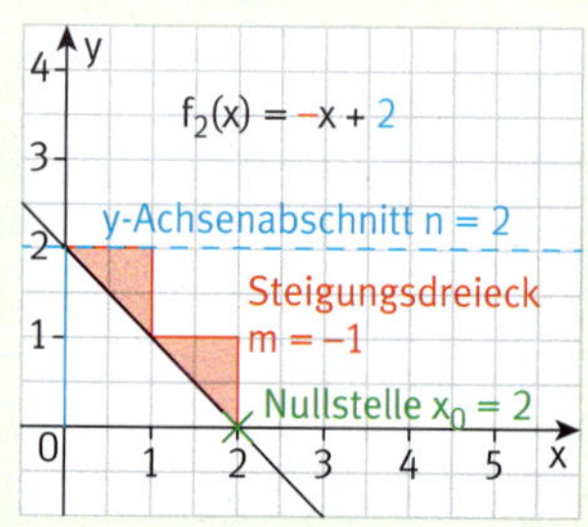

Die Steigung m ist der Quotient aus Höhe und Breite des Steigungsdreiecks. Das Steigungsdreieck kann überall am Graphen angetragen werden.
m > 0: die Gerade steigt.
m < 0: die Gerade fällt.

3 Zeichne die Gerade, die durch die Punkte A (−1|4) und B (4|−1) verläuft. Gib die Funktionsgleichung, die Steigung, den y-Achsenabschnitt und die Nullstelle an.

4 Gib wie im Beispiel die Steigung und den y-Achsenabschnitt an und beschreibe den Verlauf der Geraden.

a) $f(x) = y = 3x$
b) $f(x) = y = -x + 3$
c) $f(x) = y = -4 + \frac{1}{2}x$
d) $f(x) = y = 5$

$f(x) = y = -2x + 5$
$m = -2 \quad n = 5$
Die Gerade fällt und schneidet die y-Achse im Punkt P (0|5).

a) $f(x) = y = 2x$

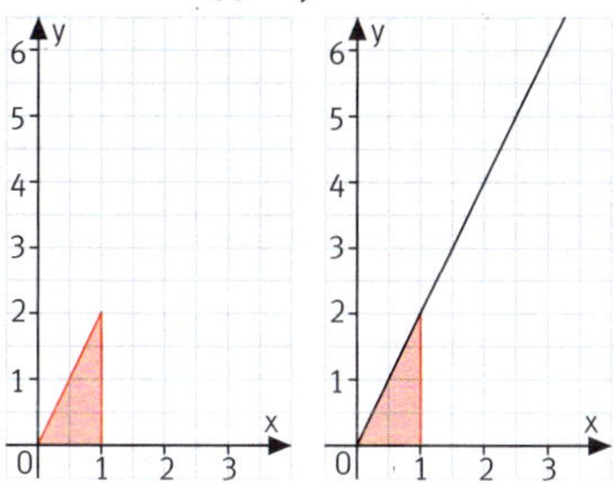

b) $f(x) = y = -2x + 4$

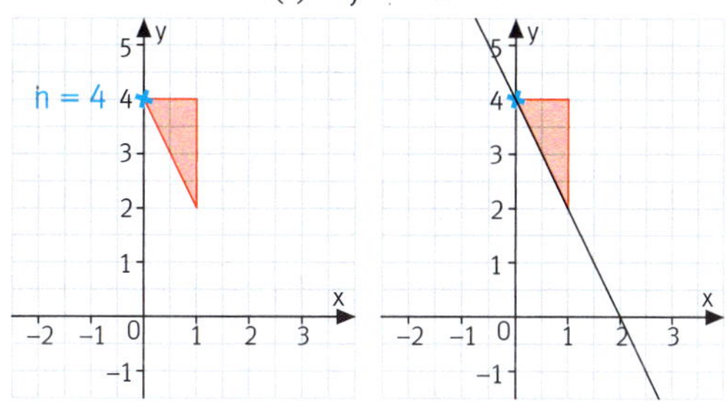

1 Erkläre, wie Okan mithilfe der Funktionsgleichung die Graphen zeichnet.

2 Zeichne die Graphen folgender Funktionen ebenso.

a) $f(x) = y = 3x$ b) $f(x) = y = \frac{1}{2}x$ c) $f(x) = y = -2x$
d) $f(x) = y = 2x + 0,5$ e) $f(x) = y = 1,5x - 1$ f) $f(x) = y = 3x - 2$
g) $f(x) = y = 2x - 3$ h) $f(x) = y = -x - 1$ i) $f(x) = y = -0,5x - 2$

3 Bringe die Funktionsgleichungen zunächst auf die Form $y = mx + n$. Zeichne dann die Graphen.

a) $y - 3 = x$ b) $y - 2x = 3$
c) $y + 3x = 1$ d) $y - 4x - 2 = 0$
e) $1,5x + y - 2 = 0$ f) $2 - y = -0,5x$
g) $4y = 8x + 6$ h) $0,25y = x - 0,5$
i) $4,5x - 3y - 9 = 0$ j) $-0,5y - 0,125x = -2$

$2y - 6$	$= 2x$	$\mid +6$
$2y$	$= 2x + 6$	$\mid :2$
y	$= x + 3$	

4 Zeichne die Graphen mithilfe des y-Achsenabschnitts und eines Steigungsdreiecks wie im Beispiel.

a) $f(x) = y = \frac{3}{5}x$ b) $f(x) = y = \frac{2}{5}x + 1$
c) $f(x) = y = \frac{1}{3}x - 2$ d) $f(x) = y = -\frac{1}{5}x + 2$
e) $f(x) = y = -\frac{3}{4}x - 1$ f) $f(x) = y = 1\frac{1}{3}x$
g) $f(x) = y = \frac{1}{6}x + 0,5$ h) $f(x) = y = -\frac{3}{7}x + 3$

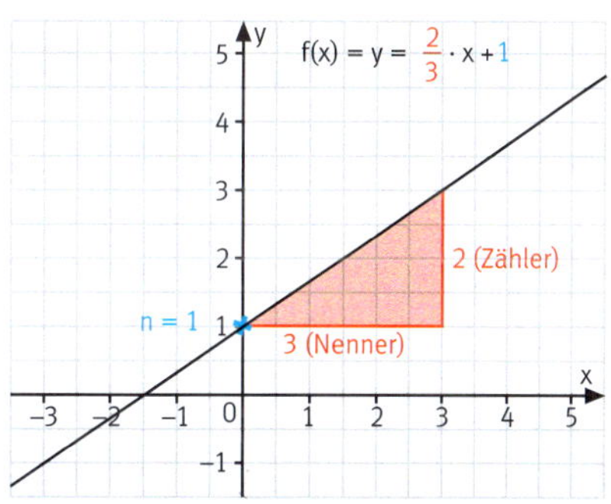

5 Drei Geraden können sich in keinem, in einem, in zwei oder sogar in drei Punkten schneiden.

a) Skizziere für alle vier Fälle ein Beispiel.
b) Entscheide, möglichst ohne zu zeichnen, wie viele Schnittpunkte die Geraden besitzen. Begründe.

A $f_1(x) = \frac{1}{2}x - 2$ $f_2(x) = -\frac{1}{3}x + 1$ $f_3(x) = \frac{1}{2}x + 3$
B $f_1(x) = -\frac{1}{5}x - 2$ $f_2(x) = \frac{1}{3}x + 2$ $f_3(x) = -5x + 3$
C $f_1(x) = \frac{1}{5}x - 2$ $f_2(x) = -\frac{1}{3}x - 2$ $f_3(x) = -\frac{5}{2}x - 2$
D $f_1(x) = \frac{3}{5}x - 2$ $f_2(x) = \frac{3}{5}x + 2$ $f_3(x) = \frac{3}{5}x + 7,5$

a) 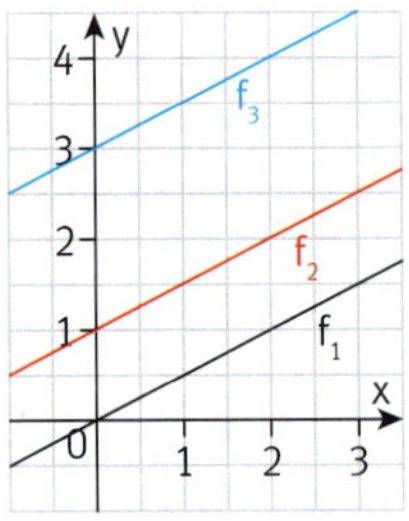

$f_1(x) = \frac{1}{2}x$

b) 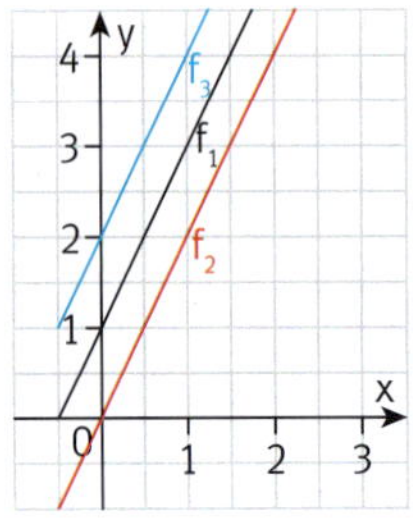

$f_1(x) = 2x + 1$

c) 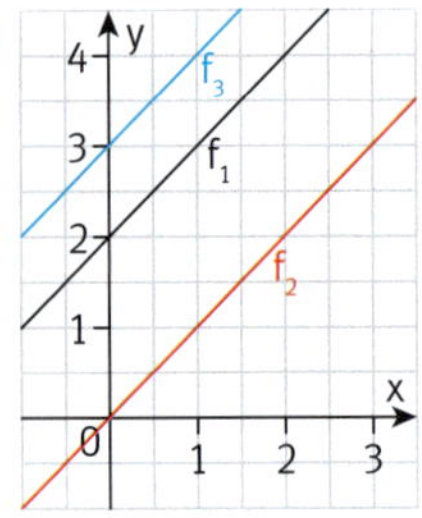

$f_1(x) = x + 2$

d) 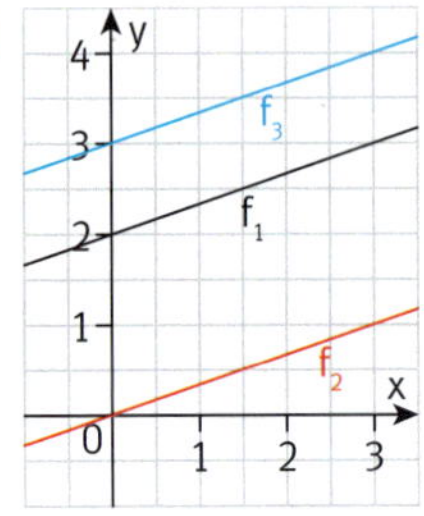

$f_1(x) = \frac{1}{3}x + 2$

1 Die Funktionsgleichung der schwarz eingezeichneten Geraden ist jeweils gegeben. Stelle jeweils die Funktionsgleichung zu den beiden anderen Geraden auf.

2 a) Beschreibe den Verlauf der Geraden (A) bis (C) bzw. (D) bis (G).
b) Stelle die Funktionsgleichungen auf.

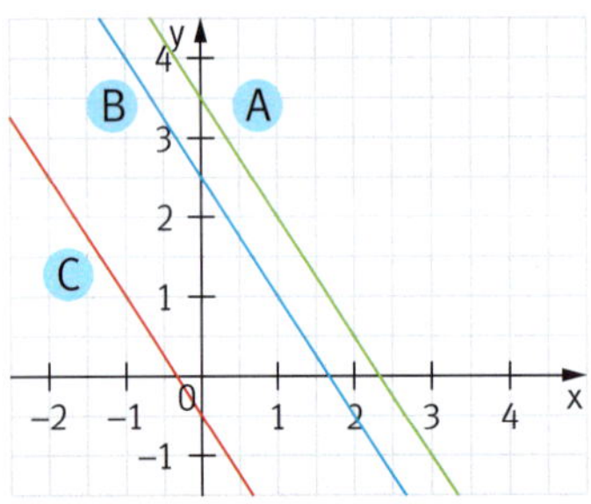

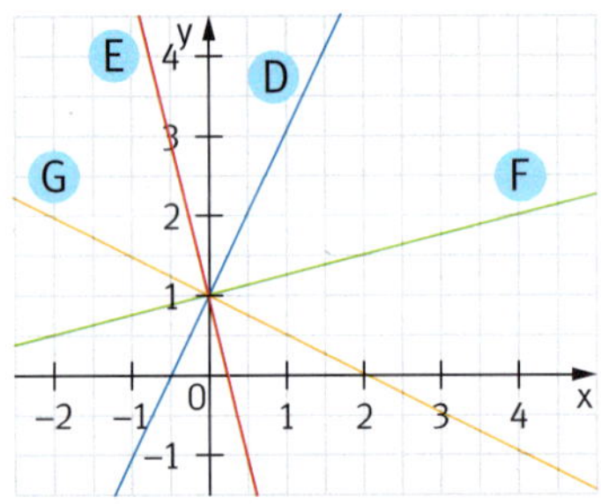

3 Stelle die Funktionsgleichungen auf.

a) 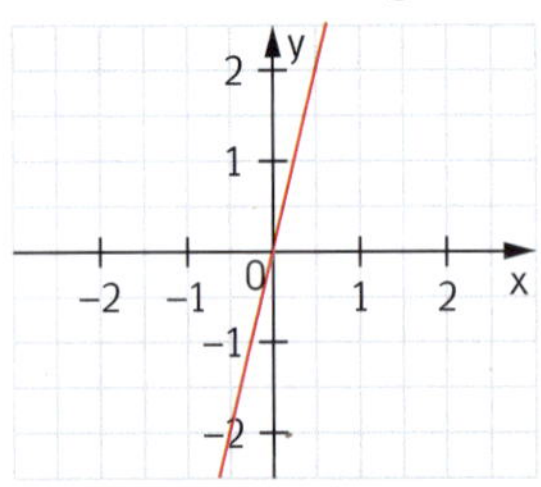

b) 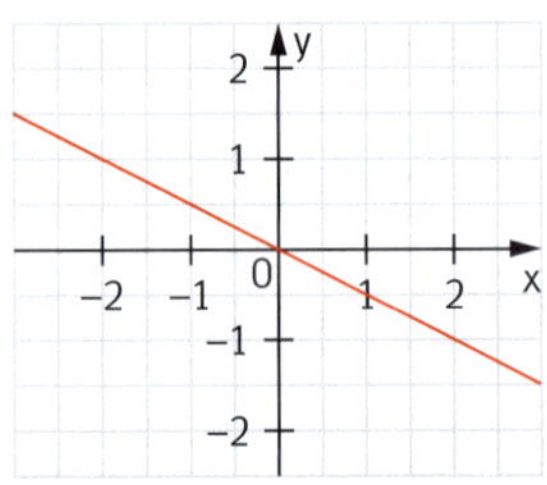

c) 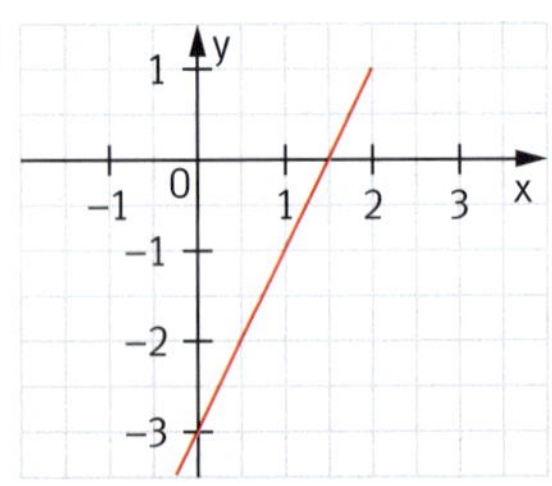

Mit einer Punktprobe stellt man fest, ob ein Punkt auf einem Graphen liegt.

4 a) Nasren hat Punktproben durchgeführt. Erkläre, wie sie vorgegangen ist.

$f(x) = 1{,}5x - 8$ P (12∣10) $x = 12$; $f(12) = 1{,}5 \cdot 12 - 8 = 10$ $y = 10$ Der Punkt P liegt auf dem Graphen von f.	$f(x) = 1{,}5x - 8$ Q (−4∣−8) $x = -4$; $f(-4) = 1{,}5 \cdot (-4) - 8 = -14$ $y = -8$ Der Punkt Q liegt nicht auf dem Graphen von f.

b) Überprüfe, welche der folgenden Punkte auf dem Graphen von f liegen.
P (0∣−8); Q (2∣5); R (3∣−3,5); S (8∣4); T (−8∣−4); U (0,5∣−7,25)

5 Bestimme die fehlende Koordinate des Punktes P so, dass P auf dem Graphen der Funktion liegt.

a) $f(x) = x + 5$ P (1∣■)
b) $f(x) = 2 - 0{,}5x$ P (■∣0)
c) $f(x) = 9{,}1 - 1{,}3x$ P (■∣0)
d) $f(x) = 5$ P (3∣■)
e) $f(x) = 4{,}4 - 0{,}5x$ P (2,2∣■)
f) $f(x) = x$ P (■∣2)

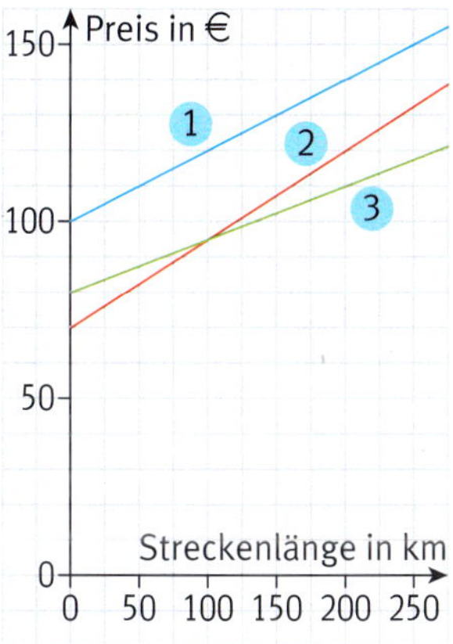

1 Der Graph zeigt Tagesangebote einer Autovermietung.

a) Gib jeweils die Grundgebühr und den Preis pro Kilometer an.

b) Stelle für jedes Angebot eine Funktionsgleichung auf.

c) Bestimme die Mietkosten für jeden Fahrzeugtyp, wenn man das Auto einen Tag mietet und 100 km (150 km, 250 km) weit fährt.

d) Für welches Angebot entscheidest du dich, wenn du 50 km (200 km) weit fährst? Begründe.

2 Frau Kortsch wohnt 700 m von der Marheineke-Halle entfernt. Sie verlässt das Haus um 9:00 Uhr und erreicht die Halle um 9:14 Uhr.

a) Zeichne den Graphen der Funktion mit x (Zeit in Minuten) → y (Entfernung von der Halle in m) und stelle die Funktionsgleichung auf.

b) Gib die Bedeutung des y-Achsenabschnitts und der Nullstelle in diesem Zusammenhang an.

c) Berechne die Durchschnittsgeschwindigkeit von Frau Kortsch in $\frac{km}{h}$.

TRIMM-DICH-ZWISCHENRUNDE

1 Eine Schnecke bewegt sich mit einer Geschwindigkeit von 3 cm pro Minute.

a) Erstelle eine Wertetabelle für x = 0 (min) bis x = 5 (min).

b) Zeichne den Graphen und stelle die Funktionsgleichung auf.

2 Entnimm den Funktionsgleichungen die Steigung m und den y-Achsenabschnitt n. Stelle anschließend die Funktionen grafisch dar.

a) $f(x) = y = -2x - 4$ b) $f(x) = y = \frac{1}{2}x$ c) $f(x) = y = \frac{3}{2}x + 1$ d) $f(x) = y = 1{,}5$

3 Ordne jeder Geraden die passende Funktionsgleichung zu.

$f_1(x) = 3x + 4$ $f_2(x) = x - 3$

$f_3(x) = \frac{1}{2}x - 1$ $f_4(x) = -3x + 2$

$f_5(x) = 2x$ $f_6(x) = 2x - 1$

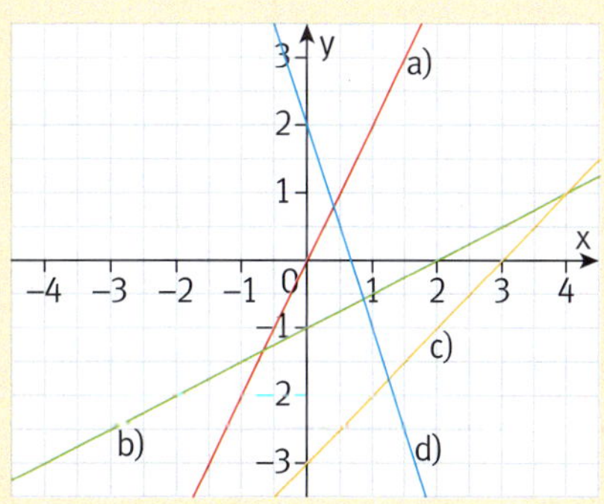

4 Überprüfe rechnerisch. Welcher Punkt gehört zu welcher Funktion?

A (1|−3) B (2|4) C (4|1) D (2|5)

$f_1(x) = 5x - 5$ $f_2(x) = -6x - 8$ $f_3(x) = 12x - 15$ $f_4(x) = -\frac{5}{4}x + 6$

Funktionsgleichungen aufstellen und damit rechnen

Jenna:

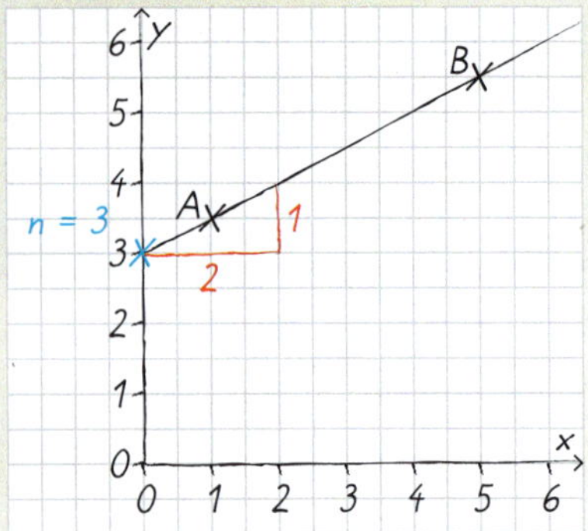

$n = 3 \qquad m = \frac{1}{2}$

Funktionsgleichung aufstellen:

$f(x) = y = \frac{1}{2}x + 3$

Cahide:

$m = \frac{5{,}5 - 3{,}5}{5 - 1} = \frac{2}{4} = \frac{1}{2}$

$f(x) = y = mx + n$

$5{,}5 = \frac{1}{2} \cdot 5 + n$

$3 = n$

Funktionsgleichung aufstellen:

$f(x) = y = \frac{1}{2}x + 3$

1 Die beiden Punkte A (1|3,5) und B (5|5,5) legen eine Gerade fest. Jenna und Cahide stellen auf verschiedene Art die Funktionsgleichung auf. Beschreibe ihre Vorgehensweisen und beurteile die beiden Möglichkeiten.

m ist der Quotient aus Höhe und Breite des Steigungsdreiecks.

Wenn zwei Punkte A $(x_1|y_1)$ und B $(x_2|y_2)$ bekannt sind, lässt sich die Funktionsgleichung der Geraden durch diese beiden Punkte rechnerisch bestimmen.
Die Höhe des Steigungsdreiecks entspricht der Differenz der y-Werte $y_2 - y_1$.
Die Breite des Steigungsdreiecks entspricht der Differenz der x-Werte $x_2 - x_1$.

Also gilt für die **Steigung m**: $m = \frac{y_2 - y_1}{x_2 - x_1}$.

Den **y-Achsenabschnitt n** berechnet man, indem man die Koordinaten von A oder B und die ermittelte **Steigung m** in die allgemeine Funktionsgleichung $f(x) = y = mx + n$ einsetzt und nach **n** auflöst.

2 Bestimme wie Cahide die Funktionsgleichung der Geraden durch die gegebenen Punkte. Kontrolliere deine Lösung grafisch.

a) U (0|0); V (2|1)
b) U (0|4); V (1|5)
c) U (2|2); V (6|2)
d) U (0|–1); V (3|1)
e) U (0|–4); V (–3|–1)
f) U (0|–2,5); V (–0,5|1,5)

3 Fabio hat in seiner Hausaufgabe die Funktionsgleichung ermittelt, deren Gerade durch die Punkte M (3|–4) und N (–2|–3) verläuft. Überprüfe die Lösung und berichtige.

geg.: M (3|–4); N (–2|–3)
ges.: Gleichung $f(x) = y = mx + n$
Lösung: $m = \frac{y_2 - y_1}{x_2 - x_1} = \frac{-4 - 3}{3 - 2} = -\frac{7}{1}$

$y = -7x + n$
$-2 = -7 \cdot (-3) + n$
$n = -23$
$\Rightarrow f(x) = y = -7x - 23$

4 Löse die Aufgaben rechnerisch.

a) Die Gerade g verläuft durch die Punkte A (–3|17) und B (6|–19), die Gerade h durch die Punkte C (–3|–7) und D (6|29). Stelle die Funktionsgleichungen auf.

b) Die Gerade g verläuft durch die Punkte A (–18|1) und B (24|22), die Gerade h durch die Punkte C (6|–5) und D (30|13). Finde heraus, ob die beiden Geraden parallel zueinander liegen.

1 Florian und Kasper haben ihre Führerscheinprüfung bei der Fahrschule Krause bestanden. Esra möchte auch ihren Führerschein machen und fragt sich, wie hoch die Anmeldegebühr und der Preis für eine Fahrstunde bei dieser Fahrschule sind.

a) Gib an, wofür die Variablen x und y und die Angaben m und n stehen.

b) Leite aus den Angaben der Jungen zwei Wertepaare $(x_1|y_1)$ und $(x_2|y_2)$ ab.

c) Stelle nun die Funktionsgleichung auf und lies die Höhe der Anmeldegebühr und den Preis für eine Fahrstunde ab.

2 Frau Kretschmer und Frau Monetti arbeiten als Tierpflegerinnen im Tierpark. Ihr Lohn setzt sich aus dem Grundgehalt und der Sonderzahlung für geleistete Überstunden zusammen. Am Monatsende erhält Frau Kretschmer mit 20 Überstunden einen Bruttoarbeitslohn von 3 210 €. Frau Monetti leistet 25 Überstunden ab und bekommt 3 300 €. Berechne die Höhe des Grundgehalts und den Lohn für eine Überstunde.

3 Eric ist mit seinem Fahrrad unterwegs. Nachdem er in einer Stunde 20 Kilometer weit gefahren ist, legt er eine Pause von 30 Minuten ein. Danach braucht er für die restlichen 15 Kilometer eine Stunde.

a) Stelle den Sachverhalt grafisch dar (x: Zeit in h; y: Strecke in km).

b) Stelle für jeden Abschnitt seiner Fahrt die Funktionsgleichung auf.

4 Toni und Madleen fahren mit ihren Fahrrädern von Ludwigsfelde ins etwa 18 Kilometer entfernte Zossen. Madleen startet um 9:00 Uhr und schafft in einer Stunde 12 Kilometer. Toni fährt 30 Minuten später los und schafft mit seinem Sportrad pro Stunde ungefähr 20 Kilometer. Sie verabreden, eine 45-minütige Pause einzulegen, sobald Toni Madleen eingeholt hat.

a) Stelle den Sachverhalt bis zu diesem Zeitpunkt grafisch dar.

b) Gib die Nullstellen und die Koordinaten des Schnittpunkts der beiden Graphen an. Welche Bedeutung haben diese?

c) Stelle zu Madleens und Tonis Fahrt im ersten Abschnitt und für die Pause die Funktionsgleichung auf.

d) Als sie weiterfahren wollen, stellen sie fest, dass Madleens Hinterreifen einen Platten hat. Sie schieben das letzte Stück und erreichen Zossen eine dreiviertel Stunde später. Ergänze den Graphen aus a) um diesen letzten Abschnitt. Wann erreichen sie das Ziel?

e) Stelle für den letzten Abschnitt der Tour die Funktionsgleichung auf.

1 Die Geschwister Anna, Meike, Max und Emilian besuchen mit ihren Eltern einen Wildpark. Insgesamt zahlen sie für sechs Personen 22,00 €.
a) Mache verschiedene Vorschläge für mögliche Eintrittspreise.
b) Begründe, welche Lösungen du sinnvoll findest.
c) Die Gleichung $2x + 4y = 22$ beschreibt diesen Sachverhalt. Gib an, wofür die Variablen x und y stehen.

Lineare Gleichungen mit zwei Variablen

Lineare Gleichungen können auch **zwei Variablen** enthalten.
Alle Zahlenpaare **(x|y)**, die die Gleichung erfüllen, sind Lösungen der Gleichung. Die Zahlenpaare können mithilfe einer Wertetabelle oder grafisch bestimmt werden. Dazu löst man die lineare Gleichung zuerst nach y auf. Man erhält die Funktionsgleichung der zugehörigen linearen Funktion $\mathbf{f(x) = y = mx + n}$.

Gesucht sind die Lösungspaare der linearen Gleichung $6x - 3y = 3$.

① Gleichung nach y auflösen:

$$6x - 3y = 3 \quad | -6x$$
$$-3y = -6x + 3 \quad | : (-3)$$
$$y = 2x - 1$$

② Lösung mit einer Wertetabelle:

x	−2	−1	−0,5	0	1,5	3
y	−5	−3	−2	−1	2	5

③ Grafische Lösung:
Alle Zahlenpaare (x|y), die die Gleichung lösen, sind Punkte auf einer Geraden. Es gibt unendlich viele Lösungen.

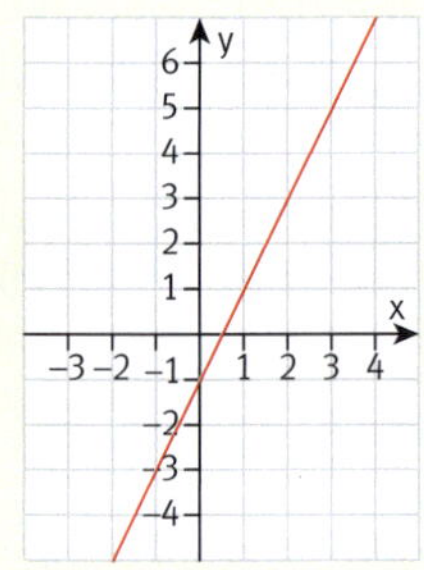

④ Alle Zahlenpaare (x|y) bzw. alle Punkte (x|y) auf der Geraden sind Lösungen der Gleichung $6x - 3y = 3$.
Beispiele für Lösungspaare:
(−2|−5); (−1|−3); (−0,5|−2); (0|−1); (1,5|2); (3|5)

Für eine Probe setzt man das Zahlenpaar in die Gleichung ein.

2 a) Löse die Gleichung aus Aufgabe 1c) mithilfe einer Wertetabelle.
b) Zeichne den Graphen der Funktion.
c) Lies weitere Zahlenpaare (x|y) ab, die sinnvolle Lösungen der Gleichung sind.

3 Ein Betrag von 60 € soll mit 5-€- und 10-€-Scheinen gezahlt werden.
a) Finde dafür drei verschiedene Möglichkeiten.
b) Überlege, wofür die Variablen x und y stehen und stelle eine Gleichung auf.
c) Erstelle eine Wertetabelle und zeichne den Graphen. Lies weitere sinnvolle Lösungspaare ab.

4 Zu einer Großbaustelle müssen 120 m^3 Kies gefahren werden. Es stehen Bagger mit einer Tragfähigkeit von 4 m^3 und 6 m^3 zur Verfügung.
a) Bestimme drei sinnvolle Möglichkeiten, die Bagger einzusetzen.
b) Stelle eine Gleichung auf.
c) Löse die Gleichung mithilfe einer Wertetabelle und grafisch. Lies weitere sinnvolle Lösungspaare ab.

1 a) Stelle die Gleichung für den Umfang des gleichschenkligen Dreiecks auf.
b) Überprüfe, welche Zahlenpaare (x|y) Lösungen der Gleichung sind, wenn der Umfang 20 cm betragen soll. Arbeite systematisch mithilfe einer Tabelle.

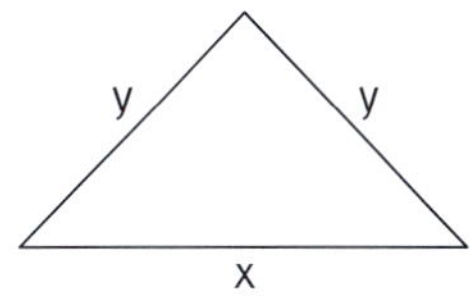

(2|9) (3|6) (7|6,5) (5,5|8)

x	y	Gleichung: ■	richtig/falsch	Länge der Basis/eines Schenkels
2	9	■	■	■

c) Löse die Gleichung nach y auf.
d) Zeichne den Graphen und lies weitere Wertepaare ab.

2 Der Umfang eines Grundstücks in Form eines Parallelogramms beträgt 190 m. Bestimme drei Lösungspaare (x|y) und die Gleichung zu der Geraden, auf der die Punkte liegen.

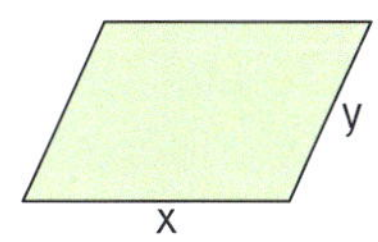

3 Aus einer 45 cm langen und 2 cm dicken Leiste soll ein Bilderrahmen ohne Verschnitt gebaut werden.
a) Bestimme verschiedene Seitenlängen x und y, die möglich sind.
b) Stelle eine Gleichung auf und löse sie grafisch.
c) Begründe, welche Lösungen realistisch sind.

4 Welche Zahlenpaare sind Lösungen der Gleichung $4x = y + 8$? Prüfe durch Einsetzen. Fertige eine Tabelle wie in Aufgabe 1 an.

(−2|0) (1|−2) (−9|−44) (24|8) (20|−72) (15|52)

5 Die Zahlenpaare lösen die lineare Gleichung $2y - 4x = -10$. Übertrage und vervollständige die Lücken.
a) (2|■) b) (−5|■) c) (0|■) d) (■|−20) e) (■|10)

6 Bestimme grafisch und rechnerisch jeweils fünf Zahlenpaare, die die Gleichung lösen.
a) $y = 2x + 5$ b) $7x + y = 6x$ c) $3x + 3y = 3$ d) $5x - 2y + 10 = 0$

7 Ergänze so, dass die Zahlenpaare Lösungen der Gleichung sind.
a) $x + y = 12$ (5|■); (■|−2)
b) $2x + y = 20$ (6|■); (■|6)
c) $x - 2y = 8$ (■|8); (10|■)
d) $x - y = 13$ (5|■); (■|−3)
e) $2x + 3y = 48$ (12|■); (■|10)
f) $3y - 2x = 6$ (3|■); (■|6)
g) $4x - 3y = 0$ (3|■); (■|8)
h) $2 \cdot (x + y) = 12$ (■|3); (−1|■)

8 Bestimme a so, dass die Gleichung $2y = ax + 4$ jeweils durch das angegebene Zahlenpaar gelöst wird.
a) (1|4) b) (1|−2) c) (3|$\frac{1}{2}$) d) (−3|5) e) (6|2)

Lineare Gleichungssysteme kennenlernen

Wie viele Lebkuchen werde ich wohl mit nach Hause nehmen können?

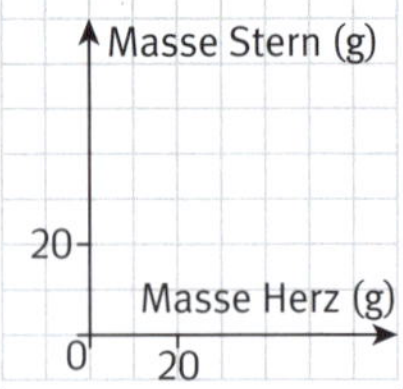

1 Das Hexenhaus, zu dem sich Hänsel und Gretel im Märchen verlaufen, ist mit Lebkuchen in verschiedenen Formen verziert.

a) Hänsel knabbert drei Herzen und sechs Sterne. Alle Lebkuchen zusammen wiegen 480 Gramm. Überlege, wofür die Variablen x und y stehen und stelle eine Gleichung auf.

b) Welche Zahlenpaare sind Lösungen dieser Gleichung?

(30|50) (40|60) (50|30) (80|40)

c) Löse die Gleichung nach y auf und erstelle eine Wertetabelle bis x = 80.

d) Zeichne den Graphen der zugehörigen Funktion.

x	0	10	20
y	■	■	■

2 Gretel schafft mit 280 Gramm nicht ganz so viel wie Hänsel, aber immerhin doch vier Herzen und zwei Sterne.

a) Stelle die zugehörige Gleichung auf.

b) Löse die Gleichung nach y auf, erstelle eine Wertetabelle und ergänze den Graphen der zugehörigen Funktion im Koordinatensystem von Aufgabe 1d).

Lineare Gleichungssysteme

Zwei lineare Gleichungen bilden ein **lineares Gleichungssystem.**
Das Zahlenpaar **(x|y)**, das beide Gleichungen erfüllt, ist die Lösung des linearen Gleichungssystems. Das Zahlenpaar kann mithilfe einer Wertetabelle oder grafisch bestimmt werden.

① Gleichungen nach y auflösen:

I $6x - 3y = 3 \Leftrightarrow y = 2x - 1$

II $-2x + 2y = 4 \Leftrightarrow y = x + 2$

② Lösung mit einer Wertetabelle:

Wertetabelle für I:

x	−2	−1	0	3	4
y	−5	−3	−1	5	7

Wertetabelle für II:

x	−2	−1	0	3	4
y	0	1	2	5	6

③ Grafische Lösung:
Der Schnittpunkt S (3|5) beider Geraden entspricht der Lösung des linearen Gleichungssystems.

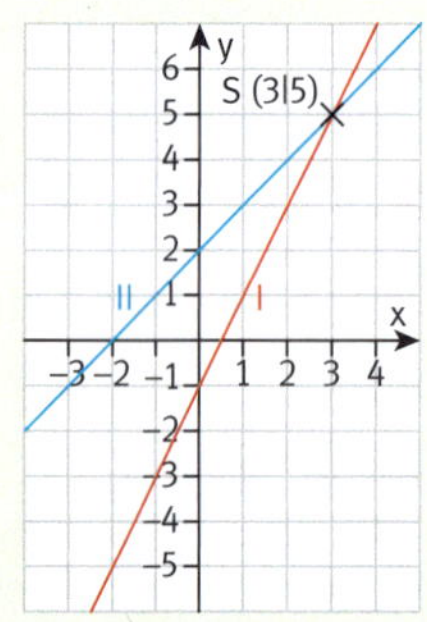

④ Das Zahlenpaar (3|5) erfüllt beide Gleichungen, es ist die Lösung des linearen Gleichungssystems.

Für eine Probe setzt man das Zahlenpaar in beide Gleichungen ein.

3 Bestimme mithilfe der Wertetabellen und der grafischen Darstellung die Masse eines Herzens und die Masse eines Sterns.

4 a) Hänsel und Gretel haben vor, ihren Eltern Lebkuchen vom Hexenhaus mitzubringen. Stelle ihnen einen 3 kg schweren Korb aus Herzen und Sternen zusammen. Überlege, wofür die Variablen x und y hier stehen.

b) Gretel möchte gleich viele Herzen und Sterne einpacken.

Gleichung I		
x	y	y = 2x + 6
0	6	$y = 2 \cdot 0 + 6$
1	■	$y = 2 \cdot 1 + 6$
2	■	y

Gleichung II		
x	y	y = 4x – 4
0	–4	$y = 4 \cdot 0 - 4$
1	■	$y = 4 \cdot 1 - 4$
2	■	y

① I $y = 2x$
II $y = 3 - x$

② I $y = 3x + 1$
II $y = 5x - 5$

③ I $y = -x - 4$
II $y = 2x - 10$

④ I $3x + 2y = 16$
II $2x + 3y = 19$

1 Bestimme jeweils durch systematisches Probieren das Zahlenpaar, das die Lösung des Gleichungssystems ist. Vervollständige zuerst die Tabelle mit dem Beispiel und arbeite dann ebenso.

2 Prüfe, welches Zahlenpaar das Gleichungssystem jeweils erfüllt.

a) I $0 = 4x + 5y$
II $-5y = -20$

b) I $3x + 3y = -3$
II $-3x + 1{,}5 = 6y$

(4,5|–3,5) (–2,5|1,5) (4|5) (2|–5) (–5|4)

3 Löse die Gleichungssysteme grafisch und führe die Probe durch.

a) I $y = x - 3$
II $y = -x + 7$

b) I $y = 2x$
II $y = 0{,}5x + 3$

c) I $y = 0{,}5x + 1$
II $y = -x + 4$

d) I $y = 4x - 1$
II $y = -0{,}5x + 3{,}5$

4 Der Umfang eines gleichschenkligen Dreiecks beträgt 20 cm. Ein Schenkel ist um 2 cm kürzer als die Basis. Übertrage die Lösungsschritte und vervollständige sie.

Skizze zeichnen / Variablen festlegen

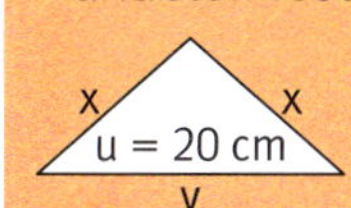

x = ?
y = ?

Aussagen formulieren
I Der Umfang beträgt 20 cm.
II Ein Schenkel ist 2 cm kürzer als die Basis.

Gleichungssystem aufstellen
I $y + 2x = 20$
II x + ■ = ■

Beide Gleichungen nach y auflösen
I y = ■
II y = ■

Graph zeichnen/Wertetabelle erstellen und Lösung ablesen

Lösungsmenge angeben
𝕃 = {(■|■)}
Probe durchführen und Antwortsatz formulieren

Die Lösungen von Gleichungssystemen kann man in einer Lösungsmenge 𝕃 = {(■|■)} angeben.

5 Ein Betrag von 60 € soll mit 5-€- und 10-€-Scheinen gezahlt werden. Die Anzahl der 5-€-Scheine ist doppelt so groß wie die Anzahl der 10-€-Scheine.

a) Bestimme die Zusammensetzung der Scheine zuerst durch Probieren.

b) Löse dann wie im Schema von Aufgabe 4.

6 Zu einer Großbaustelle müssen 120 m³ Kies mit Baggern von 4 m³ und 6 m³ Tragfähigkeit gefahren werden. Insgesamt stehen 25 Bagger zur Verfügung.

a) Beschreibe diesen Sachverhalt durch ein lineares Gleichungssystem.

b) Bestimme grafisch und mithilfe einer Wertetabelle die Anzahl der Bagger.

7 Frau Keba bepflanzt die Terrasse ihrer neuen Wohnung. Sie bezahlt für einen Blumenkübel und drei Astern 9,00 €. Ihrem Nachbarn gefällt die Bepflanzung und er kauft ebenfalls acht Astern und zwei Blumenkübel. Er bezahlt 22,00 €. Bestimme, wie viel eine Aster und ein Blumenkübel kosten.

Lineare Gleichungssysteme grafisch lösen

1
I $y = -0{,}5x + 1$
II $y = x + 4$

2
I $y = -2x$
II $y = 2x - 4$

3
I $y = 2x + 3$
II $y = -0{,}5x - 2$

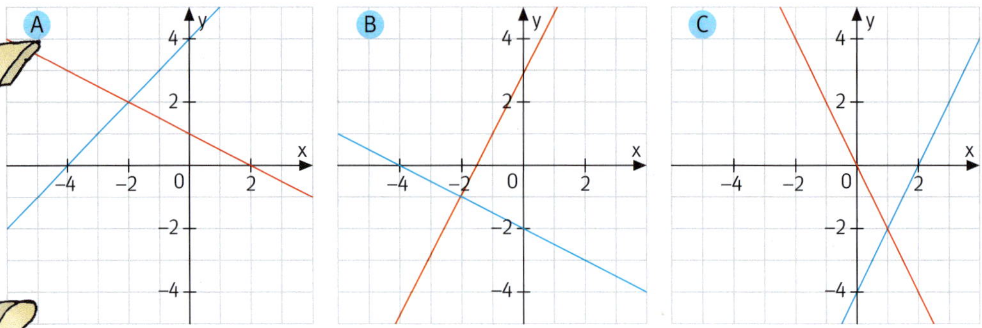

1 a) Ordne die Gleichungssysteme den Graphen zu.
b) Lies das Lösungspaar ab und überprüfe durch eine Probe.

2 Löse die Gleichungssysteme grafisch und führe die Probe durch.

a) I $y = 2x - 1$
II $y = -x + 5$

b) I $y = -x + 2$
II $y = -3x - 2$

c) I $y = 2x - 3$
II $y = 1{,}5x - 1$

d) I $y = 0{,}5x - 2$
II $y = -0{,}5x + 4$

e) I $x - y + 5 = 0$
II $x + y + 3 = 0$

f) I $y = 2x - 1$
II $2y - 2x = 4$

g) I $y - 2x + 6 = 0$
II $y - 2 = 0$

h) I $3x - 5y = 5$
II $2x = 5y$

3 a) Stelle die linearen Gleichungssysteme grafisch dar.

1 I $y = \frac{4}{5}x + 1{,}5$
II $y = \frac{4}{5}x$

2 I $y = x + 0{,}5$
II $y = x + 0{,}5$

b) Beschreibe jeweils die Lage der beiden Geraden zueinander und überlege, welche Bedeutung diese für die Lösung des linearen Gleichungssystems hat. Übertrage den Text und vervollständige ihn mithilfe der nebenstehenden Wortbausteine.

- parallel
- identisch
- liegen übereinander
- kein Zahlenpaar
- jedes Zahlenpaar
- unendlich viele Lösungen
- keine Lösung

1. Die Geraden verlaufen ■. ■ erfüllt beide Gleichungen. Das Gleichungssystem hat ■.

2. Die Geraden sind ■ (d.h. sie ■). ■, das die erste Gleichung erfüllt, löst auch die zweite Gleichung. Das Gleichungssystem hat ■.

4 Löse beide Gleichungen nach y auf. Begründe dann mithilfe der Gleichungen, ob das Gleichungssystem keine Lösung oder unendlich viele Lösungen hat.

a) I $y + 2 = 2x$
II $y - 3 = 2x$

b) I $3x - 2y = -8$
II $2y = 3x - 1$

c) I $5x - 3 = 2y$
II $2y - 5x = -3$

d) I $2y - 4x = -8$
II $2x - y = 14$

Schreibweisen:
keine Lösung:
$\mathbb{L} = \{\}$
unendlich viele Lösungen:
$\mathbb{L} = \{(x|y)$ mit $y = mx + n\}$

5 Gib zuerst die Anzahl der Lösungen an. Bestimme das Lösungspaar, falls vorhanden, grafisch.

a) I $x - y = 4$
II $2x - 2y = 8$

b) I $4y = -10 - 4x$
II $0 = 4 - 4y - 8x$

c) I $x + 0{,}5y = 3{,}5$
II $3x + 1{,}5y = 10$

d) I $6x - 4y + 6 = 0$
II $4x + 2y - 3 = 0$

e) I $-x + 8y = 12$
II $4y - 3x = -4$

f) I $5y - 3x + 5 = 0$
II $-\frac{3}{5}x + y = 2$

1 a) Entscheide, welches Gleichungssystem zum Zahlenrätsel passt.

> I Die Zahl y ist doppelt so groß wie die Zahl x.
> II Die Zahl y ist um 4 größer als die Zahl x.

① I $y = \frac{1}{2}x$
II $y = 4 - x$

② I $y = 2x$
II $y = x + 4$

③ I $y = 4x$
II $y = x - 4$

b) Löse das Gleichungssystem grafisch oder durch Probieren.

2 Löse die Zahlenrätsel, indem du ein Gleichungssystem aufstellst und es durch Probieren oder grafisch löst.
a) Die Summe zweier natürlicher Zahlen x und y ist 16. Die Zahl y ist um 2 größer als die Zahl x.
b) Die Zahl y ist dreimal so groß wie die Zahl x. Die Zahl x ist um 6 kleiner als die Zahl y.
c) Die Summe zweier natürlicher Zahlen x und y ist 15; ihre Differenz ist 3.

3 Die 64 Schüler der 9. Klassen der Goethe-Schule werden auf ihrer Klassenfahrt auf 9 Hütten einer Freizeitanlage verteilt. Es gibt 6er- und 8er-Hütten. Wie viele Hütten jeder Sorte belegen die Klassen? Löse nach folgendem Schema:

Variablen festlegen x: Anzahl 6er-Hütten y: Anzahl 8er-Hütten	Aussagen formulieren I 64 Schüler werden auf 6er- und 8er-Hütten verteilt. II ■	Gleichungssystem aufstellen I ■ II ■
Beide Gleichungen nach y auflösen I y = ■ II y = ■	Graph zeichnen und Lösung ablesen	Lösungsmenge angeben: 𝕃 = {(■ | ■)} Probe durchführen und Antwortsatz formulieren

4 Löse wie in Aufgabe 3.
a) In einer Kasse befinden sich 32 € in 1-€- und 2-€-Münzen. Insgesamt sind es 20 Münzen. Bestimme, wie viele Münzen von jeder Sorte in der Kasse liegen.
b) In einem Blumenladen kostet ein Strauß mit zwei Margeriten und einer Rose 6 €. Für einen Strauß mit acht Margeriten und zwei Rosen zahlt man 16 €. Bestimme den Preis für eine Margerite und eine Rose.
c) Im Kino läuft ein Weihnachtsfilm. Familie Steiner (zwei Kinder und zwei Erwachsene) zahlt insgesamt 20 € Eintritt. Frau Thomas geht mit ihren drei Enkelkindern auch in diesen Film und zahlt 17 €. Bestimme den Eintrittspreis für Erwachsene und Kinder.

5 a) An einem Imbissstand kosten eine Currywurst und eine Portion Pommes 2,80 €. Ingo kauft drei Currywürste und zwei Portionen Pommes für 7,20 €. Bestimme, wie viel eine Currywurst und eine Portion Pommes kosten.
b) Welchen Nachteil der grafischen Lösung erkennst du hier?

Das Gleichsetzungsverfahren anwenden

Das Gleichsetzungsverfahren

Lineare Gleichungssysteme können rechnerisch mithilfe des **Gleichsetzungsverfahrens** gelöst werden. Dazu löst man beide Gleichungen nach einer Variablen (z. B. y) auf. Dann kann man die Terme gleichsetzen, um eine Gleichung mit einer Variablen zu erhalten.

I Eine Currywurst und eine Portion Pommes kosten 2,80 €.
II Drei Currywürste und zwei Portionen Pommes kosten 7,20 €.
Gesucht wird: Der Preis für eine Currywurst (x) und für eine Portion Pommes (y)

① Gleichungssystem aufstellen:

I $x + y = 2{,}80$
II $3x + 2y = 7{,}20$

② Beide Gleichungen nach y auflösen und Terme gleichsetzen:

I $y = -x + 2{,}80$
II $y = -1{,}5x + 3{,}60$

gleichsetzen I = II

I = II $-x + 2{,}80 = -1{,}5x + 3{,}60$

Die Gleichungen können auch nach x aufgelöst werden.

③ Erste Variable x berechnen:

$-x + 2{,}80 = -1{,}5x + 3{,}60 \quad | + 1{,}5x$
$0{,}5x + 2{,}80 = 3{,}60 \quad | - 2{,}80$
$0{,}5x = 0{,}80 \quad | : 0{,}5$
$x = 1{,}60$

④ Zweite Variable y berechnen:
Den Wert der Variablen x in eine der Gleichungen einsetzen:
$y = -1{,}60 + 2{,}80 = 1{,}20$

⑤ Lösungsmenge angeben, Probe durchführen und Antwortsatz formulieren: $\mathbb{L} = \{(1{,}60|1{,}20)\}$

Zur Probe wird das Zahlenpaar in beide Gleichungen eingesetzt.

I $1{,}60 + 1{,}20 = 2{,}80$
$2{,}80 = 2{,}80$ ✓
II $3 \cdot 1{,}60 + 2 \cdot 1{,}20 = 7{,}20$
$7{,}20 = 7{,}20$ ✓

Eine Currywurst kostet 1,60 €, eine Portion Pommes 1,20 €.

1 Löse wie im Merkkasten. Im Kino läuft ein Film mit Überlänge. Familie Steiner zahlt mit zwei Kindern und zwei Erwachsenen insgesamt 32 € Eintritt. Frau Thomas geht mit ihren drei Enkelkindern auch in diesen Film und zahlt 29 €. Bestimme den Eintrittspreis für Erwachsene und Kinder.

2 Löse die Gleichungssysteme mithilfe des Gleichsetzungsverfahrens.

a) I $y = 2x + 4$; II $y = 3x + 1$
b) I $y = 3x - 2$; II $y = x + 6$
c) I $y = -2x + 9$; II $y = -x + 3$
d) I $y = 4x - 2$; II $y = 3x + 5$
e) I $y = 3x + 9$; II $y = 5x + 7$
f) I $x = y - 10$; II $x = 5y - 70$
g) I $x = y - 8$; II $x = 3y - 48$
h) I $x = 2y + 2$; II $x = 3y - 2$

3 Übertrage und vervollständige das Beispiel und arbeite dann ebenso.

Gleichungssystem	I $y + x = 5$ II $y - 2x = -4$
Beide Gleichungen nach y auflösen	I $y = 5 - x$ II $y = -4 + 2x$
Gleichsetzen und lösen	I = II

a) I $y - 2x = 6$; II $y = 6x + 2$
b) I $9x + y = 17$; II $3x + y = 5$
c) I $2x - y = 4$; II $6x - 2y = 16$
d) I $15x + 5y = 25$; II $2x + 3y = -6$
e) I $x + 2y = 5$; II $5x + 6y = 21$
f) I $2x + 7y = 1$; II $x + 5y = -1$

Das Gleichsetzungsverfahren anwenden

I $4x + 2y = 5$
II $10x + 4y = 6$

I $2y = -4x + 5$
II $2y = -5x + 3$

I = II $-4x + 5 = -5x + 3$

Anastasia

I $4x + 2y = 5$
II $10x + 4y = 6$

I $y = -2x + \frac{5}{2}$
II $y = -\frac{5}{2}x + \frac{3}{2}$

I = II $-2x + \frac{5}{2} = -\frac{5}{2}x + \frac{3}{2}$

Jenny

1 Anastasia und Jenny lösen dasselbe Gleichungssystem.
a) Übertrage und vervollständige die Lösungswege.
b) Vergleiche die Lösungswege. Welches Vorgehen findest du geschickter?

2 Löse die Gleichungssysteme möglichst geschickt.

a) I $2x + 2y = 10$
II $2x + 16y = 38$

b) I $5x + 4y = 16$
II $x + 5y = 20$

c) I $-3x + 2y = 2$
II $18x + 6y = 15$

3 Überprüfe die Lösungswege. Berichtige und gib die Lösungsmengen an.

a)
I $2a - b = 2$
II $2a = 5b - 22$

I = II $-b + 2 = 5b - 22$
$b = -4$ in I
$2a - 4 = 2$
$a = 3$ $\mathbb{L} = \{(-4|3)\}$

b)
I $79 = u + 6v$
II $-3u = -6v + 51$

I = II $79 - u = -3u - 51$
$u = 65$ in I
$79 = 65 + 6v$
$24 = v$ $\mathbb{L} = \{(65|24)\}$

TRIMM-DICH-ZWISCHENRUNDE

1 Welches Zahlenpaar löst das Gleichungssystem? Prüfe durch Einsetzen.

I $y = 2x - 1$
II $y = -x + 5$

(7|4) (2|3) (4|7)

2 Löse die Gleichungssysteme grafisch und führe die Probe durch.

a) I $y = \frac{1}{2}x - 2$
II $y = -2x + 3$

b) I $5y = 10x - 5$
II $2y - 6x = -4$

3 Löse die Gleichungssysteme mithilfe des Gleichsetzungsverfahrens.

a) I $x - y = 8$
II $x + y = 15$

b) I $6y = 2 - 8x$
II $6y = 20 - 14x$

c) I $2y = 8x + 4$
II $y = 3x + 4$

4 Überlege, wofür die Variablen x und y stehen und stelle das Gleichungssystem auf. Löse dann rechnerisch.

I

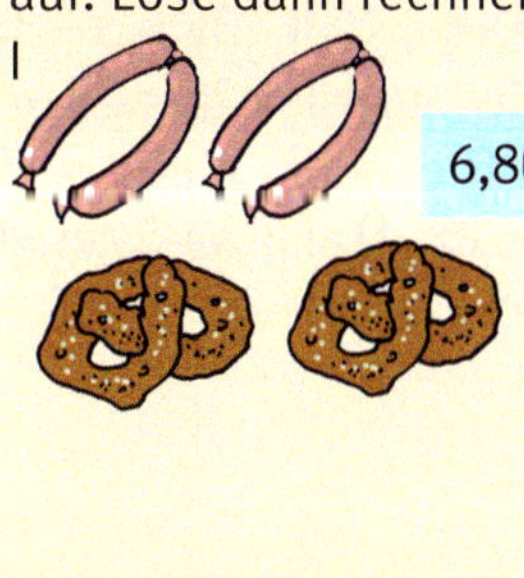

6,80 €

II

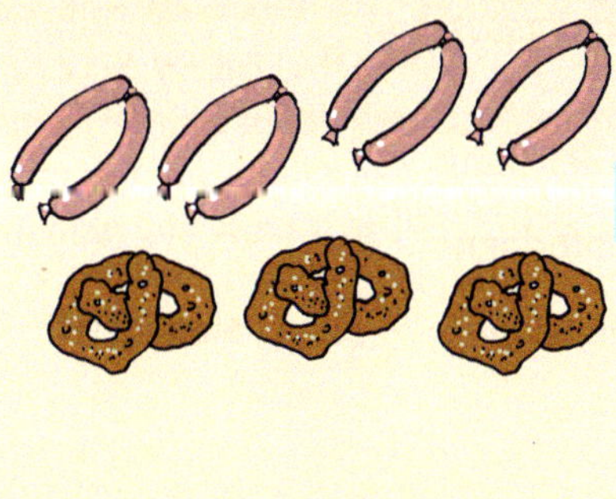

12,40 €

1

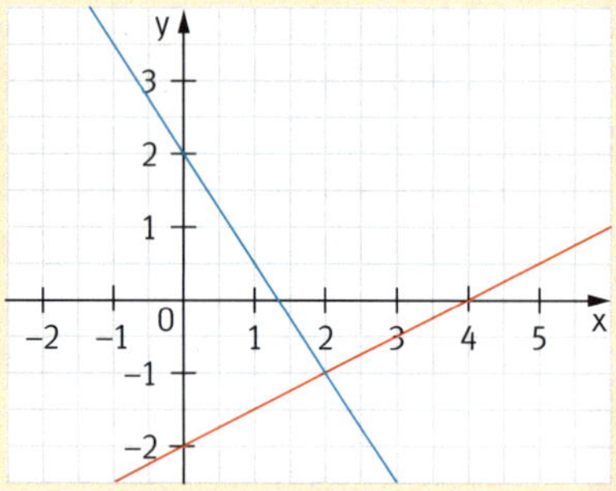

2

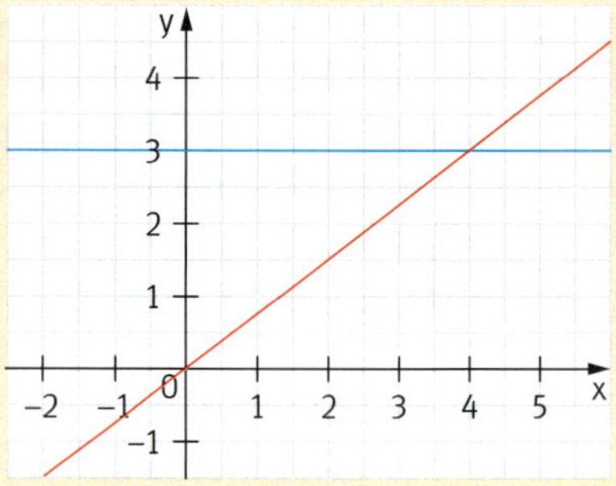

1 a) Stelle jeweils die zwei Funktionsgleichungen auf.
b) Lies den Schnittpunkt ab und überprüfe durch Einsetzen.

2 Löse die Gleichungssysteme grafisch.

a) I $y - 2x = 0$ II $-2y = -2x - 2$

b) I $y - 2 = 3x$ II $1{,}5x + \frac{3}{2} = 1\frac{1}{2}y$

c) I $4y - 8x = 4$ II $2x = 4 + y$

d) I $2x + y - 3 = 0$ II $2y = 6 - 4x$

3 Löse die Gleichungssysteme mithilfe des Gleichsetzungsverfahrens.

a) I $y = -x - 10$ II $y = -2x - 6$

b) I $x = -y - 2$ II $x = -2y + 4$

c) I $2y + 80 = -5x$ II $-y = 85 + 5x$

d) I $6y + 3x = 0$ II $-4y - 12x = 0$

4 In einem Gasthof gibt es Zweibett- und Dreibettzimmer. Insgesamt hat der Gasthof 10 Zimmer mit 24 Betten. Wie viele Zweibett- und Dreibettzimmer gibt es?
a) Stelle ein Gleichungssystem auf.
b) Löse das Gleichungssystem grafisch.
c) Bestätige dein Ergebnis rechnerisch.

5 Sandro und Jenny kaufen in der Schulmensa für sich und ihre Freunde ein. Sandro kauft sechs belegte Brötchen und vier Trinkpäckchen und bezahlt 8,10 €. Jenny kauft fünf belegte Brötchen und drei Trinkpäckchen und bezahlt 6,55 €. Berechne, wie viel Euro Sandro und Jenny von ihren Freunden jeweils für ein belegtes Brötchen und ein Trinkpäckchen kassieren müssen.

Er

6 Stelle Funktionsgleichungen auf.

a) $m = 2$ P (2|3)

b) $m = -\frac{1}{2}$ Q (−1|−2)

c) A (−2|0) B (0|2)

d) C (−1|−2) D (2|1)

e) $n = 2$ R (−3|1)

f) $n = -3{,}5$ S (−2,5|1,5)

7 Löse die Gleichungssysteme mithilfe des Einsetzungsverfahrens.

a) I $y = 2x - 3$ II $y - 3x = -8$

b) I $0 = 3y + 14 - x$ II $x = 5y + 22$

c) I $3x - 5y = 14$ II $x + y - 10 = 0$

d) I $4 = 4x - 2y$ II $4x - y + 12 = 0$

8 Laurenz ist in den Ferien auf einem Bauernhof. Dort zählt er die Hühner und Kühe und sagt zu seinem Vater: „Zusammen sind es 23 Tiere. Insgesamt haben sie 62 Beine." Berechne die Anzahl der Hühner und Kühe auf dem Hof.

Freizeit und Mathematik
Wusstest du schon?

Mit der Industrialisierung um 1800 nahm in erheblichem Maße auch die Arbeitszeit der in den Fabriken tätigen Bevölkerung zu. Die Menschen mussten teilweise bis zu 16 Stunden am Tag arbeiten. Es gab zu dieser Zeit kein einheitlich festgelegtes Wochenende. 1948 wurde von der Generalversammlung der Vereinten Nationen in Paris die Allgemeine Erklärung der Menschrechte verkündet. In Artikel 24 steht: „Jeder hat das Recht auf Erholung und Freizeit (...)".

- Recherchiere, wie sich die Arbeitszeiten in Deutschland seit dem Jahr 1800 bis heute entwickelt haben.

Früher war die liebste Freizeitbeschäftigung der Deutschen das Fernsehen. Seitdem 1984 das Privatfernsehen eingeführt wurde, steigerte sich der Fernsehkonsum enorm. Aber die Nutzung des Internets holte insbesondere bei den Jugendlichen auf und überholte schließlich den Fernsehkonsum.

- Finde heraus, woran das liegt und vermute, wie diese Entwicklung weiter gehen wird.

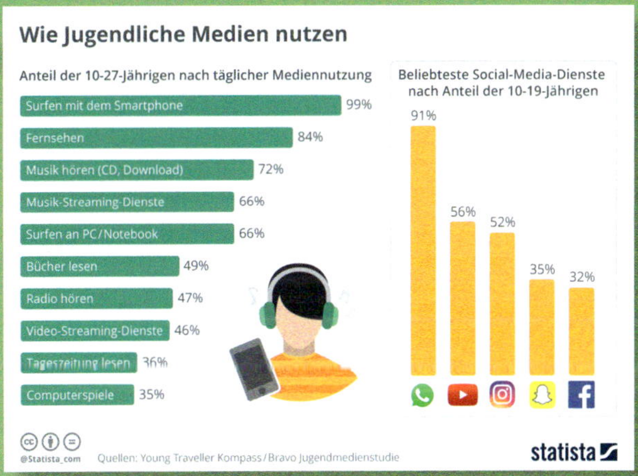

„Die Deutschen lieben von allen Freizeitsportarten am meisten das Fußballspiel.", meint Ersin.
Die Mehrheit der Deutschen gibt an, mindestens einmal pro Woche sportlich aktiv zu sein. Generell wird Sport in der freien Natur bevorzugt. Circa die Hälfte der Deutschen halten sich am liebsten mit dem Fahrrad fit, gefolgt von Schwimmen, Joggen, Wandern und Fitnesstraining. Erst danach kommt das Fußballspiel in der Liste der aktiv ausgeführten Sportarten (Mehrfachnennungen waren möglich).

- Nimm Stellung zu Ersins Aussage. Wie ist Ersin wohl zu seiner Meinung gekommen?

Häufigkeiten
Diagramme

1 Die Redaktion der Schülerzeitung der Schiller-Schule in Frankfurt/Oder möchte wissen, womit Jugendliche ihre Freizeit verbringen.

Freizeitbeschäftigung	Anzahl Kreuze
mit Freunden treffen	81
Musik hören	58
im Internet surfen	41
Fernsehen	30
Sport treiben	27
zu Hause chillen	19
mit der Familie Zeit verbringen	8

Deshalb führen sie eine Befragung unter 88 Schülern der 9. Klassen durch. Jeder Schüler durfte seine drei liebsten Freizeitbeschäftigungen ankreuzen. Die Redaktion möchte in ihrem Artikel diese Werte in verschiedenen Diagrammen darstellen.

a) Stelle die absoluten Angaben in einem Säulendiagramm dar.

b) Berechne die relativen Häufigkeiten der einzelnen Freizeitbeschäftigungen und stelle diese in einem Kreisdiagramm dar. Runde geeignet.

2 Führt eine ähnliche Umfrage zum Freizeitverhalten in eurer Klasse durch. Stellt die Ergebnisse in Diagrammen dar und vergleicht mit den Angaben und Diagrammen der Schiller-Schule.

Prozentrechnung

3 Martin hat im Internet gelesen, dass 85 % der 17-jährigen täglich das Internet benutzen und 72 % täglich in den sozialen Netzwerken unterwegs sind. Berechne die absoluten Zahlen, wenn 1700 17-jährige befragt wurden.

Häufigkeiten
Diagramme

4 Die Redaktion der Schülerzeitung der Schiller-Schule hat eine weitere Umfrage durchgeführt und in einem Diagramm ausgewertet. Beurteile folgende Aussagen und korrigiere sie gegebenenfalls:

1. Etwa zwei Drittel aller Jungen spielen gern Computerspiele.
2. Mädchen lesen ungefähr fünfmal lieber Bücher als am Computer zu spielen.
3. Zwischen Mädchen und Jungen gibt es nur wenige Unterschiede.

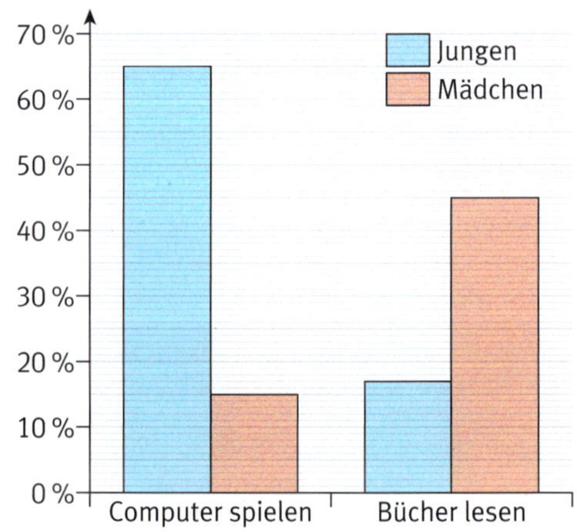

Kombinatorik

5 Fabian spielt am Computer ein Strategiespiel. Er kann mit seiner Spielfigur entweder nach oben oder nach unten, nach rechts oder nach links gehen oder für jede Richtung durch die blaue, grüne oder rote Tür. Berechne, wie viele unterschiedliche Möglichkeiten er hat, seine Spielfigur durch das Spiel zu schicken.

6 Esra und ihre Freundinnen gehen shoppen. Esra hat 80 € dabei und möchte möglichst viele unterschiedliche Teile für den Sommer einkaufen. Finde fünf verschiedene Möglichkeiten.

T-Shirt 15 € | Leggins 12 € | Rock 22 € | Sandalen 18 €

Paul will dieses Jahr seinen 16. Geburtstag im Sommer mit all seinen Freunden feiern. Er überredet seine Großeltern, dass die Feier in ihrem Garten stattfinden kann, weil dort genug Platz ist und sie einen Swimming-Pool haben. Die Großeltern stimmen nur zu, wenn Paul alles alleine organisiert.

1 Der runde Pool mit einem Durchmesser von 5,60 m und einer Tiefe von 1,5 m soll für die Gartenparty frisch mit Wasser gefüllt werden. Aus dem Gartenschlauch fließen 40 Liter pro Minute.

a) Berechne, wie viele Stunden vor der Party Paul das Wasser anstellen muss. Volumen

b) Der volle Pool muss Chlor im Verhältnis von 0,5 Milligramm pro Liter Wasser enthalten. In der Packung sind noch 20 g Chlor-Granulat. Reicht das oder muss Paul noch Chlor-Granulat besorgen? Proportionalität

2 Paul hat 40 Personen eingeladen. Statistisch gesehen sagen immer ca. 15 % der Gäste ab.

a) Berechne, wie viele Personen vermutlich zur Party kommen werden. Prozentrechnung

b) Paul will unter anderem belegte Brötchen anbieten. Er hat 15 Weizenbrötchen und 15 Vollkornbrötchen besorgt, als Belag will er Salami, Käse und Schinken gleichmäßig auf den halben Brötchen verteilen. Zwischen wie vielen Varianten können die Gäste wählen? Kombinatorik

c) Zeichne ein dazugehöriges Baumdiagramm. Baumdiagramme

d) Petra greift ohne hinzuschauen als erste zu. Wie groß ist die Wahrscheinlichkeit, dass sie zwei Brötchenhälften mit Käse bekommt? Wahrscheinlichkeitsrechnung

3 Jenny und Murat wollen als Überraschung für Paul einen Schokoladenpudding zur Party mitbringen. Sie lesen das Rezept: Proportionalität

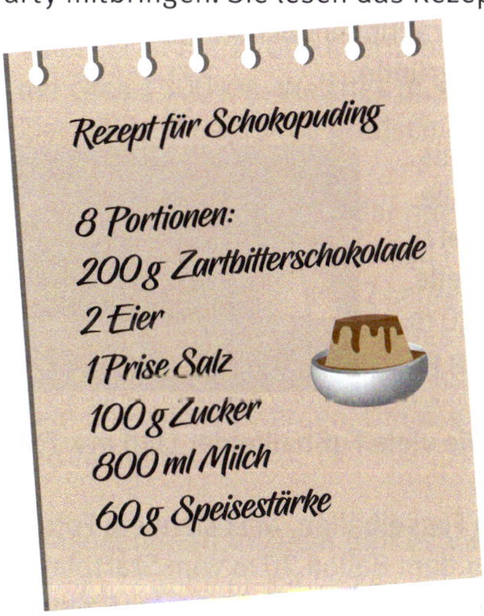

Stelle eine Einkaufsliste für Jenny und Murat zusammen.

1 Wie viele Stunden (Tage, Wochen, Monate, Jahre) hast du in deinem Leben schon
a) in der Schule verbracht?
b) Freizeit gehabt?

2 Das Smartphone ist aus dem Leben von Jugendlichen nicht mehr weg zu denken. Wie viele Stunden verbringen alle Schülerinnen und Schüler deiner Schule im Jahr am Smartphone?

3 Das ist der Pool von Sandras Großeltern. Wie viele Personen müssten in diesen Pool steigen, damit der Wasserspiegel um 10 cm steigt? Recherchiere benötigte Angaben im Internet.

4 Niemand kommt auf die Idee, solche Distanzen zu Fuß zu laufen. Aber …
a) Wie lange würdet ihr brauchen, wenn ihr bei eurem Klassenausflug von Berlin zum Heidepark Soltau doch zu Fuß gehen wolltet? Schafft ihr das in einer Woche?
b) Wie lange würdet ihr brauchen, um zu Fuß von der nördlichsten Stadt Deutschlands Glücksburg in Schleswig-Holstein in die südlichste Stadt Sonthofen in Bayern zu kommen?
Recherchiere benötigte Angaben im Internet.

5 Eine Abschlussfahrt ist ziemlich teuer. Hamsa möchte seine Kasse aufbessern und samstags Werbeprospekte austragen. Schätze ab.
a) Wie viel Geld kann man damit im Monat verdienen?
b) Wie lange müsste er Zeitungen austragen, wenn er die gesamten Kosten einer Klassenfahrt nach Barcelona damit bezahlen will?

Berechnungen an Pyramiden und Kegeln

Kirchen oder Gotteshäuser sind ein religiöser Ort der Zusammenkunft. Je nach Kultur und Zeitpunkt des Kirchenbaus weisen die Gebäude unterschiedliche Baustile auf.

Der Berliner Dom ist die größte evangelische Kirche Berlins. Er wurde im 15. Jahrhundert erbaut und bietet fast 1500 Menschen Platz.
Genauso viel Gläubige haben im Kulturzentrum mit Moschee in Berlin-Neukölln Platz.

- Welche mathematischen Grundkörper kannst du erkennen?
- Skizziere die Gebäude.
- Welche Größen könnte man an den Gebäuden berechnen? Welche Maße würden dafür benötigt werden? Recherchiere diese im Internet.

Der Glockenturm des Markusdoms steht in Venedig. Mit dem Bau wurde bereits 900 n. Chr. begonnen.
Die Rundkirchen sind das Wahrzeichen der dänischen Insel Bornholm in der Ostsee. Sie dienten auch als Wehrbauten zum Schutz der Bevölkerung gegen Angreifer.

- Beschreibe die Gebäude mithilfe mathematischer Grundkörper.
- Vergleiche die jeweiligen Grundflächen.
- Finde weitere Gegenstände aus deiner Umwelt, die die Form dieser Dächer haben.

Grundbegriffe und Berechnungen an Quadern und Zylindern

Netze zeichnen

1 a) Zeichne zu jedem Körper ein Netz und markiere die Grund- und Deckfläche farbig.

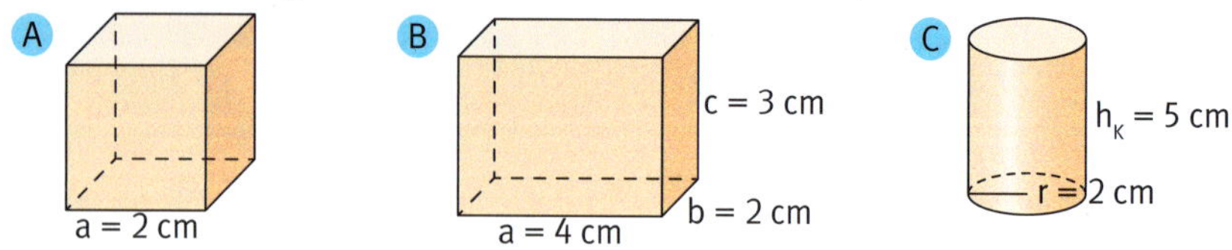

Grundbegriffe an Körpern wiederholen

b) Übertrage die Tabelle und fülle sie für die Körper A bis C aus.

Körper	Art der Grundfläche	Art der Deckfläche	Art und Anzahl der Seitenflächen

2 Welche Körper werden hier gesucht? Finde verschiedene Möglichkeiten.

Der Körper hat genau 6 Flächen.

Die Mantelfläche ist rechteckig.

Der Körper hat genau 12 Kanten.

Körper werden von ebenen oder gekrümmten Flächen begrenzt. Alle Seitenflächen zusammen bilden die Mantelfläche des Körpers.

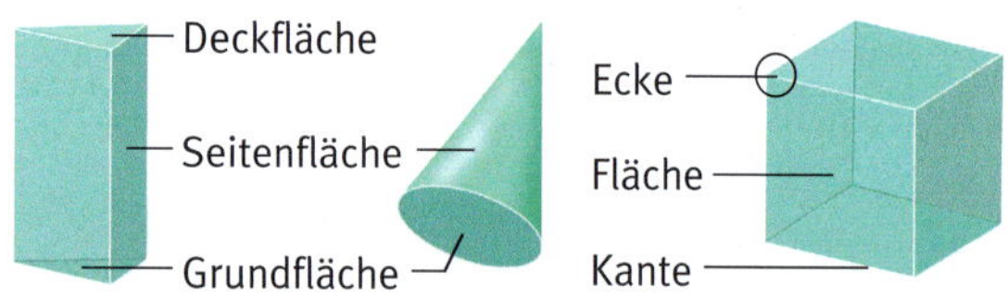

Oberflächeninhalt und Volumen von Würfeln, Quadern und Zylindern berechnen

3 Ordne die folgenden Formeln jeweils einem Quader oder einem Zylinder zu. Welche Größen können mit diesen Formeln berechnet werden? Ergänze die entsprechenden Formeln für Berechnungen am Würfel.

$A = a \cdot b$

$V = \pi \cdot r^2 \cdot h_K$

$A = \pi \cdot r^2$

$V = a \cdot b \cdot c$

$A = 2 \cdot \pi \cdot r^2 + 2 \cdot \pi \cdot r \cdot h_K$

$A = 2ab + 2bc + 2ac$

4 Berechne den Oberflächeninhalt und das Volumen der Körper aus Aufgabe 1.

Für das Volumen V und den Flächeninhalt der Grundfläche A_G, der Mantelfläche A_M und der Oberfläche A_O gilt:

Würfel	Quader	Zylinder
$A_G = a \cdot a = a^2$	$A_G = a \cdot b$	$A_G = \pi \cdot r^2$
	$A_M = 2bc + 2ac$	$A_M = 2 \cdot \pi \cdot r \cdot h_K$
$A_O = 6 \cdot a \cdot a = 6a^2$	$A_O = 2ab + 2bc + 2ac$	$A_O = 2 \cdot \pi \cdot r^2 + 2 \cdot \pi \cdot r \cdot h_K$
$V = a \cdot a \cdot a = a^3$	$V = a \cdot b \cdot c$	$V = \pi \cdot r^2 \cdot h_K$

a = 1,5 cm; b = 2 cm; c = 4 cm

$A_O = 2 \cdot 1{,}5 \cdot 2 + 2 \cdot 2 \cdot 4 + 2 \cdot 1{,}5 \cdot 4$

$A_O = 34\ (cm^2)$

$V = 1{,}5 \cdot 2 \cdot 4 = 12\ (cm^3)$

r = 5,5 cm; h_K = 9,2 cm

$A_O = 2 \cdot \pi \cdot 5{,}5^2 + 2 \cdot \pi \cdot 5{,}5 \cdot 9{,}2$

$A_O \approx 508\ (cm^2)$

$V = \pi \cdot 5{,}5^2 \cdot 9{,}2 \approx 874{,}31\ (cm^3)$

Maßeinheiten

Maßeinheiten umrechnen

5 Rechne in die in Klammern stehenden Einheiten um.

a)	80 dm (m)	2,3 cm (mm)	3,4 dm (mm)	125 m (km)
b)	450 cm^2 (dm^2)	95 dm^2 (m^2)	0,86 dm^2 (mm^2)	0,135 km^2 (m^2)
c)	3 m^3 (dm^3)	700 dm^3 (cm^3)	5,31 m^3 (cm^3)	18 000 m^3 (km^3)
d)	9 l (ml)	2,6 hl (l)	250 l (m^3)	0,45 cm^3 (l)

Die Umrechnungszahl bei Längenmaßen ist 10.
Zusätzlich gilt: 1 km = 1 000 m

$$\text{mm} \underset{\cdot 10}{\overset{:10}{\rightleftarrows}} \text{cm} \underset{\cdot 10}{\overset{:10}{\rightleftarrows}} \text{dm} \underset{\cdot 10}{\overset{:10}{\rightleftarrows}} \text{m} \underset{\cdot 1000}{\overset{:1000}{\rightleftarrows}} \text{km}$$ Längenmaße

Die Umrechnungszahl bei Flächenmaßen ist 100.
Zusätzlich gilt: $1\ km^2 = 1\ km \cdot 1\ km = 1000\ m \cdot 1000\ m = 1\,000\,000\ m^2$

$$\text{mm}^2 \underset{\cdot 100}{\overset{:100}{\rightleftarrows}} \text{cm}^2 \underset{\cdot 100}{\overset{:100}{\rightleftarrows}} \text{dm}^2 \underset{\cdot 100}{\overset{:100}{\rightleftarrows}} \text{m}^2 \underset{\cdot 1\,000\,000}{\overset{:1\,000\,000}{\rightleftarrows}} \text{km}^2$$ Flächenmaße

Die Umrechnungszahl bei Volumenmaßen ist 1000. Zusätzlich gilt:
$1\ km^3 = 1\ km \cdot 1\ km \cdot 1\ km = 1000\ m \cdot 1000\ m \cdot 1000\ m = 1\,000\,000\,000\ m^3$

$$\text{mm}^3 \underset{\cdot 1000}{\overset{:1000}{\rightleftarrows}} \text{cm}^3 \underset{\cdot 1000}{\overset{:1000}{\rightleftarrows}} \text{dm}^3 \underset{\cdot 1000}{\overset{:1000}{\rightleftarrows}} \text{m}^3 \underset{\cdot 1\,000\,000\,000}{\overset{:1\,000\,000\,000}{\rightleftarrows}} \text{km}^3$$ Volumenmaße

Hohlmaße und Volumenmaße sind eng verbunden. Es gilt:
$1\ l = 1\ dm^3 = 1000\ cm^3$ und $1\ cm^3 = 1\ ml$
$1\ l = 1000\ ml$ und $1\ hl = 100\ l$

Satz des Pythagoras

Den Satz des Pythagoras anwenden

6 Berechne die Längen der rot markierten Seiten. Runde sinnvoll.

a)
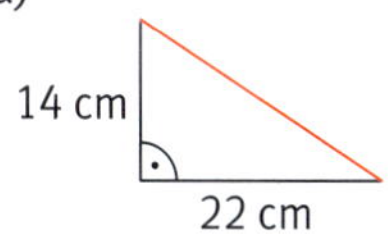

b)
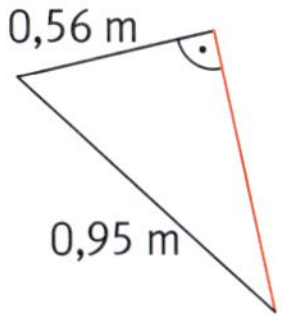

c)
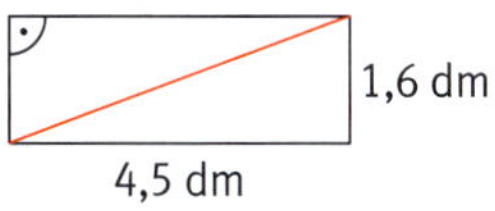

d)
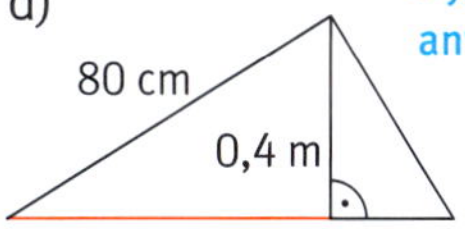

Der Satz des Pythagoras:
Bei rechtwinkligen Dreiecken ist die Summe der Flächeninhalte der Quadrate an den Katheten (hier: a und b) genauso groß wie der Flächeninhalt des Quadrats an der Hypotenuse (hier: c).
Es gilt kurz: $a^2 + b^2 = c^2$.

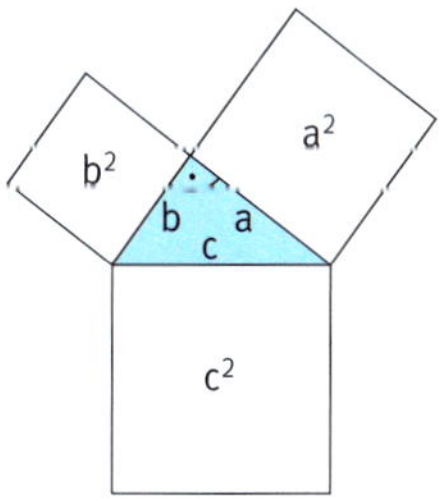

c = 17 cm; b = 8 cm
gesucht: Länge der Kathete a
$a^2 = c^2 - b^2 = 17^2 - 8^2 = 225 \quad \Rightarrow \quad a = \sqrt{225} = 15\ (cm)$

Pyramiden und Kegel kennenlernen

Kantenmodelle von Pyramiden

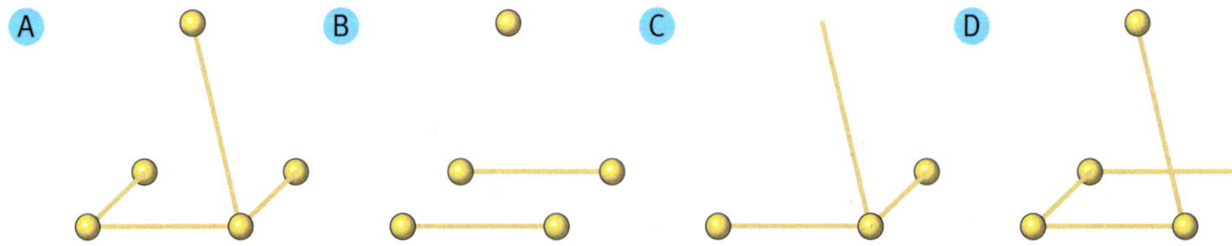

1 a) Wie viele Holzstäbe bzw. Kügelchen fehlen noch zum fertigen Kantenmodell einer Pyramide?
b) Baue selbst ein Kantenmodell mit Knetkugeln und Holzstäben.

Netze von Pyramiden und Kegeln

2 a) Zeichne die Pyramidennetze auf kariertes Papier, schneide sie aus und klebe sie mit Klebestreifen zusammen.
b) Vergleiche die Pyramiden. Wie viele gleich lange Seitenkanten zählst du jeweils?

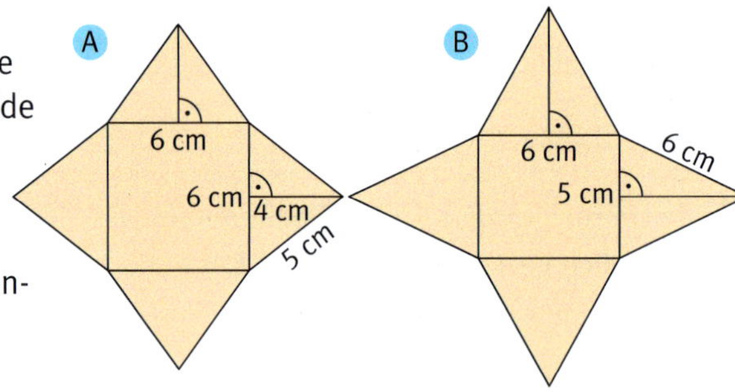

3 Stelle einen Kreis mit einem Radius von 10 cm her. Schneide ihn vom Rand bis zum Mittelpunkt geradlinig ein und schiebe ihn zu einem Kegelmantel übereinander.
a) Beschreibe den Zusammenhang zwischen der Höhe des Kegels und der Größe des Kegelmantels.
b) Beschreibe die Form eines Kegelmantels.
c) Was fehlt für ein vollständiges Netz eines Kegels?

4 Nenne zwei Gemeinsamkeiten und zwei Unterschiede zwischen einer Pyramide und einem Kegel.

Grundbegriffe bei Pyramiden und Kegeln

Eine **Pyramide** und ein **Kegel** bestehen aus einer Grundfläche und einer Spitze (Punkt S). Die Grundflächen einer quadratischen oder rechteckigen Pyramide haben die Form eines Quadrats bzw. Rechtecks, die Grundfläche eines Kegels ist ein Kreis. Die Mantelfläche der Pyramide besteht aus Dreiecken, die Mantelfläche des Kegels ist ein Kreisausschnitt.

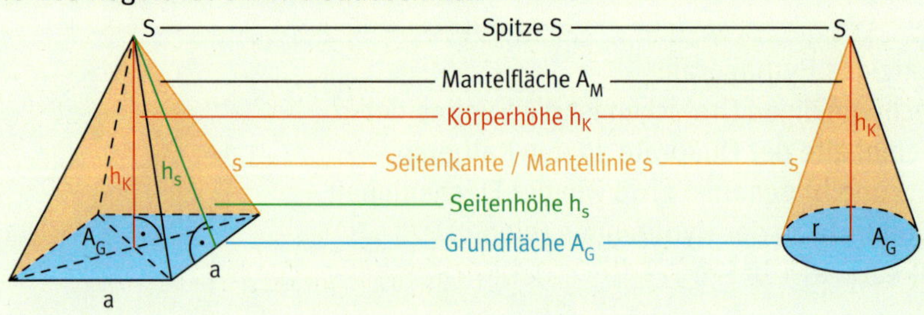

Bezeichnungen in einer rechteckigen Pyramide:

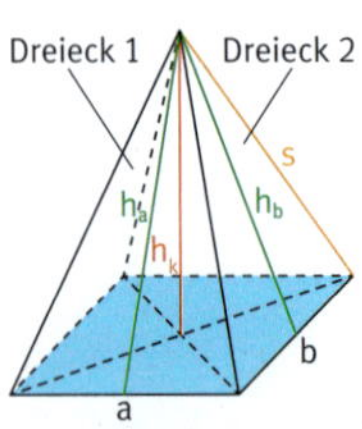

5 Skizziere die Darstellungen der Pyramide und des Kegels aus dem Merkkasten und übertrage die Beschriftungen.

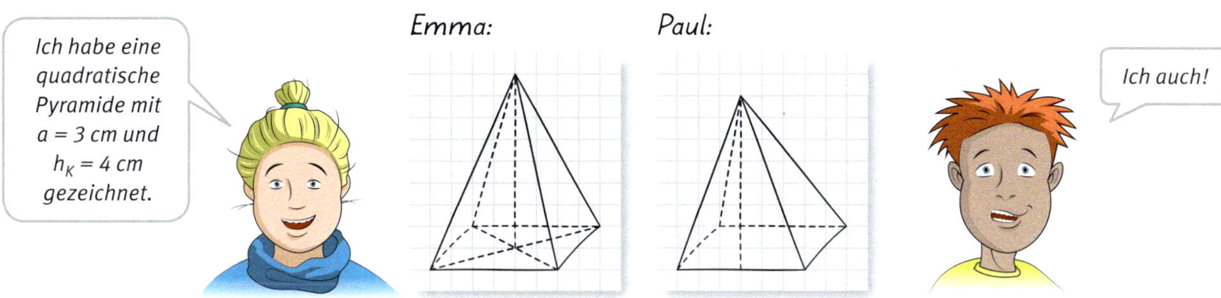

1 Wer hat richtig gezeichnet? Beschreibe den Fehler in der anderen Zeichnung.

Schrägbild einer Pyramide

Um eine Pyramide anschaulich darzustellen und einen räumlichen Eindruck zu erhalten, wird sie häufig als **Schrägbild** gezeichnet.

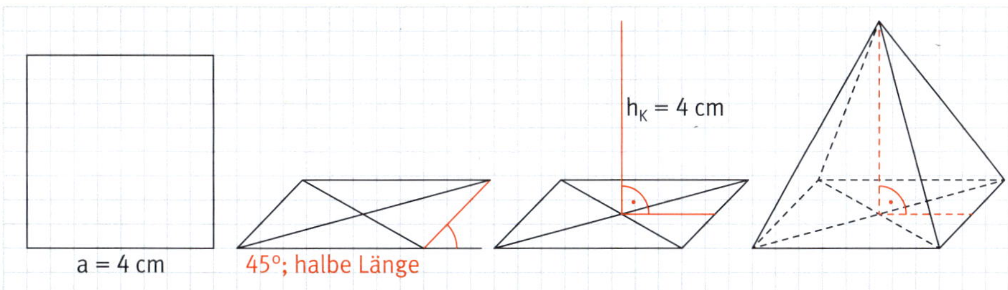

2 a) Übertrage das Schrägbild der Pyramide aus dem Merkkasten und ergänze in Sätzen das richtige Vorgehen.
b) Zeichne das Schrägbild einer rechteckigen Pyramide mit a = 4 cm, b = 3 cm und h_K = 4 cm.

3 a) Übertrage das Schrägbild des Kegels.

Schrägbild eines Kegels

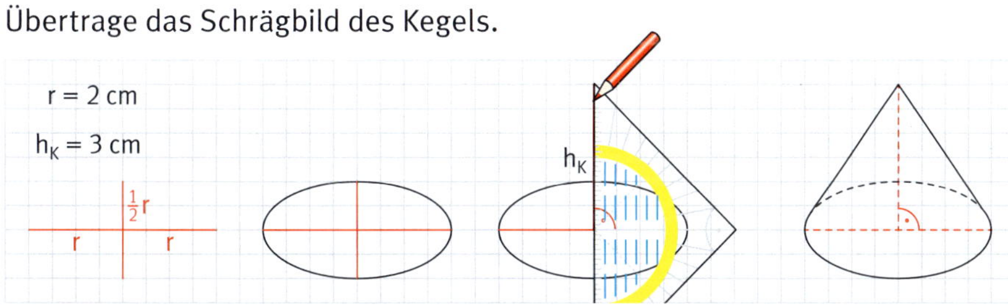

b) Beschreibe das Vorgehen mithilfe der Satzbausteine.

darstellen | zeichnen | errichten | verbinden
Ellipse | Durchmesser | Höhe | Mittelpunkt | Grundfläche
waagerecht und senkrecht | halber Durchmesser | linker und rechter Rand

4 Eine quadratische Pyramide und ein Kegel haben die gleiche Höhe h_K = 22 cm. Die Grundfläche der Pyramide ist 256 cm^2, die des Kegels 314 cm^2 groß. Wähle einen geeigneten Maßstab und zeichne jeweils ein Schrägbild.

Netze von Pyramiden zeichnen

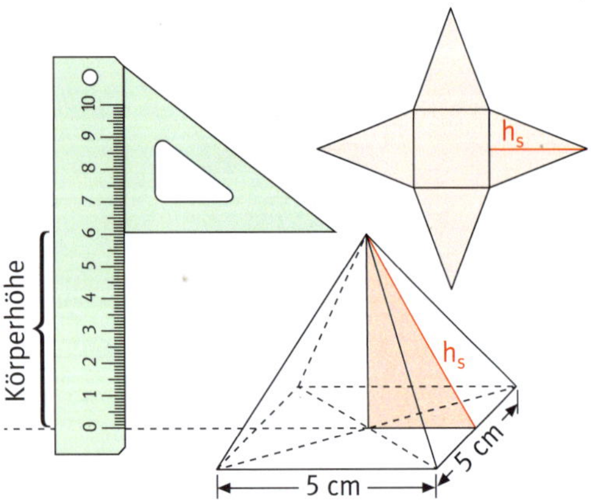

1 Paul soll das Netz dieser Pyramide zeichnen. Er weiß, dass es aus einem Quadrat als Grundfläche und vier gleich großen gleichschenkligen Dreiecken besteht.
Erkläre, was Emma mit ihrem Tipp meint.

Berechnen der Seitenhöhen einer Pyramide

Die **Seitenhöhen einer Pyramide** kann man bei gegebenen Seitenlängen der Grundfläche mithilfe des **Satz des Pythagoras** berechnen.

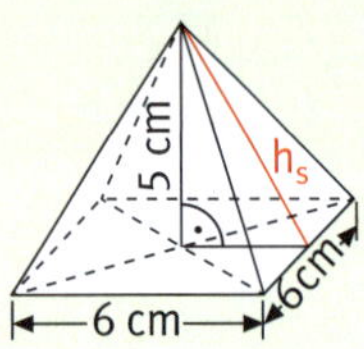

gegeben:	Rechnung:
halbe Seitenlänge: 3 cm	$h_S^2 = 3^2 + 5^2$
Körperhöhe: 5 cm	$h_S = \sqrt{34}$
gesucht:	$h_S \approx 5{,}831$ (cm)
Seitenhöhe h_S	Die Seitenhöhe h_S misst ca. 5,8 cm.

Der Satz des Pythagoras ist für Berechnungen an spitzen Körpern sehr wichtig. Fertige immer eine Planfigur an und zeichne darin die benötigten rechtwinkligen Dreiecke ein.

2 Berechne die Seitenhöhe h_s der Pyramide aus Aufgabe 1, entnimm notwendige Maße der Zeichnung und zeichne dann das Netz.

3 a) Zeichne das Netz dieser rechteckigen Pyramide. Färbe die Linien wie im Schrägbild.
b) Beschreibe den Unterschied zum Netz der quadratischen Pyramide.

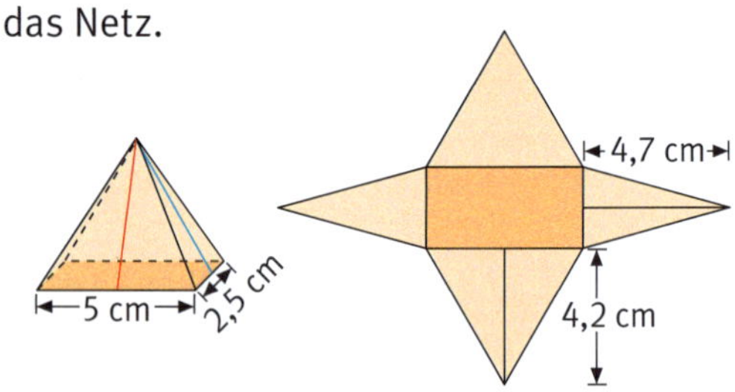

Freihandskizze als Planfigur

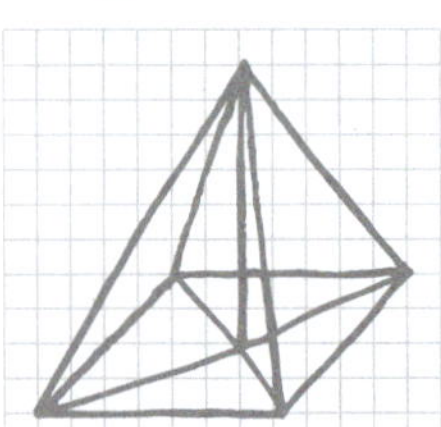

4 Zeichne das Netz einer Pyramide. Skizziere zunächst eine Planfigur und beschrifte sie. Berechne nun benötigte Seitenhöhen. Runde sinnvoll.
a) quadratische Grundfläche: $a = 3{,}5$ cm $\quad h_k = 3$ cm
b) rechteckige Grundfläche: $a = 4$ cm $\quad b = 2$ cm $\quad h_k = 2{,}5$ cm
c) quadratische Grundfläche: $a = 5$ cm $\quad s = 6{,}5$ cm
d) rechteckige Grundfläche: $a = 1{,}5$ cm $\quad b = 2{,}5$ cm $\quad s = 4{,}5$ cm

5 Zeichne das Netz dieser Pyramide in einem geeigneten Maßstab.

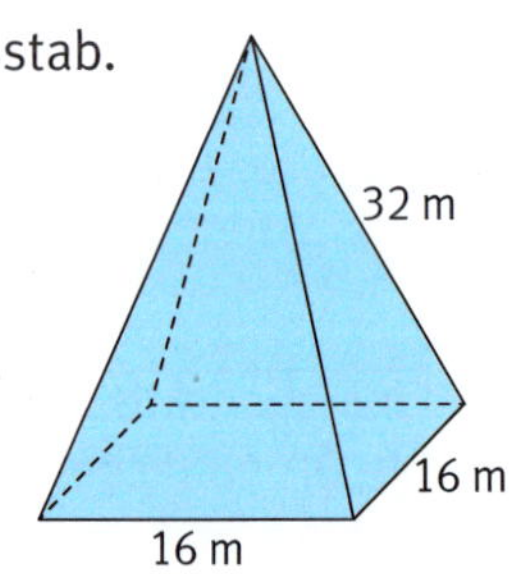

6 Erkläre die allgemeinen Formeln.
Fertige dazu eine beschriftete Skizze an.

$h_s = \sqrt{\left(\frac{a}{2}\right)^2 + h_k^2}$ $\qquad$ $h_s = \sqrt{s^2 - \left(\frac{a}{2}\right)^2}$

Netze von Kegeln zeichnen

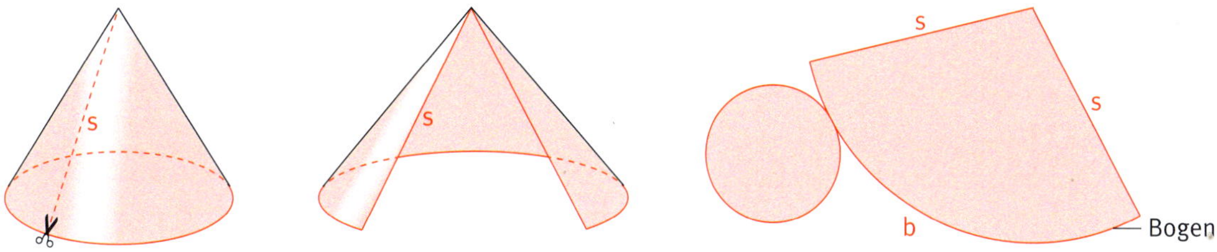

1 Schneidet man einen Kegel längs seiner Mantellinie s auf, so entsteht als Mantelfläche ein Kreisausschnitt. Welche Länge am Kreis der Grundfläche entspricht der Länge des Bogens b?

2 Paul soll das Netz eines Kegels zeichnen. Der Durchmesser der Grundfläche beträgt d = 4 cm und die Körperhöhe h_k = 4,5 cm. Auch dieses Mal hat Emma einen Tipp für ihn. Erkläre.

Berechnen der Mantellinie s eines Kegels

Die **Mantellinie s eines Kegels** kann man bei gegebenem Radius der Grundfläche mit dem **Satz des Pythagoras** berechnen.

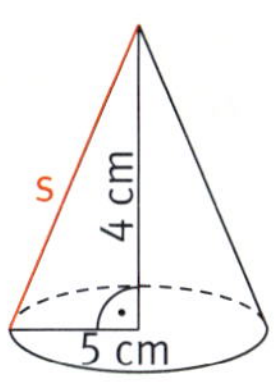

gegeben:	Rechnung:
Radius: 5 cm	$s^2 = 5^2 + 4^2$
Körperhöhe: 4 cm	$s = \sqrt{41}$
gesucht:	$s \approx 6{,}403$ (cm)
Mantellinie s	Die Mantellinie s misst ca. 6,4 cm.

3 Berechne die Länge der Mantellinie s des Kegels aus Aufgabe 2. Zeichne dann das Netz. Der Winkel im Kreisausschnitt beträgt circa 147 Grad. Benutze für den Kreisbogen einen Zirkel.

Freihandskizze als Planfigur

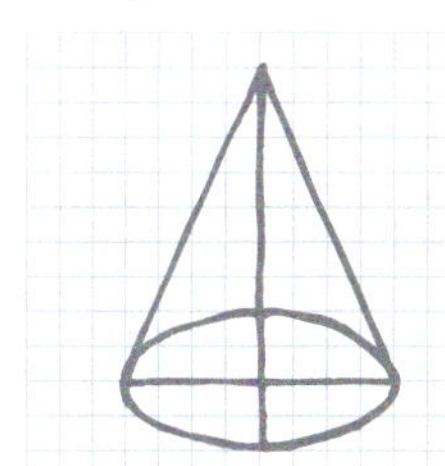

4 Zeichne das Kegelnetz. Berechne zunächst fehlende Längen. Runde sinnvoll.

a) r = 3,5 cm h_k = 8 cm $\alpha = 145°$
b) d = 60 mm h_k = 60 mm $\alpha = 161°$
c) b = 18 cm h_k = 6 cm $\alpha = 156°$
d) b = 6,6 cm h_k = 60 mm $\alpha = 65°$

5 Zeichne das Netz dieses Kegels in einem geeigneten Maßstab. Den Winkel am Kreisausschnitt kann man mit der Formel $\alpha = \frac{r}{s} \cdot 360°$ berechnen.

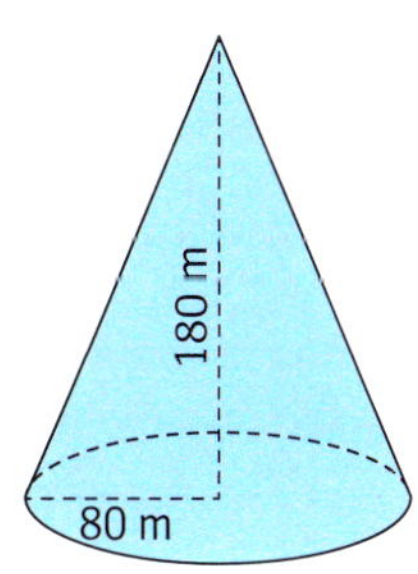

6 Erkläre die allgemeinen Formeln. Fertige dazu eine beschriftete Skizze an.

$s = \sqrt{r^2 + h_k^2}$

$r = \sqrt{s^2 - h_k^2}$

Volumen von Pyramiden berechnen

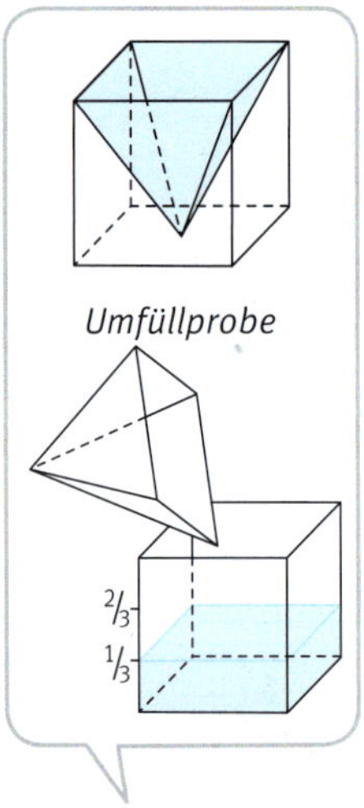

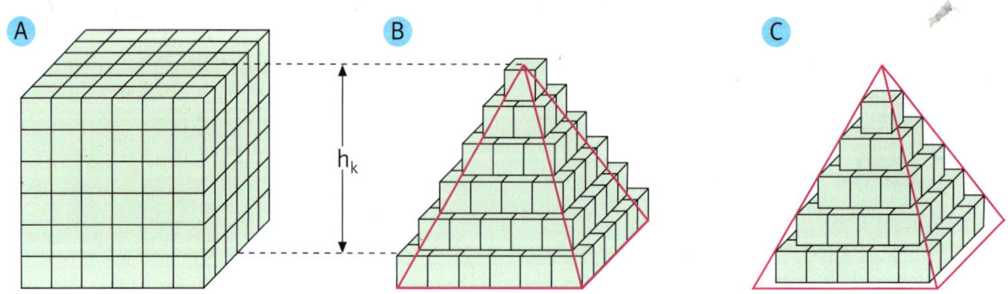

1 a) Gib das Volumen des Würfels A und der Stufenpyramiden B und C an, wenn die kleinen Würfel eine Kantenlänge von 1 cm haben.
b) Wie groß ist ungefähr das Volumen der roten Pyramide?
c) Die jeweils rot eingezeichnete Pyramide hat die gleiche Grundfläche und die gleiche Höhe wie der Würfel A. Welchen Teil des Würfelvolumens A nimmt in etwa das Volumen der roten Pyramide ein?
d) Die Annahme aus c) kann experimentell bestätigt werden. Probiere es selbst mit entsprechenden Hohlkörpern. Beschreibe das Vorgehen und das Ergebnis.

Volumen einer Pyramide

Das **Volumen einer Pyramide** ist abhängig vom Flächeninhalt ihrer Grundfläche A_G und der Länge der Körperhöhe h_k. Es beträgt ein Drittel des Volumens eines Quaders mit gleich großer Grundfläche und gleich großer Höhe.

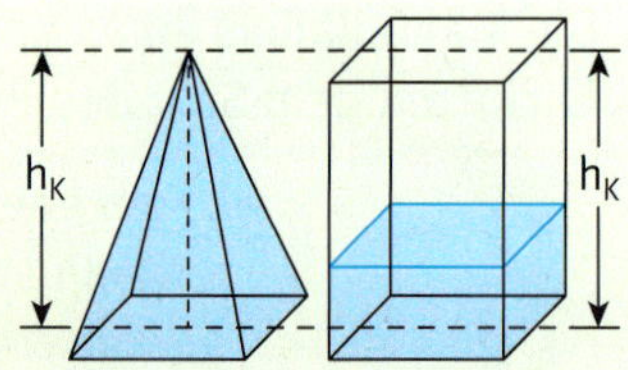

$V = \frac{A_G \cdot h_K}{3} = \frac{1}{3} \cdot A_G \cdot h_K$

Für eine quadratische Pyramide mit $a = 4$ cm und $h_K = 6$ cm gilt:
$V = \frac{1}{3} \cdot 4 \cdot 4 \cdot 6 = 32\ (\text{cm}^3)$

Für eine rechteckige Pyramide mit $a = 3$ cm, $b = 7$ cm und $h_K = 6{,}5$ cm gilt:
$V = \frac{1}{3} \cdot 3 \cdot 7 \cdot 6{,}5 = 45{,}5\ (\text{cm}^3)$

2 Berechne das genaue Volumen der roten Pyramide aus Aufgabe 1.

3 Berechne das Volumen der Pyramiden. Runde sinnvoll.
a) $a = 4$ cm; $h_K = 5$ cm b) $a = 7{,}8$ dm; $h_K = 6{,}3$ dm c) $a = 0{,}5$ m; $h_K = 15$ dm
d) $a = 4{,}5$ m; $b = 8{,}2$ m; $h_K = 14$ m e) $a = 6{,}2$ cm; $b = 41$ mm; $h_K = 1{,}5$ dm

4 Berechne die fehlenden Angaben für eine quadratische Pyramide.

	a)	b)	c)	d)	e)	f)
a	9 cm	2,1 dm	130 mm	■	■	■
A_G	■	■	■	225 cm²	■	■
h_k	50 cm	45 cm	2,1 dm	■	3,6 m	120 dm
V_P	■	■	■	9900 cm³	3,072 m³	207,36 m³

5 Wie ändert sich das Volumen der Pyramide?
a) Die Grundfläche bleibt gleich, die Körperhöhe wird verdoppelt (verdreifacht).
b) Die Körperhöhe bleibt gleich, die Grundfläche wird halbiert (gedrittelt).

Volumen von Pyramiden berechnen

1 Diese Verpackung wurde für Marzipanpralinen entworfen.
a) Berechne das Volumen der Verpackung.
b) Auch eine Praline hat annähernd die Form einer quadratischen Pyramide. Sie hat eine Kantenlänge von 2,5 cm und eine Höhe von 1,8 cm. Wie viele Pralinen werden ungefähr in die Schachtel passen? 20 % der Schachtel werden aus technischen Gründen nicht gefüllt.

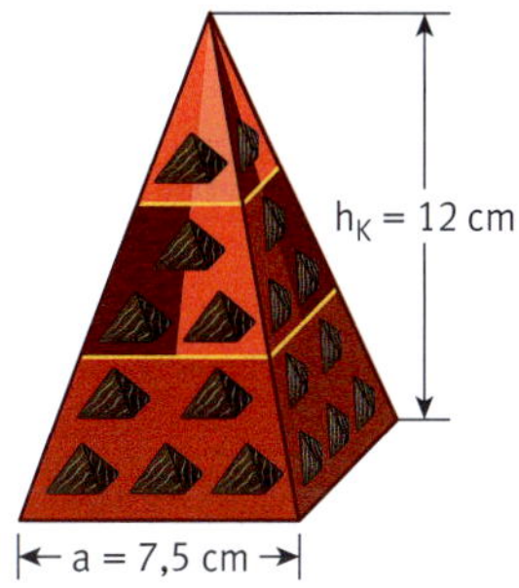

2 Im Schwimmbad sollen neue Umkleidekabinen gebaut werden.
a) Beschreibe die Form der Kabine.
b) Die gesamte Höhe der Umkleidekabine beträgt 3,20 m. Wie viel Raum nimmt die gesamte Kabine ein?

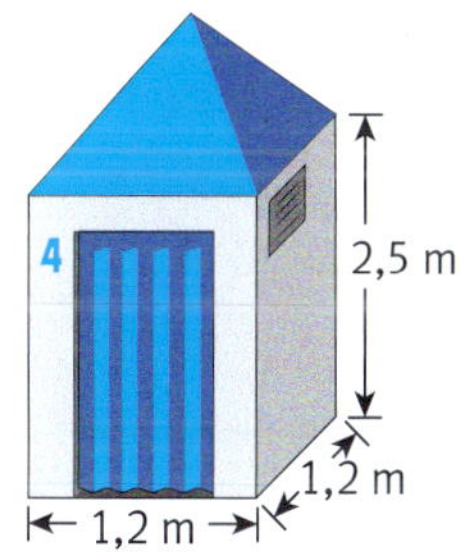

3 Das ist eine ungewöhnliche Verpackung für Parfüm.
a) Berechne, wie viel ml Parfüm in der Verpackung tatsächlich enthalten ist. Der Verschluss ist 6,5 cm hoch.
b) Wie viel Prozent ist das vom Gesamtvolumen der Verpackung?
c) Es sollen 200 ml Parfüm hineinpassen. Reicht es, dazu die Länge der Grundseiten a und b jeweils um einen Zentimeter zu verlängern? Der Anteil der Parfümmenge am Gesamtvolumen soll gleich bleiben.

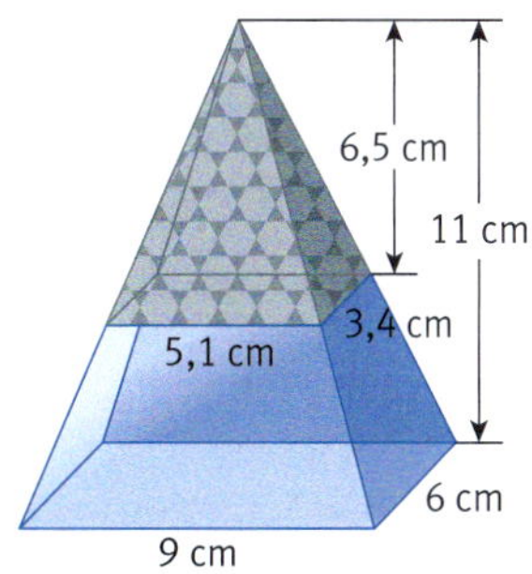

4 Die Pyramiden von Gizeh galten im Altertum als eines der sieben Weltwunder. Die größte von ihnen ist die quadratische Cheops-Pyramide. Zu ihrer Erbauung hatte sie eine Grundseitenlänge von 233 m und eine Seitenhöhe von 188 m. 2 300 000 Steinblöcke mit einem Durchschnittsgewicht von 2,5 t wurden verbaut.

a) Fertige eine Planfigur an und berechne mithilfe des Satz des Pythagoras die Höhe der Pyramide zum Zeitpunkt ihrer Erbauung.
b) Berechne nun das Volumen der Pyramide.
c) Wie schwer war die Pyramide, die aus Kalksteinen mit einer Dichte von 2,6 $\frac{g}{cm^3}$ erbaut wurde, ursprünglich?

5 Die Mykerinos-Pyramide ist die kleinste der drei größeren Pyramiden auf dem Foto. Es wird behauptet, dass sie zehnmal in die Cheops-Pyramide passt. Von der kleinen Pyramide weiß man, dass ihre Grundfläche zum Zeitpunkt der Erbauung 102 m lang und 105 m breit war. Die Seitenkante s war circa 98 m lang.
a) Zeichne eine Planfigur und markiere die bekannten Seiten.
b) Berechne das Volumen der Pyramide zum Zeitpunkt der Erbauung und überprüfe damit die Behauptung. Gehe in drei Schritten vor.
1 Berechne die Länge der Diagonalen der Grundfläche.
2 Berechne mithilfe der Diagonalen die Körperhöhe h_K.
3 Berechne das Volumen.

Oberflächeninhalt von Pyramiden berechnen

A

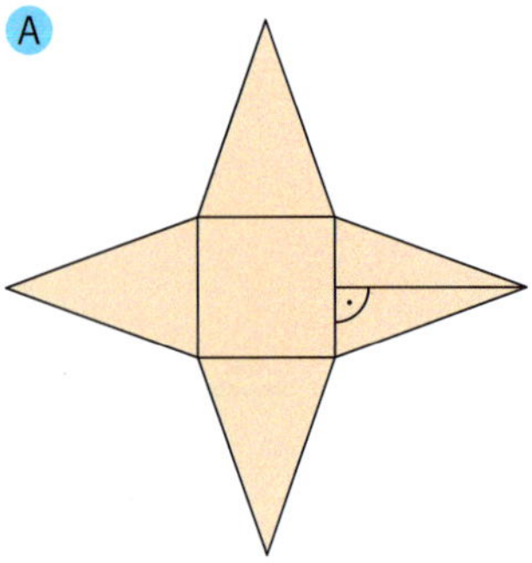

B

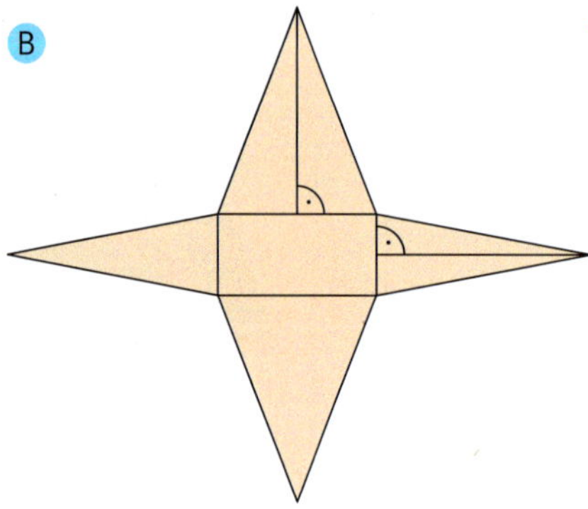

1 a) Zeichne die Netze

(A) einer quadratischen Pyramide mit: $a = 2{,}5$ cm; $h_s = 3{,}5$ cm

(B) einer rechteckigen Pyramide mit: $a = 4$ cm; $b = 2$ cm; $h_a = 5{,}1$ cm; $h_b = 5{,}4$ cm

b) Färbe gleich große Flächen mit gleicher Farbe und berechne vorteilhaft die jeweilige Netzfläche.

Oberflächeninhalt einer Pyramide

Alle Flächen, die eine Pyramide begrenzen, bilden zusammen ihre Oberfläche. Sie besteht aus einem Quadrat oder Rechteck als Grundfläche und vier gleichschenkligen Dreiecken als Mantelfläche. Mindestens zwei Dreiecke sind kongruent.

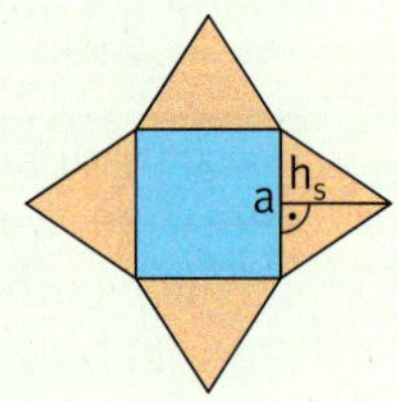

Für den **Oberflächeninhalt einer Pyramide** gilt allgemein: $A_O = A_G + A_M$

Für eine quadratische Pyramide gilt:
$A_O = a^2 + 4 \cdot \frac{1}{2} a \cdot h_s$

$a = 5$ cm; $h_s = 6$ cm
$A_O = 5^2 + 4 \cdot \frac{1}{2} \cdot 5 \cdot 6$
$A_O = 25 + 60 = 85\ (\text{cm}^2)$

Für eine rechteckige Pyramide gilt:
$A_O = a \cdot b + 2 \cdot \frac{1}{2} a \cdot h_a + 2 \cdot \frac{1}{2} b \cdot h_b$

$a = 6$ cm; $b = 8$ cm; $h_a = 4$ cm; $h_b = 3$ cm
$A_O = 6 \cdot 8 + 2 \cdot \frac{1}{2} \cdot 6 \cdot 4 + 2 \cdot \frac{1}{2} \cdot 8 \cdot 3$
$A_O = 48 + 24 + 24 = 96\ (\text{cm}^2)$

2 Berechne den Oberflächeninhalt der beiden Pyramiden aus Aufgabe 1 mit den Formeln aus dem Merkkasten.

3 Berechne den Oberflächeninhalt der Pyramiden. Runde sinnvoll.

a) $a = 13$ cm; $h_s = 17$ cm
b) $a = 5{,}7$ dm; $h_s = 9{,}1$ dm
c) $a = 14{,}6$ cm; $h_s = 2{,}5$ dm
d) $a = 8$ cm; $b = 7$ cm; $h_a = 9{,}2$ cm; $h_b = 9{,}4$ cm
e) $a = 0{,}5$ dm; $b = 4{,}2$ cm; $h_a = 44$ mm; $h_b = 46$ mm

4 Berechne die fehlenden Angaben für eine quadratische Pyramide.

	a)	b)	c)	d)	e)	f)
a	■	13 mm	■	■	■	17 dm
h_s	6 cm	■	8,5 dm	■	■	■
A_G	25 cm²	■	■	■	361 cm²	■
A_M	■	312 mm²	136 dm²	600 m²	■	■
A_O	■	■	■	825 m²	7,03 dm²	6,29 m²

5 Richtig oder falsch? Begründe deine Entscheidung.

a) Die Seitenflächen einer quadratischen Pyramide sind gleichseitige Dreiecke.
b) Für die Mantelfläche einer quadratischen Pyramide gilt $A_M = 2 \cdot a \cdot h_s$.
Für die Mantelfläche einer rechteckigen Pyramide gilt $A_M = a \cdot h_a + b \cdot h_b$.

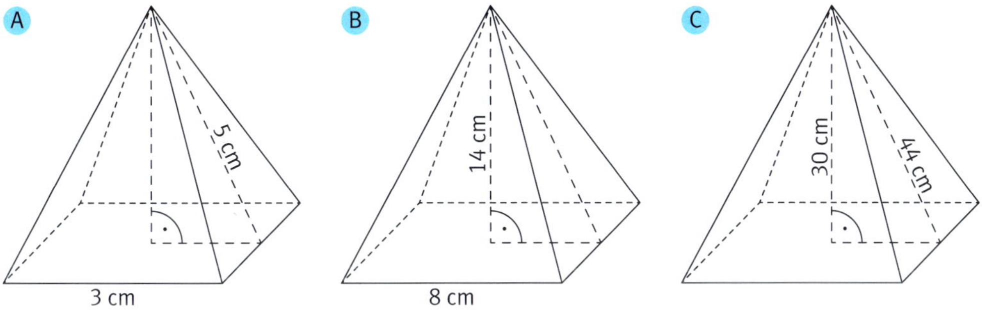

1 a) Elvisa will den Oberflächeninhalt der drei quadratischen Pyramiden berechnen. Bei der ersten Pyramide fällt ihr das leicht, wo liegt die Schwierigkeit bei den anderen beiden? Emmas Tipp von S. 116 hilft Elvisa weiter. Erkläre.
b) Berechne nun den Oberflächeninhalt der drei Pyramiden.

2 Berechne die Fläche der benötigten Zeltplane für Boden und Seitenflächen. Das Zelt ist 2 m hoch.

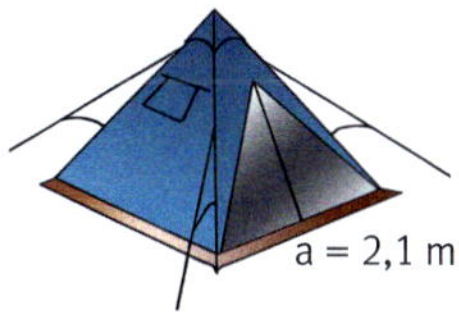

3 Die quadratische Glaspyramide des Louvre in Paris ist 35,42 m breit und 21,65 m hoch.
a) Berechne die Größe der Fläche, die die Fensterputzer regelmäßig zu säubern haben.
b) Berechne die Kosten für die Säuberung, wenn der Stundensatz für die Fensterputzer bei 79 € liegt und die Zeitvorgabe für 10 m^2 5 Minuten beträgt.

TRIMM-DICH-ZWISCHENRUNDE

1 Die Abbildungen zeigen Grundflächen von zwei Pyramiden. Die Körperhöhe h_K beträgt jeweils 5 cm.
a) Zeichne die Schrägbilder der Pyramiden.
b) Berechne die Seitenhöhen der Seitendreiecke mithilfe des Satz des Pythagoras und zeichne dann die Netze.

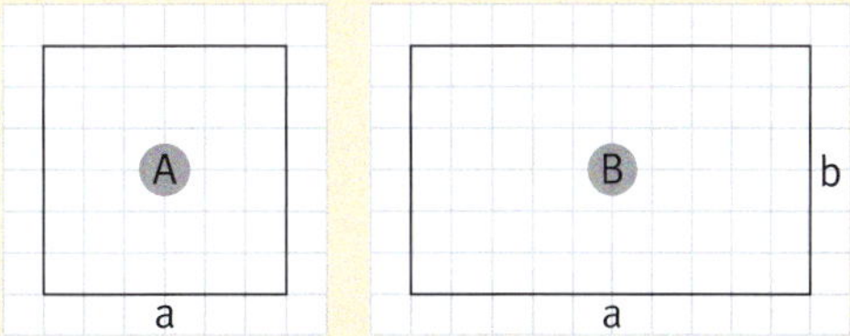

2 Berechne das Volumen und den Oberflächeninhalt der Pyramide. Verwende den Satz des Pythagoras, um fehlende Seitenlängen zu berechnen.

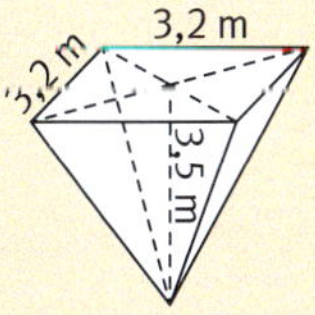

3 Berechne das Volumen und den Materialbedarf dieser Verpackung für Tee. Die Höhe der Verpackung beträgt 5,4 cm.

Volumen von Kegeln berechnen

1 Emma will herausfinden, wie man das Volumen eines Kegels bestimmen kann.

a) Vergleiche die Grundflächen und die Höhen des Kegels und des Zylinders.

b) Schätze zunächst, wie viel Mal größer das Volumen des Zylinders ist.

c) Überlege, wie man die Vermutung aus b) experimentell bestätigen könnte und probiere es aus.

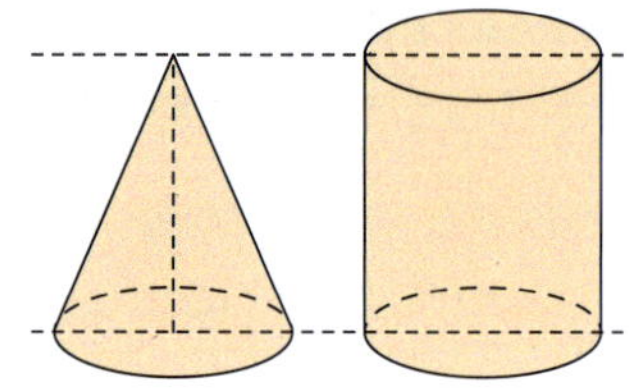

Volumen eines Kegels

Das **Volumen eines Kegels** ist abhängig vom Flächeninhalt seiner Grundfläche A_G und der Länge der Körperhöhe h_K. Es beträgt ein Drittel des Volumens eines Zylinders mit gleich großer Grundfläche und gleich großer Höhe.

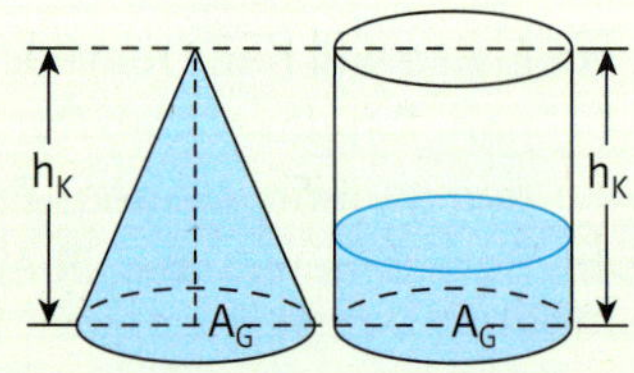

$V = \frac{A_G \cdot h_K}{3} = \frac{1}{3} \cdot A_G \cdot h_K$

$V = \frac{1}{3} \cdot \pi \cdot r^2 \cdot h_K$

$r = 12{,}4$ cm; $h_K = 9{,}2$ cm

$V = \frac{1}{3} \cdot \pi \cdot 12{,}4^2 \cdot 9{,}2 \approx 1\,481{,}36\ (\text{cm}^3)$

2 Berechne das Volumen des Kegels aus Aufgabe 1. Der Radius der Grundfläche beträgt $r = 6{,}9$ cm, die Körperhöhe $h_K = 15$ cm.

3 Berechne das Volumen der Kegel. Runde sinnvoll.

a)

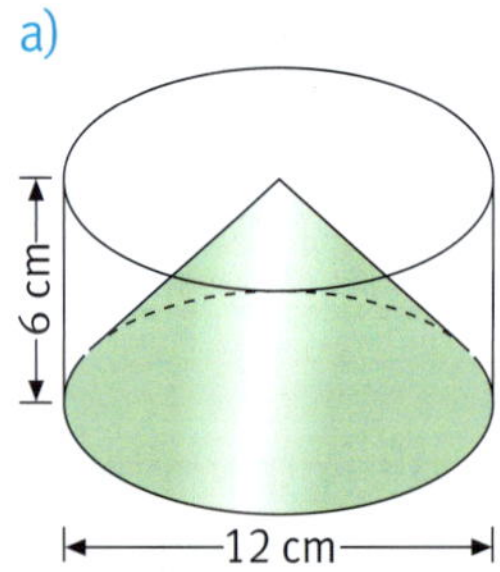

b)

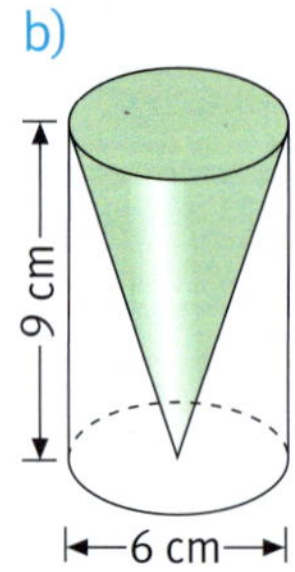

c)

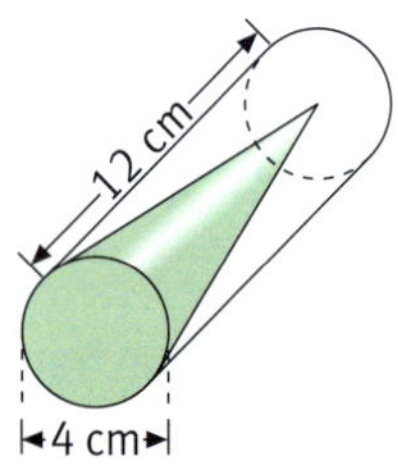

d)

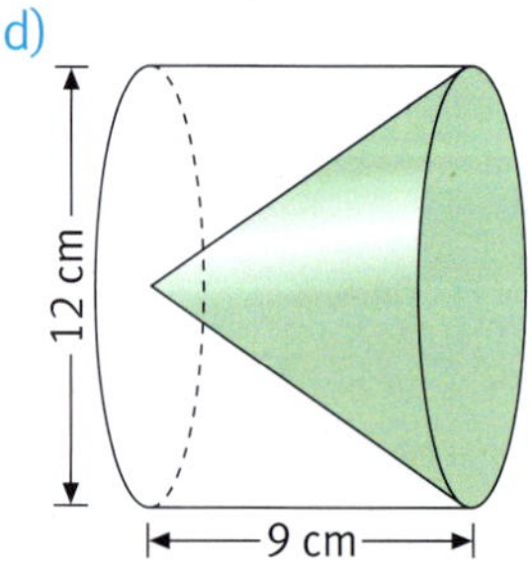

4 Berechne die fehlenden Angaben.

	a)	b)	c)	d)	e)	f)
d	12 m	■	6 dm	■	2 dm	■
r	■	3,5 dm	■	■	■	300 mm
A_G	■	■	■	706,9 cm²	■	■
h_K	18 m	88 cm	1 100 mm	■	■	■
V	■	■	■	706,9 cm³	628 cm³	8 478 cm³

5 Wie ändert sich das Volumen des Kegels?

a) Die Körperhöhe bleibt gleich, der Radius wird halbiert (geviertelt).

b) Die Grundfläche bleibt gleich, die Höhe verdoppelt (verdreifacht) sich.

1 An Wasserspendern in Kaufhäusern oder Apotheken findet man oftmals einfache kegelförmige Kunststoffbecher. Schätze zunächst, wie viele ml Wasser in den Becher passen und überprüfe deine Schätzung rechnerisch.

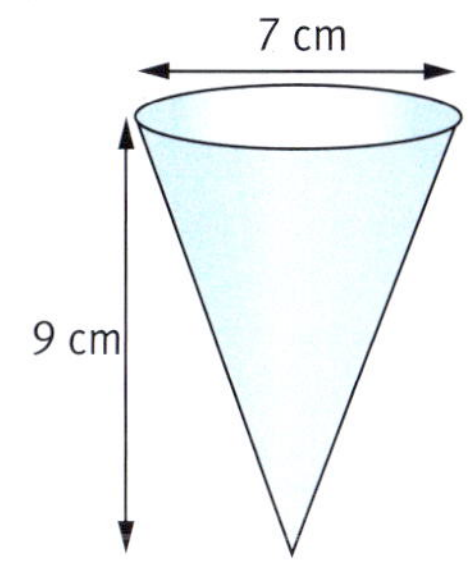

2 Beim Aufschütten von Sand oder Erde entstehen kegelförmige Haufen. Der abgebildete Haufen ist 1,6 m hoch, der Durchmesser der Grundfläche beträgt 2,4 m. Für die Neubepflanzung im Park stehen $2\frac{1}{2}$ m^3 Erde zur Verfügung. Reicht die Menge?

3 Auf der Baustelle vermisst Ersin einen kegelförmigen Sandhaufen. Die Grundfläche hat einen Umfang von 5,65 m, die Höhe beträgt 1,5 m. Er soll seinem Vorarbeiter mitteilen, wie viele Kubikmeter Sand noch da sind. Berechne.

4 Im Schwimmbad hat sich die Mehrheit der Badegäste bei einer Umfrage für diese Umkleidekabinen entschieden.
a) Beschreibe die Form der Kabine.
b) Die gesamte Höhe der Umkleidekabine beträgt 3,20 m. Wie viel Raum nimmt die gesamte Kabine ein?
Haben die Badegäste nun tatsächlich mehr Platz als in der Kabine von Seite 119, Aufgabe 2?

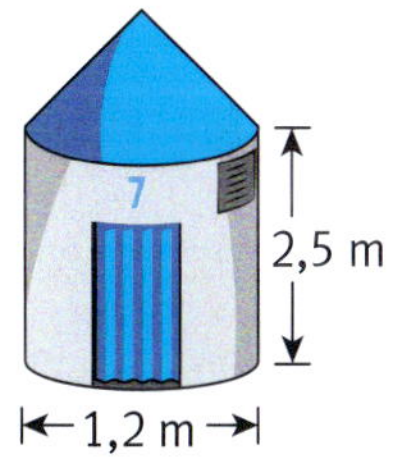

5 Nachdem die Kerze links mehrere Male gebrannt hat, ist sie mittlerweile nur noch 6 cm hoch. Der obere Durchmesser der abgebrannten Kerze beträgt 4 cm.
a) Schätze, wie viel Prozent der Kerze bereits verbrannt sind.
b) Berechne das Volumen des verbrannten Kerzenteils und des Kerzenrests. Vergleiche mit deiner Schätzung.

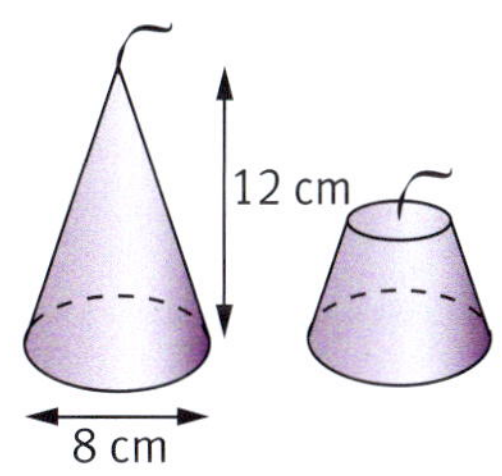

6 Das Kegeldach der Rundkirche auf Bornholm von der Auftaktseite hat einen Durchmesser von d = 6,5 m und eine Mantellinie von s = 6,25 m.
a) Fertige eine Planfigur an und berechne mithilfe des Satz des Pythagoras die Höhe des Daches.
b) Berechne den überdachten Raum.

7 In einem Restaurant wird der Aperitif in kegelförmigen Gläsern angeboten (Abbildung nicht maßstabsgetreu).
a) Berechne das Volumen eines Cocktailglases.
b) Der Wirt lässt jeweils 1,5 cm unter dem Rand frei. Das Glas hat in dieser Höhe einen Durchmesser von 8,1 cm. Berechne, wie viel Flüssigkeit ein Gast bei seiner Bestellung bekommt.
c) Der Wirt schenkt seinen Aperitif aus einer 0,75-l-Flasche aus. Wie viele Gläser kann er mit einer Flasche füllen?

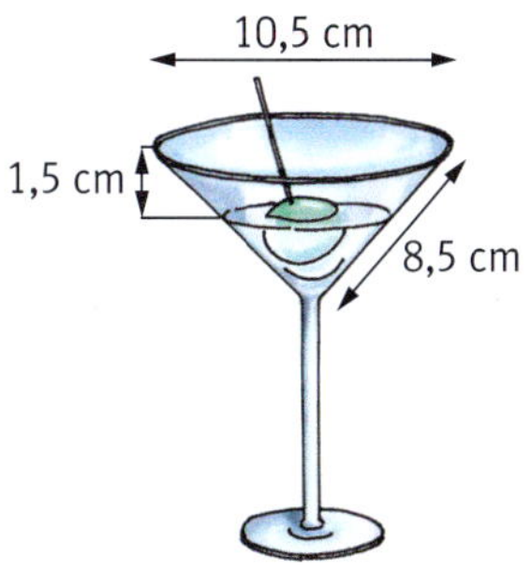

Oberflächeninhalt von Kegeln berechnen

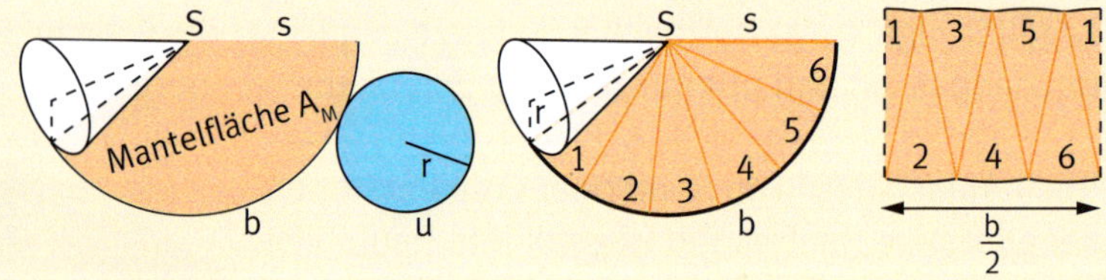

$A_M = \frac{b \cdot s}{2} = \frac{u \cdot s}{2} = \frac{\not{2} \cdot r \cdot \pi \cdot s}{\not{2}}$

1 a) Erkläre Pauls Überlegungen und Umformungen.
b) Berechne nun den Mantelflächeninhalt der Eistüte, wenn ihre Mantellinie $s = 15$ cm und der Radius der Grundfläche $r = 3{,}5$ cm lang ist.
c) Bestimme die Größe der gesamten Eisverpackung.

Oberflächeninhalt eines Kegels

Alle Flächen, die einen Kegel begrenzen, bilden zusammen seine Oberfläche. Sie besteht aus einem Kreis als Grundfläche und einem Kreisausschnitt als Mantelfläche.

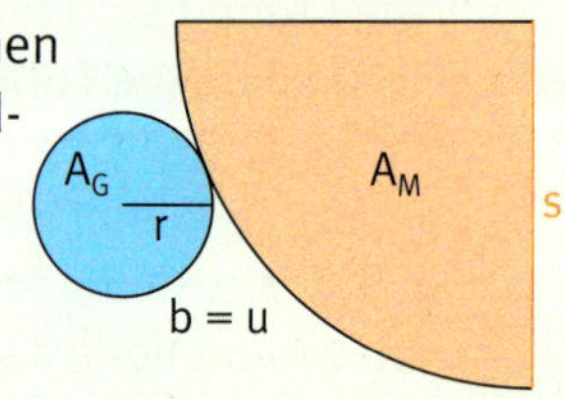

Für den **Oberflächeninhalt eines Kegels** gilt allgemein:
$A_O = A_G + A_M$

$A_O = \pi \cdot r^2 + \pi \cdot r \cdot s$
$A_O = \pi \cdot r \cdot (r + s)$

$r = 5{,}5$ mm; $s = 13$ mm
$A_O = \pi \cdot 5{,}5 \cdot (5{,}5 + 13) \approx 319{,}66$ (mm²)

2 Berechne den Oberflächeninhalt der Kegel. Runde sinnvoll.

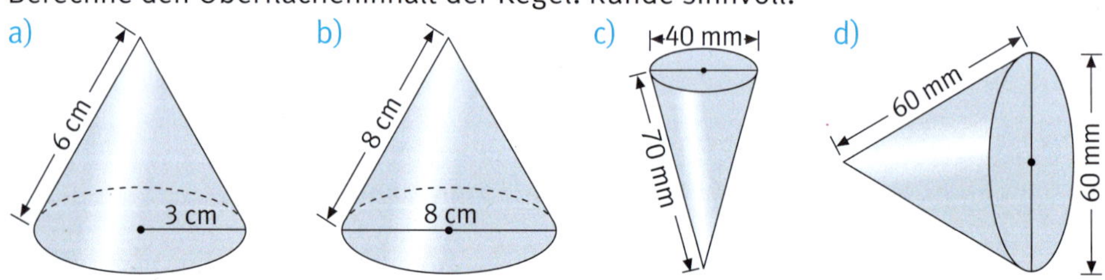

3 Übertrage die Tabelle und berechne die fehlenden Angaben. Runde sinnvoll.

	a)	b)	c)	d)	e)	f)
r	■	10 cm	■	■	■	■
s	4,5 m	■	■	26,3 dm	■	1 000 cm
A_G	38,5 m²	■	255 cm²	■	227 dm²	■
A_M	■	471 cm²	325,15 cm²	661 dm²	■	235,62 m²
A_O	■	■	■	■	4,8 m²	■

4 Richtig oder falsch? Begründe.
a) Verdoppelt man den Radius, verdoppelt sich auch der Oberflächeninhalt.
b) Die Mantelfläche eines Kegels kann genauso groß wie die Grundfläche sein.

Oberflächeninhalt von Kegeln berechnen

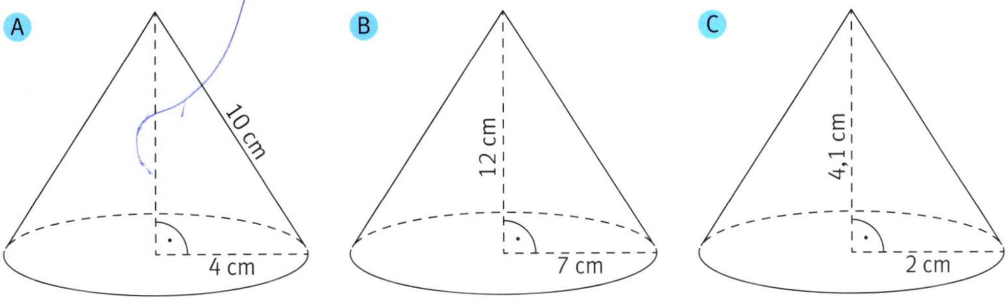

1 Elvisa will den Oberflächeninhalt der drei Kegel berechnen. Sie weiß inzwischen, dass sie die fehlende Länge mithilfe des Satz des Pythagoras berechnen kann. Berechne den Oberflächeninhalt der drei Kegel.

2 Tarek vermisst auf der Baustelle einen Sandhaufen. Er hat die Maße d = 1,60 m und h_K = 4,20 m herausbekommen. Es soll eine Plane bestellt werden, um den Sandhaufen abzudecken. Wie groß muss diese mindestens sein?

3 Das kegelförmige Dach eines Kirchturms muss neu gedeckt werden.

a) Berechne die Größe der Dachfläche, wenn der Kirchturm einen Durchmesser von 6 m hat und die Höhe des Dachs 9 m beträgt.
b) Damit das Dach regendicht ist, braucht man eine Doppeldeckung. Berechne die Größe der Fläche, für die Deckmaterial benötigt wird. Rechne 30 % Verschnitt dazu.
c) Die Dachdeckerfirma berechnet pro Quadratmeter 149 € zuzüglich 19 % Mehrwertsteuer. Welche Kosten entstehen?

TRIMM-DICH-ZWISCHENRUNDE

1 Zeichne das Schrägbild eines Kegels mit den Maßen r = 4 cm und h_k = 5 cm.

2 a) Berechne die Länge der Mantellinie s des nebenstehenden Kegels.
b) Zeichne das Netz des Kegels. Der Winkel im Kreisausschnitt beträgt 148 Grad.
c) Berechne den Oberflächeninhalt des Kegels.

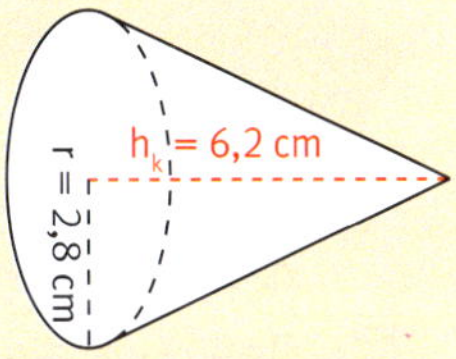

3 Auf einer Baustelle wird der Sand in einem kegelförmigen Behälter aufbewahrt.
a) Berechne das Fassungsvermögen des Behälters.
b) Der Behälter soll außen mit einem Schutzanstrich versehen werden. Berechne die Größe der Fläche, die gestrichen werden muss.

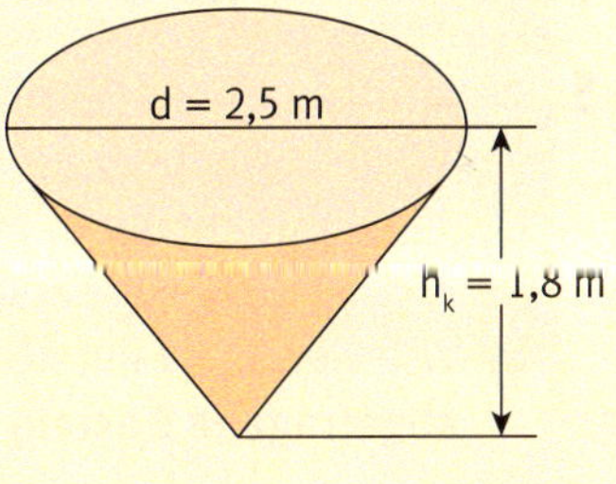

Berechnungen an Pyramiden und Kegeln wiederholen

Pyramiden und Kegel

Pyramiden und Kegel untersuchen S. 114

Schrägbilder von Pyramiden und Kegeln zeichnen S. 115

Quadratische (rechteckige) Pyramiden bzw. Kegel sind Spitzkörper. Die Grundflächen haben die Form eines Quadrats (Rechtecks) bzw. eines Kreises. Die Mantelfläche besteht aus Dreiecken bzw. einem Kreisausschnitt. Für einen räumlichen Eindruck zeichnet man Pyramiden und Kegel als Schrägbilder.

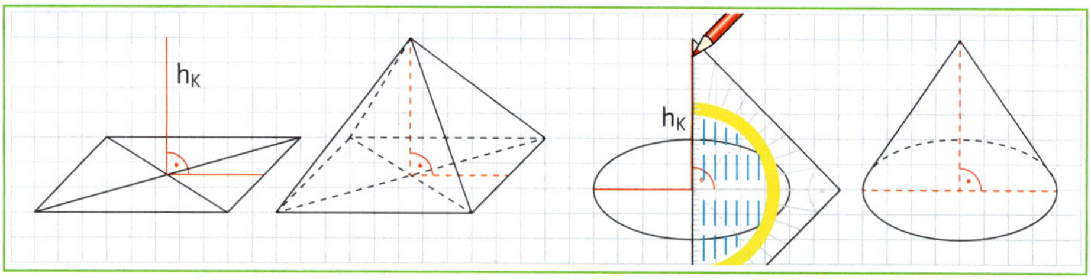

Netze, Oberflächeninhalt und Volumen von Pyramiden und Kegeln

Netze von Pyramiden und Kegeln zeichnen S. 116 f.

Volumen von Pyramiden und Kegeln berechnen S. 118, S. 122

Oberflächeninhalt von Pyramiden und Kegeln berechnen S. 120, S. 124

Der Oberflächeninhalt von Pyramiden und Kegeln ist die Summe der Flächeninhalte der Netzflächen.
Das Volumen ist abhängig vom Flächeninhalt der Grundfläche A_G und der Länge der Körperhöhe h_k.

quadratische und rechteckige Pyramide		Kegel
$A_G = a^2$ $A_M = 2 \cdot a \cdot h_s$ $A_O = A_G + A_M$ $= a^2 + 2 \cdot a \cdot h_s$ $V = \frac{1}{3} \cdot A_G \cdot h_k$ $= \frac{1}{3} \cdot a^2 \cdot h_k$	$A_G = a \cdot b$ $A_M = a \cdot h_a + b \cdot h_b$ $A_O = A_G + A_M$ $= a \cdot b + a \cdot h_a + b \cdot h_b$ $V = \frac{1}{3} \cdot A_G \cdot h_k$ $= \frac{1}{3} \cdot a \cdot b \cdot h_k$	$A_G = \pi \cdot r^2$ $A_M = \pi \cdot r \cdot s$ $A_O = A_G + A_M$ $= \pi \cdot r^2 + \pi \cdot r \cdot s$ $V = \frac{1}{3} \cdot A_G \cdot h_k$ $= \frac{1}{3} \cdot \pi \cdot r^2 \cdot h_k$

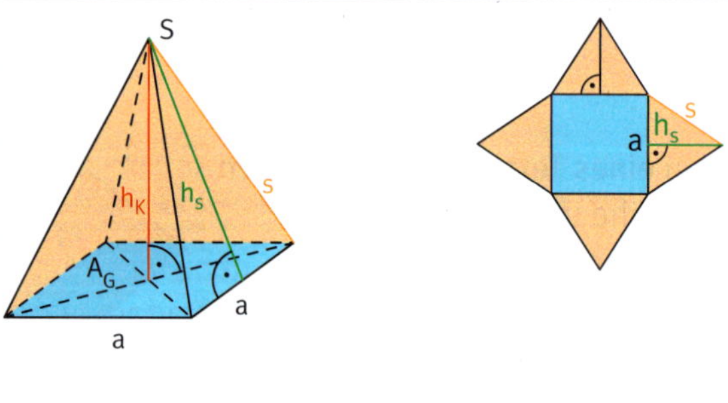

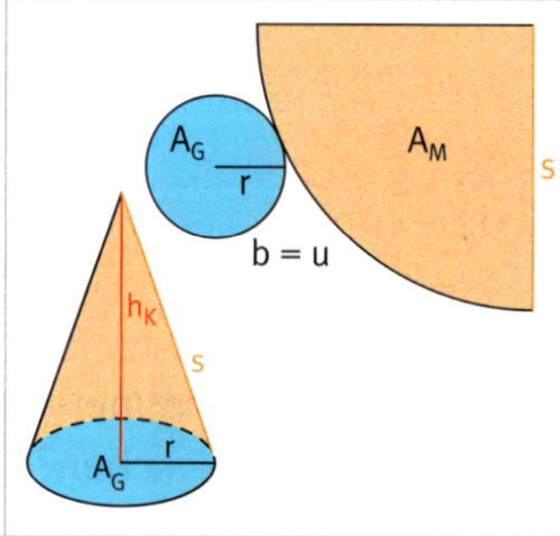

Er-Wissen: Dreieck- und Sechseckpyramiden untersuchen S. 127

Weitere Pyramiden werden nach der Form ihrer Grundfläche unterschieden.

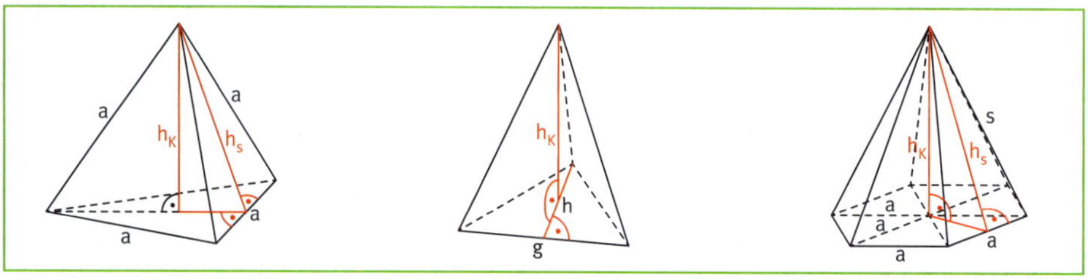

Aufgaben zur Differenzierung

Basis-Aufgaben | **Vertiefende Aufgaben**

1 Basis-Aufgaben

a) Zeichne ein Schrägbild der quadratischen Pyramide und des Kegels mit folgenden Maßen.
Pyramide: $a = 4$ cm; $h_K = 6$ cm
Kegel: $r = 3$ cm; $h_K = 7$ cm

b) Berechne das Volumen der Pyramide und des Kegels.

Vertiefende Aufgaben

a) Zeichne ein Schrägbild der rechteckigen Pyramide und des Kegels in einem geeigneten Maßstab und gib diesen an.
Pyramide: $a = 160$ cm; $b = 140$ cm
$h_K = 170$ cm
Kegel: $d = 100$ dm; $h_K = 170$ dm

b) Berechne das Volumen der Pyramide und des Kegels.

2 Basis-Aufgaben

a) Zeichne das Netz der Pyramide aus Aufgabe 1. Berechne dazu zunächst die Seitenhöhe h_s eines Seitendreiecks mithilfe des Satz des Pythagoras.

b) Berechne den Inhalt der Grundfläche und der Mantelfläche.

c) Berechne den Oberflächeninhalt.

Vertiefende Aufgaben

Eine quadratische Pyramide hat ein Volumen von 220 m^3 und eine Höhe von 6,6 m.

a) Berechne die Abmessungen der Grundfläche und zeichne dann ein Netz im Maßstab 1 : 200.

b) Berechne den Oberflächeninhalt.

3 Übertrage die Tabelle und berechne fehlende Angaben des Kegels. Runde sinnvoll.

Basis-Aufgaben

	a)	b)	c)
r	4,5 cm	16 mm	■
h_K	5,5 cm	■	0,25 m
s	■	28 mm	38 cm
V	■	■	■
A_O	■	■	■

Vertiefende Aufgaben

	a)	b)	c)
r	6 m	■	3 cm
h_K	■	6 dm	■
s	■	■	■
V	■	56,52 dm^3	75,36 cm^3
A_O	339,3 m^2	■	■

4 Im WAT-Unterricht werden Spiele für den Weihnachtsbasar hergestellt. Die Spielfiguren haben die Form einer quadratischen Pyramide und eines Kegels.

Basis-Aufgaben

Für ein Spiel werden 12 pyramidenförmige Figuren mit einer Kantenlänge von $a = 15$ mm und 12 kegelförmige Figuren mit einem Durchmesser von $d = 12$ mm aus Buchenholz benötigt. Alle Figuren haben die Höhe $h_K = 3{,}5$ cm.

a) Furkan meint, dass die 24 Figuren zu schwer für die Verpackung werden. Sie dürfen höchstens 30 g wiegen. Überprüfe. Buchenholz hat eine Dichte von $0{,}72\,\frac{g}{cm^3}$.

b) Verändere die Höhe so, dass die 24 Figuren tatsächlich weniger als 30 g wiegen.

Vertiefende Aufgaben

Für ein anderes Spiel werden ebenfalls 12 Pyramiden und 12 Kegel aus zwei gleich großen Vierkanthölzern gefräst. Berechne den Abfall in Prozent (Maße in mm).

A
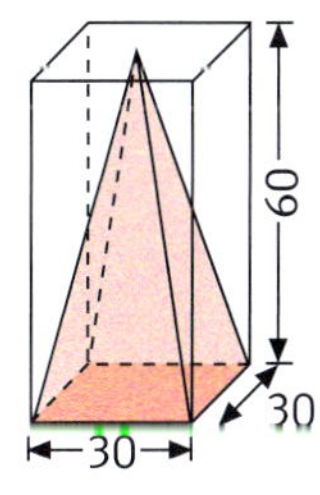

B
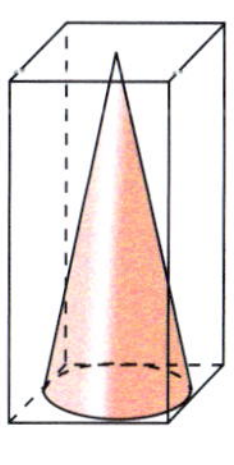

1 Wie hoch stünde das Wasser, wenn die Pyramide entfernt würde?

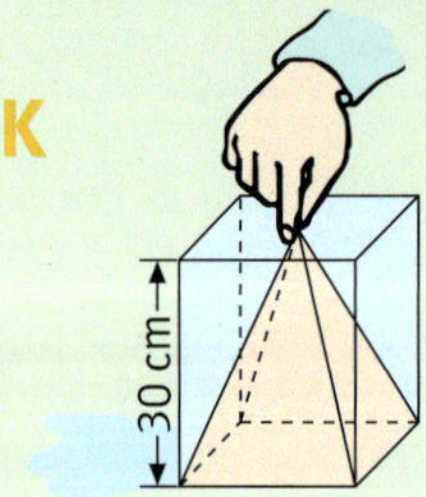

2 Der Zylinder und der Kegel haben das gleiche Volumen. Wie hoch ist wohl der Zylinder?

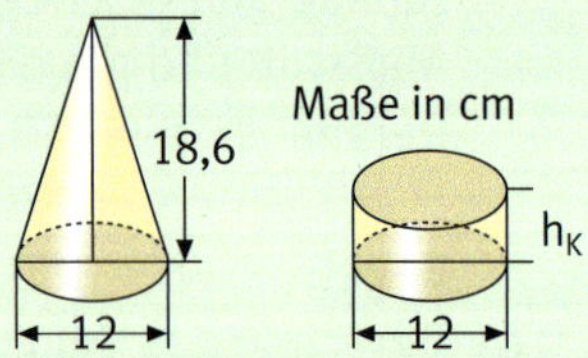

3 a) Berechne für die quadratische Pyramide
- A die Höhe der Seitenfläche h_s.
- B den Mantel- und den Oberflächeninhalt.
- C das Volumen.

b) Verdopple gleichzeitig die Längen von a und h_k, berechne die Größen aus a) erneut und vergleiche.

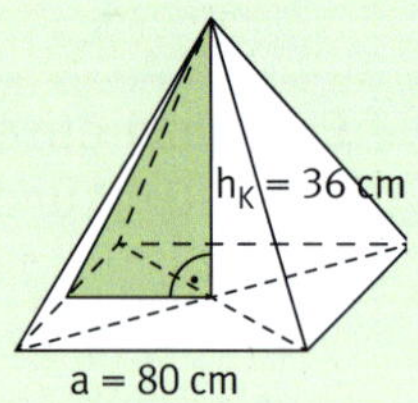

4 a) Berechne für den Kegel
- A den Mantel- und den Oberflächeninhalt.
- B die Höhe h_K.
- C das Volumen.

b) Verdopple gleichzeitig die Längen von r und h_K, berechne die Größen aus a) erneut und vergleiche.

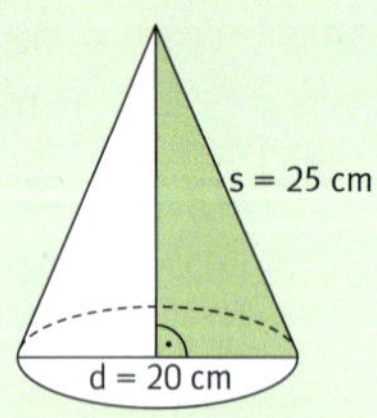

5 a) Zeichne das Netz einer rechteckigen Pyramide mit a = 2 cm, b = 3 cm und $h_k = 5$ cm.

b) Berechne den Oberflächeninhalt.

6 Vervollständige die Tabelle für eine quadratische Pyramide.

	a)	b)	c)
a	5,6 cm	■	7,7 dm
h_K	9,3 cm	12,4 m	■
A_G	■	23,04 m^2	■
V	■	■	237,16 dm^3

7 Beschreibe die beiden Körper. Welcher hat das größere Volumen? Schätze zunächst (Maße in cm).

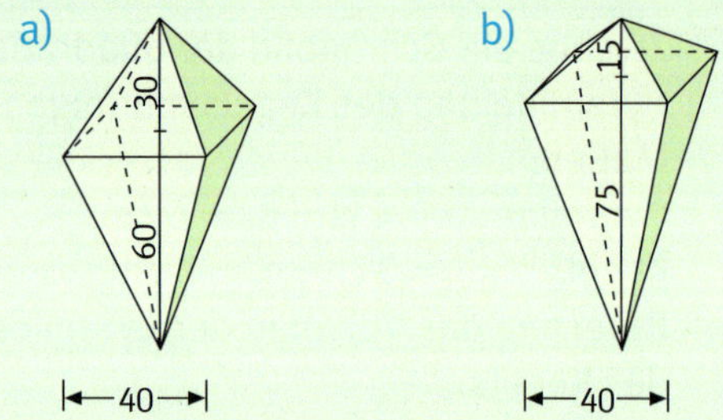

8 Diese Kerze hat den Durchmesser d = 9,4 cm und die Höhe $h_K = 20$ cm.

a) Berechne das Volumen der Kerze.

b) Wie viele Kerzen können aus einem Kubikmeter Wachs hergestellt werden?

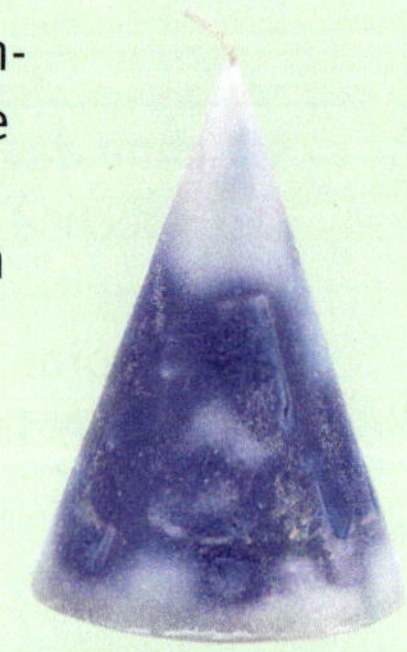

9 Ein alter Turm der Stadtmauer in Bernau hat eine quadratische Grundfläche mit a = 18 m. Das pyramidenförmige Dach hat eine Höhe von $h_K = 12$ m und soll mit Dachziegeln neu gedeckt werden.

a) Wie groß ist die Dachfläche?

b) Die Dachdeckerfirma berechnet 165 € je Quadratmeter zuzüglich 19 % Mehrwertsteuer. Die Stadt hat für Baumaßnahmen in diesem Jahr 120 000 € eingeplant. Kann auch noch ein neuer Spielplatz für 25 000 € gebaut werden?

10 Aus Pappe werden Schultüten hergestellt. Diese Schultüte hat einen Durchmesser von 30 cm. Die Länge der Mantellinie beträgt 90 cm. Wie viel Quadratmeter Pappe werden für 100 Schultüten gebraucht? Rechne für Verschnitt und Klebefalze 12 % Mehrbedarf hinzu.

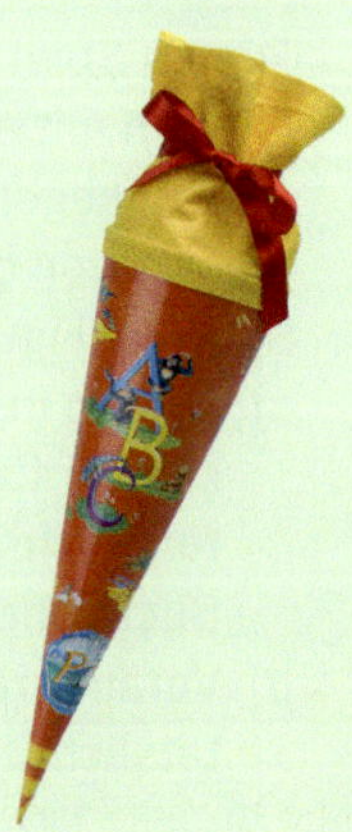

11 Ein Gewächshaus aus Glas soll die Form eines Quaders mit aufgesetzter Pyramide haben. Der quaderförmige Teil des Hauses ist 6 m lang, 4 m breit und 2,50 m hoch. Das gesamte Gewächshaus ist 3,50 m hoch.
a) Skizziere ein Schrägbild und beschrifte es mit den Maßen.
b) Berechne den Raum, den das Gewächshaus insgesamt einnimmt.
c) Es werden für die Seitenwände und das Dach inkl. 10 % Verschnitt rund 85 m^2 Glas benötigt. Stimmt diese Angabe? Rechne nach.

12 Die Skizze zeigt ein Werkstück aus Aluminium. Es besteht aus einer quadratischen Pyramide mit einer kegelförmigen Vertiefung. Die Höhe des Kegels beträgt $\frac{3}{7}$ der Höhe der Pyramide.
Berechne die Masse des Werkstücks in Gramm (Dichte Aluminium: $2{,}7\ \frac{g}{cm^3}$).

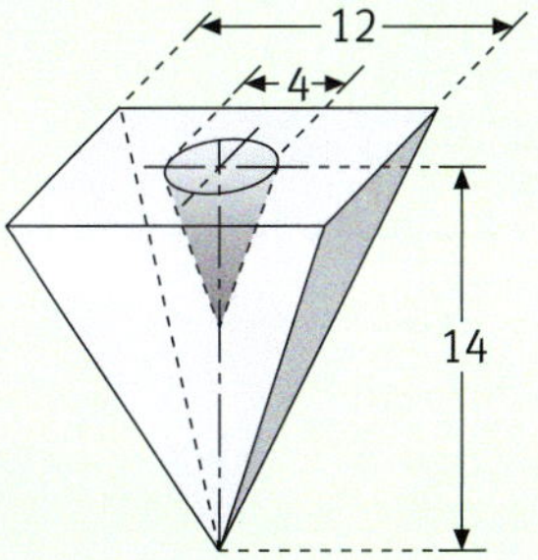

13 Berechne zunächst die Länge der Diagonalen, dann die Höhe und anschließend das Volumen der rechteckigen Pyramiden.
a) a = 4 cm; b = 3 cm; s = 12 cm
b) a = 7,5 cm; b = 4,8 cm; s = 7,2 cm
c) a = 0,7 dm; b = 12 cm; s = 9 cm
d) a = b = s = 5,5 cm

14 Berechne das Volumen und den Oberflächeninhalt der Kegel.

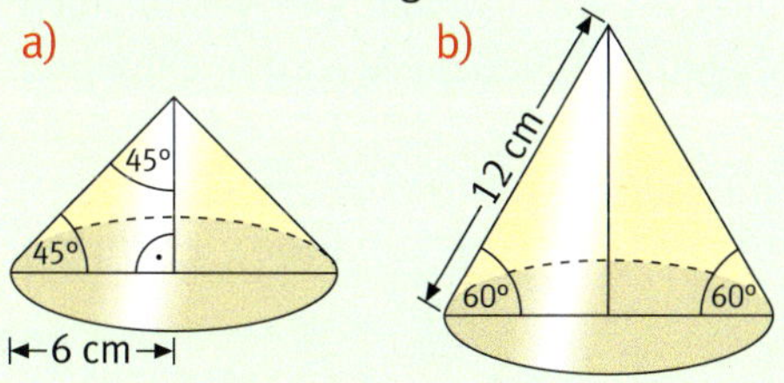

15 Eine Kerze hat die Form einer quadratischen Pyramide mit einer Grundseitenlänge von 10 cm und einem Volumen von 1 dm^3. Berechne die Höhe der Kerze.

16 Die Messbecher sollen jeweils 1 l fassen.
a) Wie hoch muss ein Messbecher werden, wenn der obere Durchmesser 20 cm (15 cm; 10 cm) beträgt?
b) Ein Becher soll genau 20 cm (30 cm) hoch werden. Wie groß ist dann der obere Durchmesser?

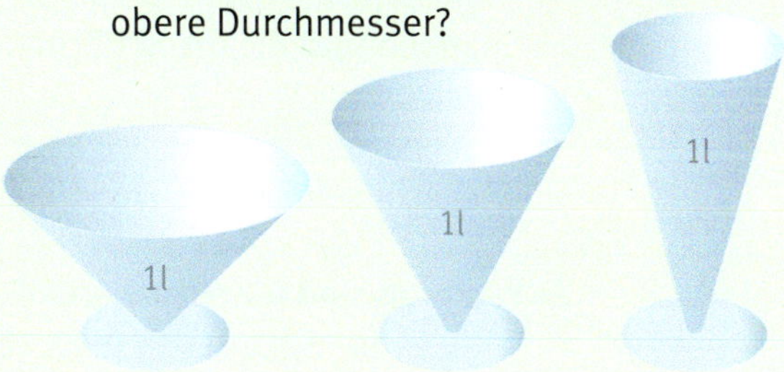

17 Der Teebeutel hat die Form eines Tetraeders mit der Kantenlänge 6 cm und einer Körperhöhe von circa 4,9 cm.

a) Berechne den Oberflächeninhalt eines Teebeutels.
b) Jeder Teebeutel wird zu 56 % mit Teeblättern gefüllt. Berechne das Volumen der Teeblätter.

18 Der Wildwest-Verein hat Stangen für ein Tipi aufgebaut. Dieses hat die Form einer regelmäßigen Sechseckpyramide. Nun muss die Zeltplane inkl. Boden gekauft werden.

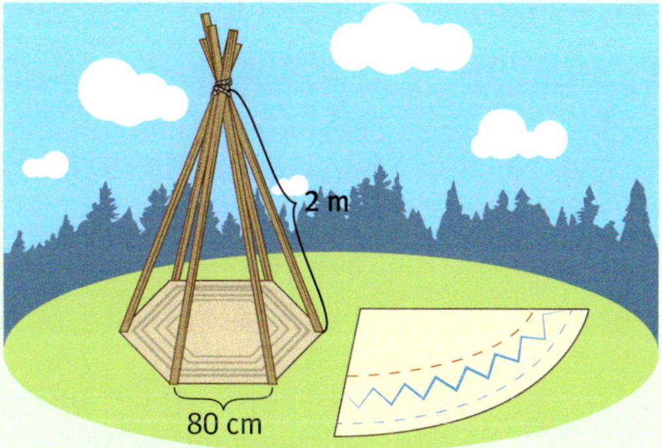

a) Wie viel Quadratmeter Stoff werden für 25 Zelte benötigt? Rechne 15 % Verschnitt dazu.
b) Der Stoff kostet pro Quadratmeter 15,20 €. Der Betrag soll auf die 88 Mitglieder des Vereins gleichmäßig aufgeteilt werden. Wie viel muss jeder zahlen?

1

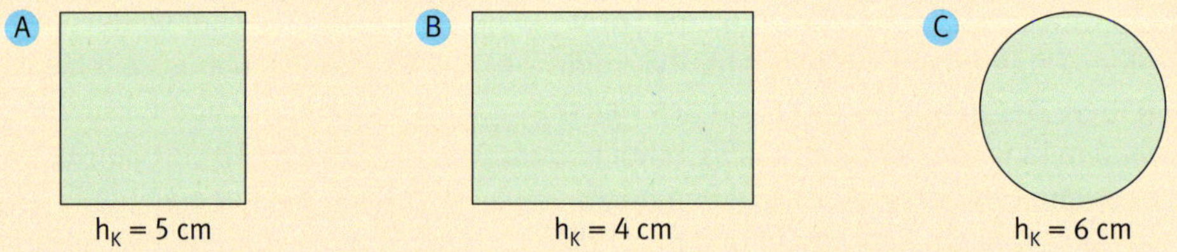

Gegeben sind die Grundflächen und die Körperhöhen von Pyramiden und einem Kegel.

a) Miss die fehlenden Angaben und zeichne die Schrägbilder.

b) Zeichne die Netze. Der Winkel im Kreisausschnitt des Kegels beträgt 59°.

2 Wie groß sind jeweils Oberflächeninhalt und Volumen? Berechne fehlende Längen mithilfe des Satz des Pythagoras.

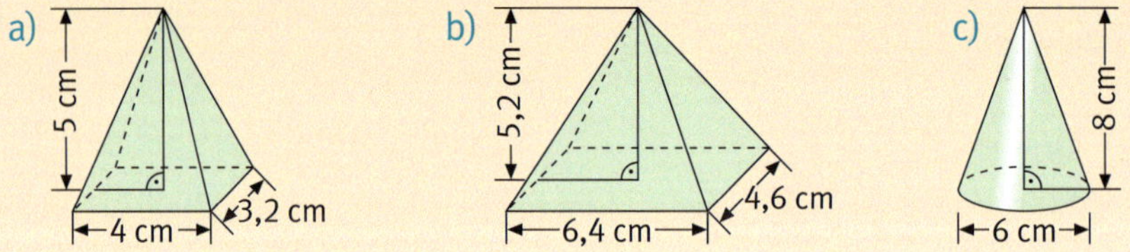

3 Diese originelle Verpackung wurde für eine neue Bonbonsorte entworfen.

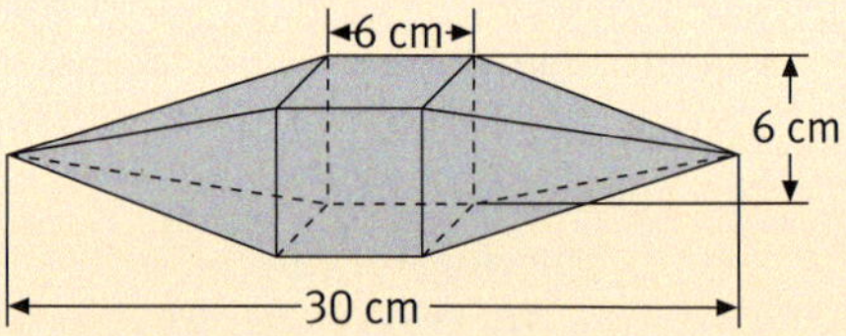

a) Sie muss ein Volumen von 500 cm^3 haben. Ist die Verpackung groß genug?

b) Das Material der Verpackung besteht aus Silberfolie. Wie viel Quadratmeter Folie braucht man für 20 000 Verpackungen? Rechne mit 15 % Verschnitt.

4 Aus einem Zylinder aus Holz wird ein Kegel herausgefräst (Maße in cm).

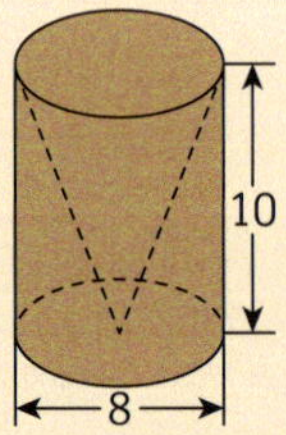

a) Wie groß ist das Volumen des Restkörpers?

b) Der Restkörper soll mit Holzschutzmittel behandelt werden. Wie groß ist die zu streichende Fläche?

c) Reicht bei 1 000 Körpern ein 3 000 ml Eimer Holzschutzmittel, wobei 1 Liter für 14 m^2 reicht?

5 Eine kegelförmige Kerze hat einen Durchmesser von 100 mm. Die Mantellinie ist 150 mm lang. Sie soll in einer quaderförmigen Geschenkverpackung eingepackt werden.

a) Wie schwer ist die Kerze? Die Dichte von Wachs beträgt 0,9 $\frac{g}{cm^3}$.

b) Welche Maße sollte die Verpackung mindestens haben und wie viel Prozent des Verpackungsraums nimmt die Kerze tatsächlich ein?

Er

6 a) Nenne den Namen der Pyramide, die zu diesem Netz gehört.

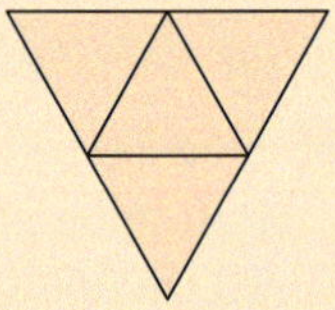

b) Berechne den Oberflächeninhalt, wenn eine Grundkante a = 6,6 cm lang ist.

c) Berechne das Volumen. Die Körperhöhe beträgt 5,4 cm.

Pasta, Pizza und Mathematik
Wusstest du schon?

Die Nudeln gehören zu den ältesten Lebensmitteln. Das älteste bekannte Rezept ist fast 4000 Jahre alt. Es stammt aus China. Aber auch die Griechen und Italiener stellten bereits in der Antike Nudeln her. Die Araber fanden heraus, dass die Pasta länger haltbar bleibt, wenn man sie trocknet. Dazu hingen sie die Nudeln auf einer Wäscheleine auf. Und in Italien wurde im 12. Jahrhundert dermaßen viel Pasta in Fladenform hergestellt, dass sie in viele islamische und christliche Länder auch per Schiff exportiert wurde.

- Recherchiere, in welchen Ländern heute die meisten Nudeln verzehrt werden.

Nudeln bestehen im Wesentlichen aus Weizenmehl, das mit Wasser und Salz zu einem Teig geknetet wird. Je nach Rezept können noch Eier und weitere Gewürze hinzugefügt werden. In der Regel werden die Nudeln nach ihrer Herstellung getrocknet. Am schmackhaftesten bleiben die Nudeln, wenn man sie wie in Italien an der Luft trocknet. Dies kann jedoch 1 - 3 Tage dauern. Mit Maschinen beträgt die Trocknungszeit nur wenige Stunden. Hier herrschen Temperaturen von bis zu 100 Grad Celsius.

- Wie viele Nudelsorten gibt es eigentlich? Gib es auch Nudelsorten, die nicht aus Weizenmehl bestehen?

Eine Pizza mit Tomatensoße und Käse, wie wir sie heute kennen, soll zuerst 1889 in Neapel, einer Stadt im Süden Italiens, verkauft worden sein. Es heißt, dass damals der italienische König mit seiner Frau, der Königin Margherita, bei einem Pizzabäcker Pizza bestellt habe. Der Pizzabäcker wollte dem Königspaar eine besondere Mahlzeit servieren und belegte die Pizza in den italienischen Nationalfarben: Grünes Basilikum, weißer Mozzarella und rote Tomaten. So entstand das Gericht, das wir heute als Pizza Margherita kennen. Wissenschaftler sind sich inzwischen sicher, dass die Geschichte nicht ganz stimmt. Die Königin hatte sich von verschiedenen Pizzabäckern Pizza in ihren Palast liefern lassen und so die Pizza Margherita entdeckt.

- In Deutschland wird Pizza sehr gern gegessen. Finde heraus,
  - wann die erste Pizzeria in Deutschland eröffnet wurde.
  - seit wann es Tiefkühlpizza in Deutschland gibt.

Pizza: rund oder rechteckig?

1 Die Klasse 9c möchte beim nächsten Schulfest Pizza anbieten.

a) Die Schüler planen, insgesamt 25 große Bleche Pizza zu backen. Berechne die Menge der benötigten Zutaten für den Pizzateig.

Rechnen mit Größen
Gleichungen

b) Sarah hat überschlagen, dass alle Zutaten circa 125 € kosten werden.
An zusätzlichen Kosten fallen an:

Miete für den Pizzaofen: 60 € Dekoartikel: 10 €

Der Schulverein bezuschusst jeden Stand mit 20 €.
Ein Stück Pizza soll 1,60 € kosten. Berechne, wie viele Pizzastücke sie mindestens verkaufen müssen, damit kein Verlust entsteht.

Terme

c) Die Klasse möchte natürlich auch etwas Gewinn machen. Daher einigen sie sich darauf, ein Stück Pizza Funghi für 1,60 € und ein Stück Pizza Salami für 1,80 € zu verkaufen. Stelle einen Term mit Variablen auf, mit dem man den Gewinn für jede Anzahl der verkauften Pizzastücke bestimmen kann.

Gleichungssysteme

d) Die Pizza kommt gut an. Die ganze Klasse 8c möchte Pizza. Insgesamt bezahlen die 29 Schüler 49,80 €. Berechne, wie viele Stücke Pizza Funghi und wie viele Stücke Pizza Salami die Klasse gegessen hat.

2 Pizzas können rund oder rechteckig sein. Die Pizzeria Vesuvio hat folgende Angebote für eine Pizza Spezial.

Flächeninhalte

a) Vergleiche die Größen der runden und rechteckigen Pizzas. Berechne dazu den Flächeninhalt der Pizza für jede Größe.

Rechnen mit Größen

b) Vergleiche jeweils für die runden und rechteckigen Pizzas die Preise. Sind die Preise für die verschiedenen Größen gerechtfertigt? Berechne dazu jeweils den Preis in Cent pro Quadratzentimeter Pizza. Runde sinnvoll.

c) Für welche Variante würdest du dich entscheiden? Begründe.

Pasta in unterschiedlichen Formen

1 Je nach Verarbeitung des Teiges tragen Nudeln unterschiedliche Namen. Berechne das Volumen und den Oberflächeninhalt einer ungekochten Nudel mit einer Dicke von 1 mm. Die Streifen haben eine Länge von 25 cm.

Volumen
Oberflächeninhalt

Tagliatelle
ca. 1 cm breite Streifen

Fettuccine
ca. 0,5 cm breite Streifen

Tagliolini
ca. 2 mm breite Streifen

Farfalle
Rechtecke von ca. 5 cm Länge und ca. 3,5 cm Breite

2 Die verkneteten Zutaten für den Nudelteig für 1 Person ergeben ausgerollt eine ca. 450 cm^2 große rechteckige Fläche.

a) Wie viele Streifen Tagliatelle (Fettuccine, Tagliolini) kann man aus der Teigfläche schneiden? Fertige dazu eine Skizze mit sinnvollen Abmessungen an. Vergleiche.

b) Tobias stellt mit der gleichen Teigmenge Farfalle her. Wie viele Stücke erhält er ungefähr?

Flächeninhalt
Antiproportionalität

3 Die wenigsten Menschen haben so viel Zeit, ihre Nudeln selbst zu machen. Oft greift man nach den Paketen im Supermarkt.
Berechne das Volumen von 500 g Spaghetti. Die Füllmenge der 500-g-Schachtel beträgt 85 %. Die Schachtel ist 30 cm lang und 3,5 cm hoch.

Volumen
Prozentrechnung

4 Wenn die getrockneten Nudeln gekocht werden, vergrößern sie ihre Länge, Breite und Dicke. Das Volumen einer gekochten Nudel ist ungefähr $2\frac{1}{2}$-mal so groß wie das einer rohen Nudel. Berechne das Volumen von 500 g gekochten Spaghetti aus Aufgabe 3.

Rechnen mit Größen

5 Ist Pasta gesund? Nudeln enthalten kaum Fett, dafür aber Kohlenhydrate. Diese sättigen und füllen die Energiespeicher des Körpers auf. Doch Vorsicht: Soßen mit Sahne machen aus Nudelgerichten eine „Kalorienbombe“.

a) Eine Portion Nudeln mit Käse-Sahne-Soße hat ca. 380 kcal. Der durchschnittliche Bedarf eines Menschen beträgt 2000 kcal am Tag. Berechne, wie viel Prozent des Bedarfs man mit dem Nudelgericht bereits zu sich genommen hat.

b) 300 g gekochte Nudeln enthalten ca. 15 g Eiweiß, 3 g Fett, 90 g Kohlenhydrate und 6 g Ballaststoffe. Der Rest besteht aus Wasser. Stelle die Anteile der Nährstoffe in einem Kreisdiagramm dar. Runde die Winkel geeignet.

Prozentrechnung
Diagramme

Pasta und Pizza im Restaurant

1 Antonio möchte eine Pizzeria eröffnen. Er kann sich zwischen runden und rechteckigen Tischen entscheiden. Eine Person braucht, um bequem essen zu können, einen Platz von 60 cm x 40 cm.

Maßstab

a) Die rechteckigen Tische sind alle 1 m breit. Berechne die Länge eines Tisches, an dem vier Personen Platz nehmen können. Für sechs Personen rechnet man mit einer Tischlänge von 1,80 m. Wie können die Personen am Tisch sitzen? Fertige maßstabsgetreue Zeichnungen an.

Umfang

b) Runde Tische gibt es mit einem Durchmesser von 80 cm, 120 cm und 2 m. Wie viele Personen können jeweils am Tisch Platz nehmen, wenn eine Person 60 cm in der Breite braucht?

Flächeninhalt
Rechnen mit Größen

c) Berechne mit den Maßen aus a) und b) die benötigte Stellfläche für einen rechteckigen und einen runden Tisch mit Stühlen für jeweils sechs Personen. Entnimm der Zeichnung den Platzbedarf eines Stuhls. Der Gastraum der Pizzeria ist 10 m lang und 9 m breit. Untersuche, wie viele runde oder rechteckige Tische maximal Platz haben.

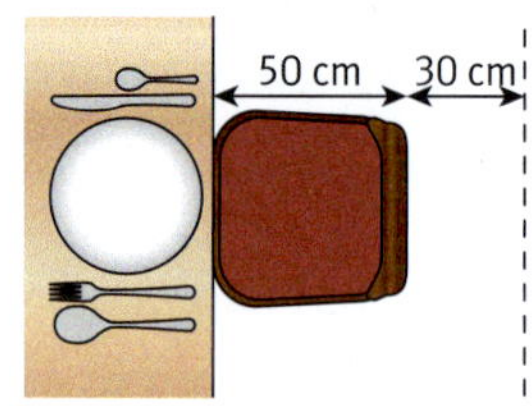

Proportionalität
Rechnen mit Größen
Prozentrechnung

2 Das beliebteste Gericht in der Pizzeria sind Penne Napoli. Antonio hat ausgerechnet, dass die Zutaten für dieses Gericht für vier Personen etwa 3,85 € kosten.

a) Weil Antonio große Mengen einkauft, erhält er 20 % Rabatt. Berechne den Einkaufspreis für eine Portion Penne Napoli.

b) Antonio bietet das Gericht für 5,25 € an. Berechne, wie viel Antonio an einer Portion verdient.

c) Wie viele Portionen Penne Napoli muss er verkaufen, um die Ausgaben für 50 Portionen wieder einzunehmen?

d) Um alle seine Ausgaben zu decken, müsste Antonio beim Verkauf von 120 Portionen Penne Napoli 700 € Gewinn machen. Wie viel müsste er für eine Portion mindestens verlangen?

Proportionalität
Rechnen mit Größen

3 Zusätzlich zu den Kosten für die Zutaten fallen für Antonio noch weitere Ausgaben an. Berechne die Jahres- und die mittleren Monatskosten.

Miete (pro Monat)	950 €
Lohn für Kellnerin (pro Monat)	1 250 €
Reinigung (pro Jahr)	800 €
Strom (alle zwei Monate)	168 €
Versicherung (zweimal im Jahr)	165 €

Gleichungssysteme

4 Für den Kauf seiner Einrichtung und die Renovierung nimmt Antonio zwei Kredite über insgesamt 20 000 € auf. Der erste Kredit ist mit 5 %, der zweite mit 6 % verzinst. Die gesamten Zinsen im ersten Jahr betragen 1075 €.
Berechne die Höhe der beiden Kredite.

Kombinatorik
Wahrscheinlichkeit
Terme

1 Antonio bietet mittags ein besonderes Menü mit einer Auswahl von Nudeln und Soßen an.

a) Bestimme, wie viele verschiedene Kombinationsmöglichkeiten es für die Nudelgerichte gibt.

b) Man kann ein „Glücksmenü" wählen, das 1 € preiswerter ist. Dann erhält man ein Nudelgericht nach Auswahl des Chefs.
Wie groß ist die Wahrscheinlichkeit, dass Paula ihre Lieblingskombination Fettuccine mit Tomatensoße erhält?

c) Wie viele Kombinationen gibt es für ein Mittagsmenü, wenn man zusätzlich noch aus zwei Desserts und zwei Getränken auswählen darf?

d) Du hast die Wahl zwischen x verschiedenen Nudelsorten und y verschiedenen Soßen. Zusätzlich erhältst du auf Wunsch Parmesan dazu. Wie viele verschiedene Kombinationen gibt es? Stelle einen Term auf, mit dem man die Anzahl der möglichen Kombinationen berechnen kann.

Rechnen mit Größen

2 Antonio denkt darüber nach, einen Lieferservice anzubieten. Aber rechnet sich das auch?
Er muss sich ein Lieferfahrzeug anschaffen. Zur Auswahl stehen ein Kleinwagen oder ein Motorroller. Der Kleinwagen verbraucht ungefähr 4,5 l Benzin auf 100 km, der Motorroller 3,6 l auf 100 km. Ein Liter Benzin kostet zur Zeit 1,60 €. Antonio rechnet damit, dass er täglich 50 km fahren muss.

a) Vergleiche die Benzinkosten. Wie viel Euro spart Antonio im Monat, wenn er sich für den Motorroller entscheidet? Gehe davon aus, dass ein Monat 30 Tage hat.

b) Für welches Lieferfahrzeug sollte er sich nun entscheiden? Wäge Vor- und Nachteile ab.

Flächeninhalt
Rechnen mit Größen
Prozentrechnung

3 Antonios Restaurant liegt inmitten eines Wohngebietes. Er plant die Lieferung innerhalb eines Umkreises mit einem Radius von 5 km und überlegt, ob sich das lohnen würde. Runde für jede Teilaufgabe alle Werte sinnvoll.

a) Berechne die Größe der Fläche, die Antonio beliefert.

b) Auf einem Fünftel der Fläche befinden sich Grundstücke mit Einfamilienhäusern. Ein Grundstück ist durchschnittlich 450 m^2 groß. Bestimme die ungefähre Anzahl der Grundstücke im Liefergebiet.

c) In einem Einfamilienhaus wohnen durchschnittlich vier Personen.
1,5 % der Familien bestellen zweimal im Monat etwas über den Lieferservice. Berechne, wie viele Portionen Antonio in einem halben Jahr maximal liefern kann. Welche Annahmen hast du bei deinen Berechnungen getroffen?

d) Pro Portion plant er für den Lieferservice einen Aufschlag von 50 Cent auf den Preis. Überlege mithilfe der errechneten Werte, ob sich der Lieferservice für Antonio lohnt.

Fit für die Abschlussprüfung

1 a) In der Schulmensa kann man aus drei Hauptgerichten und zwei Nachspeisen wählen. Wie viele Kombinationsmöglichkeiten gibt es?

b) Der Schulkoch will heute Spaghetti mit Tomatensoße für 128 Schüler zubereiten. Wie viele Packungen Spaghetti und wie viele Dosen Tomaten benötigt er?

c) Einmal in der Woche gibt es eine Quarkspeise mit Früchten als Nachtisch. Für die 37 Portionen in der letzten Woche brauchte der Koch acht Becher mit je 250 g Quark. In dieser Woche haben sich 12 Schüler mehr angemeldet. Wie viele Becher Quark müssen nun für die Herstellung des Nachtischs eingekauft werden?

d) Der Koch kauft für den Nachtisch für den nächsten Monat ein. Es gibt Quarkspeise mit Himbeeren. Er kauft 15 Becher Quark und drei Packungen TK-Himbeeren. Insgesamt bezahlt er an der Kasse 15,42 €. Berechne den Preis für eine Packung Himbeeren, wenn ein Becher Quark 0,53 € kostet.

Zutaten für 4 Personen
- 800 g Tomaten
- 2 kleine Zwiebeln
- 2-3 Knoblauchzehen
- 1 Lorbeerblatt
- 1 EL Zucker
- 1 EL gehackte Petersilie
- Olivenöl
- Salz, Pfeffer
- Parmesankäse
- 500 g Spaghetti

2 Franziska geht mit ihren zwei Freundinnen heute in die Pizzeria Rimini essen.

a) Leider ist auf die Rechnung ein Fettfleck gekommen. Wie teuer ist die Pizza Quattro Formaggi?

b) „Warum sind 19 % Mehrwertsteuer 6,47 €?“ fragt Franziska ihre Freundinnen. Erkläre es ihr mit einer Rechnung.

c) Die Mädchen wollen 12 % Trinkgeld geben. Berechne, wie viel Geld jede einzelne von ihnen dazu geben muss.

Pizzeria RIMINI

Tisch 10

1 x Pizza Quattro Formaggi		
1 x Pizza Frutti di Mare	9,00	9,00
1 x Pizza Calzone	8,50	8,50
1 x Salat Caprese	5,00	5,00
3 x 0,5 l Cola	3,50	10,50
EUR		**40,50**
inkl. MwSt. 19 %		6,47

Vielen Dank für Ihren Besuch!

3 Toni zahlt in der Pizzeria für eine Pizza und drei Colas 14 €. Joe und Amos gehen in dieselbe Pizzeria und bezahlen für zwei Pizzas und zwei Colas zusammen 16 €.

a) Entscheide, welche Gleichungssysteme den Sachverhalt der Aufgabe richtig darstellen. Begründe.

① I $x + 3y = 16$
II $2x + 2y = 14$

② I $3x + y = 14$
II $2y + 2x = 16$

③ I $x + 3y = 14$
II $2x + 2y = 16$

b) Berechne, wie teuer eine Pizza und eine Cola ist.

4 Die Amerikaner haben die Nudelvorlieben ihrer Bürger genau untersucht und dabei folgendes herausgefunden.

①

Bevorzugte Nudelsorten:	
Spaghetti	40 %
Lasagne	12 %
Makkaroni	5 %
Sonstige	■ %

②

Bevorzugte Beilagen zu den Nudeln:	
Käse	37 %
Fleisch	32 %
Gemüse	31 %
Fisch	20 %

a) Berechne, wie viel Prozent der Amerikaner andere Nudelsorten als Spaghetti, Lasagne und Makkaroni bevorzugen.
b) Die Summe der Prozentangaben bei Umfrage ② ist über 100 %. Woran liegt das?
c) Andrej soll die Anteile der Nudelsorten in einem Kreisdiagramm darstellen. Berechne die Winkel für die vier Kreisausschnitte. Runde geeignet.
d) Überlege, welche Diagrammart sich für die Darstellung der Ergebnisse der zweiten Umfrage eignet und zeichne.

5 Die Grafik zeigt den Grundriss für den Gastraum und den Eingangsbereich der Pizzeria Rimini. Es soll alles neu renoviert und eingerichtet werden.

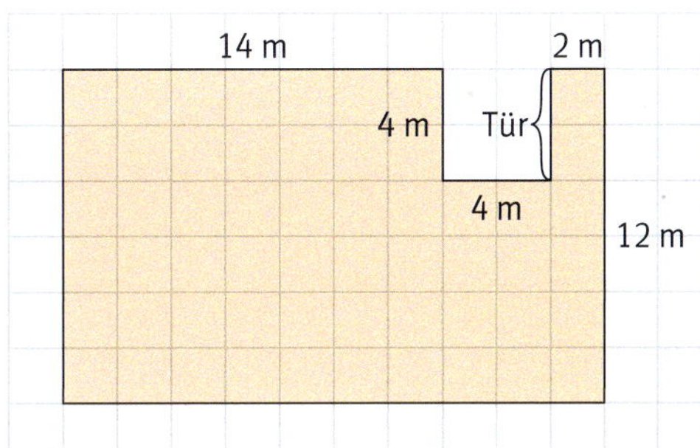

a) Ein neuer Fußbodenbelag kostet bei einer Firma pauschal 7 000 €. Eine zweite Firma verlangt pro Quadratmeter 32 €. Wie soll sich der Pizzeriabesitzer entscheiden?
b) Die Fußbodenleiste soll gleich mit bestellt werden. Berechne deren Länge.
c) Gib den Maßstab zu dieser Abbildung an.

6 Vor der Pizzeria sollen im Vorgarten vier Blumenkübel aufgestellt werden.

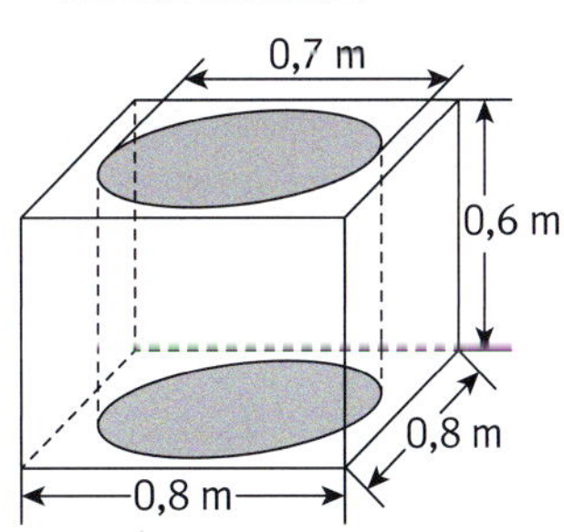

a) Berechne die Masse eines Kübels aus Beton (Dichte von Beton: 2000 $\frac{kg}{m^3}$).
b) Der Pizzeriabesitzer hat 37 25-l-Säcke Blumenerde gekauft. Überprüfe, ob die Blumenerde für alle vier Kübel reicht.
c) Die vier Blumenkübel sollen den Vorgarten begrenzen. Sie stehen nebeneinander in einer Reihe. Zwei Blumenkübel haben einen Abstand von 55 cm. Fertige eine Skizze an und berechne die Gesamtlänge der Begrenzung.
d) Die Seitenflächen der Kübel sollen in einem leuchtenden Gelb gestrichen werden. Eine kleine Dose Farbe reicht für 3 m^2. Berechne, wie viele Dosen gekauft werden müssen.

Rund um die Spaghetti

1 Eine Spaghetti hat einen Durchmesser von ca. 2 mm und eine Länge von ca. 25 cm. Schätze ab.
a) Wie viele Spaghetti sind in einem 500-g-Paket?
b) Wie viele Stück Spaghetti braucht es für einen 1 km aneinandergereihte Spaghettis? Wie viele 500-g-Pakete sind das?
c) Wie viele Kilometer Spaghetti isst du pro Jahr?

2 Die Amerikaner verzehren ganz besonders gerne Spaghetti. Die 1996 von den Amerikanern gekaufte Menge Spaghetti hätte ausgereicht, den Äquator fast neunmal mit aneinandergereihten Spaghettis zu umrunden. Berechne die Anzahl der 500-g-Pakete Spaghetti. Recherchiere weitere benötigte Angaben im Internet.

Rekorde rund um die Nudel

3 Im Jahr 1997 wurde in Bangkok eine 399 m lange Nudel in Form eines Drachens hergestellt. Insgesamt arbeiteten 40 Küchenchefs daran. Wie viel Kilogramm Mehl wurden verarbeitet?

4 Im Jahr 2004 wurde in Siblingen in der Schweiz die bis dahin längste Spaghetti der Welt hergestellt. 2009 erfolgte der Eintrag in das Guiness-Buch der Rekorde. Diese Spaghetti hatte eine Länge von 3 333 Metern. Schätze ab: Wie viele Personen könnten davon satt werden?

Rekorde rund um die Pizza

5 Auch die Pizza ist für Rekorde gut. Das Bild zeigt die Pizzabäcker in Neapel, die 2016 den Weltrekord für die längste Pizza aufgestellt hatten. Diese Pizza Margherita hatte eine Länge von 1 853,88 Metern. Wie viele Kilogramm Mehl brauchten sie wohl dafür? Recherchiere weitere benötigte Angaben im Internet.

6 Schon ein Jahr später brach Kalifornien den von den Italienern aufgestellten Weltrekord. Die Pizza der Kalifornier war ähnlich breit wie die der Italiener und hatte eine unglaubliche Länge von 1 930,39 Metern. Wie viele Basketballfelder könnte man mit dieser Pizza auslegen? Recherchiere benötigte Angaben im Internet.

Wahrscheinlichkeitsrechnung

Am 10. Oktober ist Wandertag. Wohin soll es gehen? Lieber in den Freizeitpark oder doch in die Trampolinhalle?
„Das hängt vom Wetter ab.", meint Sali. „Wenn es am Montag regnet, sollten wir in die Trampolinhalle gehen."

- Alexander schaut auf seine Wetter-App: Was bedeuten diese Angaben?
- Vesna hat gelesen, dass man aus langjährigen Untersuchungen weiß, dass mit einer Wahrscheinlichkeit von $\frac{2}{3}$ auf einen Regentag wieder ein Regentag folgt. „Dann wird es am Montag höchstwahrscheinlich regnen", meint sie. Was denkst du?

Wie sollte sich die Klasse entscheiden?

In der Trampolinhalle wird eine vierköpfige Gruppe ausgelost, die als erste springen darf. Alle Namen der Klasse werden auf Zettel geschrieben. Dann zieht der Klassenlehrer nacheinander vier Namen.

- Elvisa überlegt: „Wir sind 25 Schüler in der Klasse. Wie groß ist die Wahrscheinlichkeit, dass ich als erste ausgelost werde?"
- Elvisas Name wurde als erstes gezogen. Nun geht es um das zweite Gruppenmitglied. Wie groß ist die Wahrscheinlichkeit, dass Elvisas Freund Hamsa als zweiter gezogen wird?

Ein Wandertag macht immer hungrig. Das Schnellrestaurant bietet die nebenstehenden Menüs an. Jasmin wählt die Kombination „Sandwich, Salat und Fanta". Wie viele Kombinationen wären noch möglich gewesen?

Rechnen mit Brüchen

Brüche addieren und subtrahieren

1 Addiere oder subtrahiere die Brüche.

a) $\frac{2}{4} + \frac{1}{4}$ b) $\frac{1}{6} + \frac{2}{6} + \frac{2}{6}$ c) $\frac{3}{4} + \frac{1}{8}$ d) $\frac{1}{3} + \frac{2}{7}$ e) $\frac{1}{5} + \frac{2}{9}$

f) $\frac{8}{10} - \frac{7}{10}$ g) $\frac{11}{12} - \frac{1}{12} - \frac{1}{12}$ h) $\frac{3}{12} - \frac{1}{4}$ i) $\frac{5}{9} - \frac{1}{3}$ j) $\frac{2}{3} - \frac{5}{8}$

Brüche mit ungleichem Nenner werden addiert oder subtrahiert, indem man die Nenner gleichnamig macht. Man sucht durch Erweitern einen gemeinsamen Nenner. Dann addiert oder subtrahiert man nur die Zähler. Den Nenner behält man bei.

$$\frac{5}{8} + \frac{1}{2} = \frac{5}{8} + \frac{1 \cdot 4}{2 \cdot 4} = \frac{5}{8} + \frac{4}{8} = \frac{9}{8} = 1\frac{1}{8}$$

$$\frac{3}{4} - \frac{2}{5} = \frac{3 \cdot 5}{4 \cdot 5} - \frac{2 \cdot 4}{5 \cdot 4} = \frac{15}{20} - \frac{8}{20} = \frac{7}{20}$$

Brüche vervielfachen

2 Vervielfache die Brüche.

a) $\frac{1}{4} \cdot 5$ b) $\frac{2}{7} \cdot 3$ c) $\frac{2}{9} \cdot 7$ d) $\frac{3}{5} \cdot 10$ e) $\frac{5}{11} \cdot 9$

Brüche werden vervielfacht (mit einer natürlichen Zahl multipliziert), indem man den Zähler mit der natürlichen Zahl multipliziert und den Nenner beibehält.

$$\frac{2}{3} \cdot 5 = \frac{2 \cdot 5}{3} = \frac{10}{3} = 3\frac{1}{3}$$

Brüche multiplizieren

3 Multipliziere die Brüche.

a) $\frac{1}{4} \cdot \frac{5}{8}$ b) $\frac{5}{10} \cdot \frac{3}{7}$ c) $\frac{2}{9} \cdot \frac{3}{11}$ d) $\frac{7}{9} \cdot \frac{7}{9}$ e) $\frac{6}{12} \cdot \frac{1}{5}$

Brüche werden multipliziert, indem man Zähler mit Zähler und Nenner mit Nenner multipliziert.

$$\frac{3}{7} \cdot \frac{4}{5} = \frac{3 \cdot 4}{7 \cdot 5} = \frac{12}{35}$$

Brüche in verschiedenen Schreibweisen darstellen

4 Gib die Brüche als Dezimalzahl und in Prozentschreibweise an.

a) $\frac{77}{100}$ b) $\frac{4}{50}$ c) $\frac{2}{25}$ d) $\frac{3}{5}$ e) $\frac{1}{4}$

f) $\frac{24}{400}$ g) $\frac{12}{40}$ h) $\frac{30}{125}$ i) $\frac{36}{720}$ j) $\frac{15}{250}$

k) $\frac{4}{9}$ l) $\frac{14}{21}$ m) $\frac{4}{7}$ n) $\frac{23}{87}$ o) $\frac{19}{17}$

Um einen Bruch als Dezimalzahl anzugeben, erweitert oder kürzt man, wenn möglich, auf einen Bruch mit dem Nenner 10, 100, ... Brüche mit dem Nenner 100 kann man in Prozentschreibweise angeben.

$$\frac{3}{4} = \frac{3 \cdot 25}{4 \cdot 25} = \frac{75}{100} = 0{,}75 = 75\,\%$$

$$\frac{150}{3000} = \frac{150 : 30}{3000 : 30} = \frac{5}{100} = 0{,}05 = 5\,\%$$

$$\frac{6}{18} = \frac{1}{3} = 0{,}\overline{3} = 0{,}333\ldots \approx 33{,}3\,\%$$

Mit dem Taschenrechner kann man Brüche durch Division schnell in Dezimalzahlen oder in die Prozentschreibweise umwandeln.

$$\frac{4}{19} = 4 : 19 = 0{,}21052\ldots \approx 0{,}21 = 21\,\%$$

Zufallsversuche

5 Handelt es sich hier um einen Zufallsversuch? Entscheide und begründe.

Zufallsversuche erkennen

a) Der Trainer wählt Spieler aus.
b) Petra würfelt beim Kniffel-Spiel.
c) Felix dreht ein Glücksrad.
d) Anna löst eine Mathematikaufgabe.
e) Der Schiedsrichter gibt eine gelbe Karte.
f) Margot fährt Auto.

Für einen Zufallsversuch (z. B. einen Münzwurf) gilt:
1. Die Durchführung erfolgt nach genauen Regeln und ist beliebig oft wiederholbar.
2. Es müssen mindestens zwei verschiedene Ergebnisse möglich sein.
3. Das Ergebnis ist nicht vorhersagbar.

6 Das nebenstehende Glücksrad wird gedreht.

Ergebnismengen bestimmen

a) Welche Ergebnisse sind möglich?
b) Welche Ergebnisse passen für folgende Ereignisse? Schreibe in Mengenschreibweise.
E_1: „Die Zahl ist gerade."
E_2: „Die Zahl ist durch 3 teilbar."
E_3: „Die Zahl ist größer als 10."
E_4: „Die Zahl liegt zwischen 0 und 15."

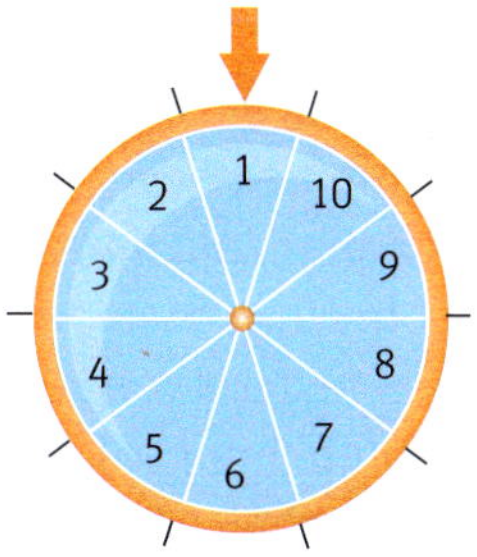

c) Auf welches Ereignis würdest du eher wetten? Begründe deine Antwort.
E_5: „Die Zahl ist ungerade." E_6: „Die Zahl ist kleiner als 5."

7 Vor dem Start eines Radrennens mit 48 Teilnehmerinnen werden die Startnummern verlost. Tina darf als erste eine Startnummer ziehen.

Ereignisse beurteilen

a) Gib eine passende Ergebnismenge an.
b) Übertrage die Tabelle. Kreuze Zutreffendes an.

	Das Ereignis E ist ein ...		
Ereignis E: „Die von Tina gezogene Startnummer ist ...	sicheres Ereignis.	mögliches Ereignis.	unmögliches Ereignis.
eine ungerade Zahl."	■	■	■
die 49."	■	■	■
kleiner als 50."	■	■	■
die 1."	■	■	■

Alle möglichen Ergebnisse eines Zufallsversuchs bilden die Ergebnismenge E. Als Ereignis wird der Teil aller Ergebnisse bezeichnet, für den man sich genauer interessiert. Ein Ereignis kann unmöglich, möglich oder sicher sein.

Ergebnismenge bei einem Würfelwurf:
E = {1; 2; 3; 4; 5; 6}

E_1: „Augenzahl ungerade"	E_1 = {1; 3; 5}	mögliches Ereignis
E_2: „Augenzahl 0"	E_2 = { }	unmögliches Ereignis
E_3: „Augenzahl höchstens 6"	E_3 = {1; 2; 3; 4; 5; 6}	sicheres Ereignis

1 Das ist Annas gebastelter Halbzylinderwürfel. Anna findet ihr vorgeschlagenes Spiel fair, weil ihr Name auf zwei Flächen steht. Was meinst du dazu?

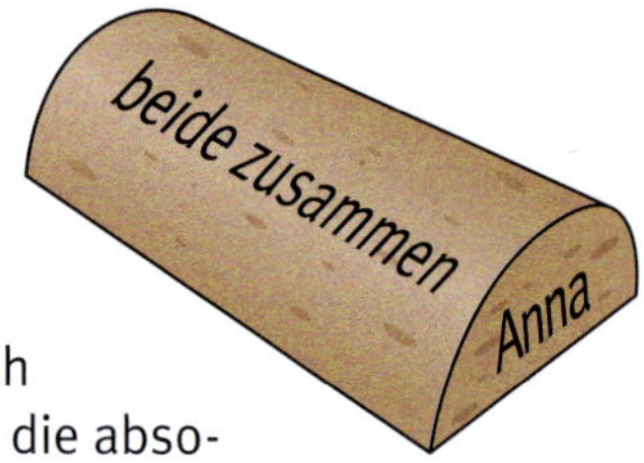

a) Baue den „Halbzylinder“ nach und wirf ihn 50-mal. Ermittle die absolute und relative Häufigkeit für das Ereignis „Gregor muss alleine abwaschen.“. Als „geworfen“ gilt jeweils die oben liegende Beschriftung.

b) Bestimme ebenso die absolute und die relative Häufigkeit für das Ereignis „Anna muss auf jeden Fall abwaschen.“

Häufigkeiten
Wahrscheinlichkeit
Ereignis
Gegenereignis

Die Stabilisierung der relativen Häufigkeiten bezeichnen wir als das Gesetz der großen Zahlen.

Die tatsächliche Anzahl, wie oft ein **Ereignis E** bei einem Zufallsversuch vorkommt, bezeichnet man als **absolute Häufigkeit H**. Den **Anteil von H** an der Gesamtanzahl der Versuche, also aller Ergebnisse, nennt man **relative Häufigkeit h**. Führt man den Zufallsversuch sehr häufig durch, stabilisiert sich h auf einen festen Wert. Damit kann man voraussagen, wie **wahrscheinlich** das betrachtete Ereignis ungefähr ist.
Alle Ergebnisse, die nicht zu dem Ereignis E gehören, bilden das **Gegenereignis $\bar{E}$** (lies: „E Strich“).

Wahrscheinlichkeit des Ereignisses E: $P(E) \leqq 100\,\%$
Wahrscheinlichkeit des Gegenereignisses $\bar{E}$: $P(\bar{E}) = 100\,\% - P(E)$

E: „Jenna hat an einem Sonntag Geburtstag.“
$P(E) = \frac{1}{7}$ $P(\bar{E})$ = P („Jenna hat nicht an einem Sonntag Geburtstag.“) $= \frac{6}{7}$

2 a) Ordne den Ereignissen E_1 „Gregor wäscht alleine ab.“, E_2 „Anna wäscht alleine ab.“ und E_3 „Beide waschen zusammen ab.“ jeweils das Gegenereignis zu.

b) Ist das Spiel, das Anna vorgeschlagen hat, nun wirklich fair? Bestimme dazu die Wahrscheinlichkeiten der Ereignisse E_1, E_2 und E_3 in Prozent, wenn der Halbzylinder 50-mal geworfen wird.

3 Es wurden 200 Schrauben geprüft. 150 davon haben die Normlänge, 36 sind zu kurz und 14 zu lang. Bestimme die Wahrscheinlichkeit, dass eine Schraube nicht der Normlänge entspricht, indem du

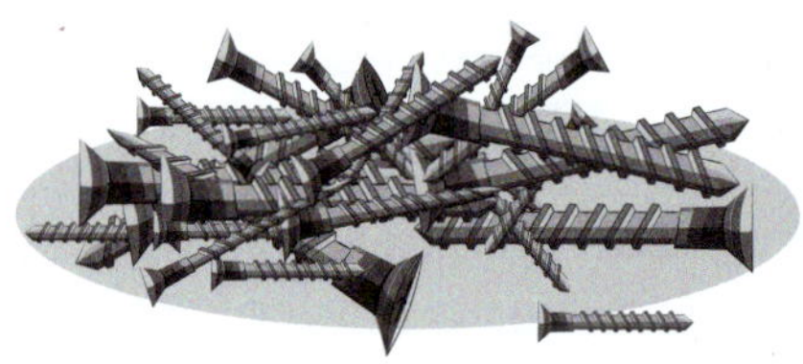

a) direkt vom Ereignis ausgehst.
b) das Gegenereignis betrachtest.

4 In 66 Fällen wurde festgestellt, dass die Abgasnormen für Autos überschritten wurden. Das sind 8 % der zufällig ausgewählten Autos.

a) Berechne, wie viele Autos getestet wurden.

b) Wie groß ist die Wahrscheinlichkeit, dass ein Auto die Abgasnorm erfüllt? Wie viele Autos sind das? Findest du mehrere Möglichkeiten, das auszurechnen?

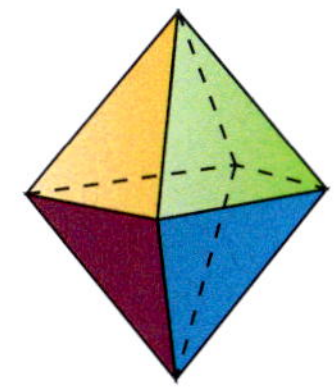

Ein Oktaederwürfel ist ein Würfel mit 8 gleich großen Seiten.

1 Gregor hat eine andere Idee, wie man bestimmen kann, wer sich um den Abwasch kümmern muss. Gewürfelt wird nun mit einem Oktaeder mit den Augenzahlen 1 bis 8. Anna muss abwaschen, wenn eine ungerade Zahl geworfen wird. Beide teilen sich die Aufgabe, wenn eine durch 4 teilbare Zahl geworfen wird. Gregor ist an der Reihe, wenn eine 2 oder 6 geworfen wird.

a) Beschreibe den Unterschied zwischen den Würfeln von Gregor und Anna.

b) Ist das Spiel mit Gregors Würfel fair? Begründe, indem du die Wahrscheinlichkeiten für die folgenden Ereignisse berechnest.

E_1: „ungerade Zahl“ E_2: „eine durch 4 teilbare Zahl“ E_3: „2 oder 6“

Zufallsversuch
Wahrscheinlichkeit
Ereignis
Gegenereignis

Sind alle Ergebnisse bei einem Zufallsversuch gleich wahrscheinlich, kann man die **Wahrscheinlichkeit für das Ereignis E** berechnen.

Es gilt: $P(E) = \frac{\text{Anzahl der für E günstigen Ergebnisse}}{\text{Anzahl der möglichen Ergebnisse}}$

Die Wahrscheinlichkeiten des Ereignisses E und des zugehörigen Gegenereignisses $\overline{E}$ **ergänzen sich zu 1:**
Es gilt: $\mathbf{P(E) + P(\overline{E}) = 1}$ bzw. $\mathbf{P(\overline{E}) = 1 - P(E)}$

Mit welcher Wahrscheinlichkeit zieht man aus der Menge der Buchstaben M; I; N; O; S einen Vokal (einen Konsonanten)?
Die Ergebnismenge E = {M; I; N; O; S} enthält 5 Ergebnisse.
P („Vokal“) = $\frac{2}{5}$ = 0,4 = 40 %
P („Konsonant“) = 1 – P („Vokal“) = 1 – 0,4 = 0,6 = 60 %

2 Formuliere zu den Ereignissen E_1, E_2 und E_3 aus Aufgabe 1 jeweils das Gegenereignis und berechne die zugehörigen Wahrscheinlichkeiten auf zwei verschiedene Arten.

3 Nimm an, dass zu Beginn deiner nächsten Geschichtsstunde eine Abfrage in deiner Klasse stattfindet. Betrachte folgende Ereignisse.
E_1: „Es wird ein Mädchen abgefragt.“
E_2: „Es wird jemand abgefragt, der eine Brille trägt.“
E_3: „Derjenige, der abgefragt wird, trägt Jeans.“
E_4: „Es wird jemand mit langen Haaren abgefragt.“

a) Bestimme die Wahrscheinlichkeiten der Ereignisse für deine Klasse.

b) Gib zu jedem der vier Ereignisse jeweils das Gegenereignis und dessen Wahrscheinlichkeit an.

4 Zufällig ausgewählte Passanten werden nach dem Datum ihres Geburtstags befragt.

① Die Wahrscheinlichkeit, im Winter Geburtstag zu haben, beträgt $\frac{1}{4}$.

② Die Wahrscheinlichkeit, im August Geburtstag zu haben, beträgt ca. 8,5 %.

a) Erkläre, wie die Wahrscheinlichkeiten berechnet wurden.

b) Berechne für mindestens drei unterschiedlich große, befragte Personengruppen die wahrscheinliche Anzahl der Passanten, die im Winter oder im Monat August Geburtstag haben.

Wahrscheinlichkeiten mithilfe der Pfadregeln berechnen

1 Ohne Hinzusehen wird aus den beiden abgebildeten Tüten ohne Zurücklegen jeweils ein Bonbon entnommen.

a) Wie viele verschiedene Ergebnisse sind insgesamt möglich?

b) Zeichne ein passendes Baumdiagramm.

c) Tanja mag die grünen Bonbons. Wie groß ist die Wahrscheinlichkeit, zwei davon zu ziehen? Überlege, wie man diese bestimmen kann.

Wenn man gleichzeitig oder nacheinander zwei Teilversuche ausführt, kann man das als einen Zufallsversuch betrachten.

Mehrstufiger / Zusammengesetzter Zufallsversuch
Baumdiagramme
Pfadregeln

Zufallsversuche, die aus **mehreren** zeitlich nach- oder nebeneinander ablaufenden **Teilversuchen** bestehen, werden als **mehrstufige** oder **zusammengesetzte Zufallsversuche** bezeichnet. Die Menge der Ergebnisse lässt sich übersichtlich mithilfe eines **Baumdiagramms** darstellen. Jeder **Pfad** entspricht einem Ergebnis.

1. Pfadregel: Die Wahrscheinlichkeit eines Ergebnisses berechnet man, indem man die **Wahrscheinlichkeiten entlang des zugehörigen Pfades multipliziert.**

Beispiel: Aus einer Urne mit drei weißen und zwei schwarzen Kugeln werden nacheinander zwei Kugeln gezogen. Die gezogenene Kugel wird nicht zurückgelegt.

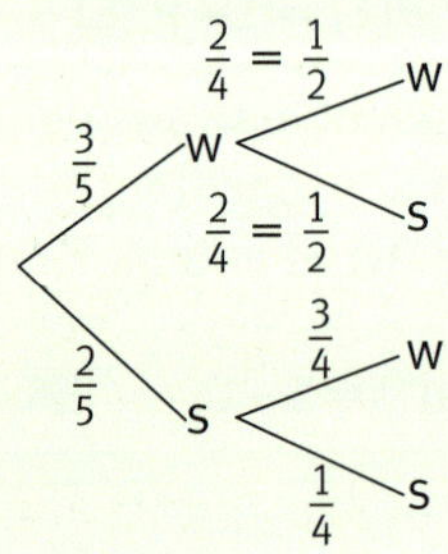

$P\,(ww) = \frac{3}{5} \cdot \frac{1}{2} = \frac{3}{10} = 30\,\%$

$P\,(ws) = \frac{3}{5} \cdot \frac{1}{2} = \frac{3}{10} = 30\,\%$

$P\,(sw) = \frac{2}{5} \cdot \frac{3}{4} = \frac{3}{10} = 30\,\%$

$P\,(ss) = \frac{2}{5} \cdot \frac{1}{4} = \frac{1}{10} = 10\,\%$

2. Pfadregel: Gehören zu einem **Ereignis** mehrere Ergebnisse, werden die **Pfadwahrscheinlichkeiten der einzelnen Ergebnisse addiert**, um die Wahrscheinlichkeit des Ereignisses zu berechnen.

P („eine schwarze und eine weiße Kugel") $= P\,(ws) + P\,(sw) = \frac{3}{10} + \frac{3}{10} = \frac{6}{10} = 60\,\%$

„Höchstens 1-mal" heißt keinmal oder 1-mal. „Mindestens 1-mal" heißt 1-mal oder mehrmals.

2 Berechne zur Aufgabe 1 die Wahrscheinlichkeiten für folgende Ereignisse.

a) E_1: „zwei gleichfarbige Bonbons"
b) E_2: „zwei verschiedenfarbige Bonbons"
c) E_3: „höchstens ein grüner Bonbon"
d) E_4: „zwei grüne Bonbons"
e) E_5: „mindestens ein gelber Bonbon"
f) E_6: „kein gelber Bonbon"

3 Eine Losbude auf dem Rummel hat 1000 Lose, darunter sind 900 Nieten. Zeichne ein Baumdiagramm und berechne die Wahrscheinlichkeit, dass beim Ziehen von zwei Losen mindestens ein Gewinn ist.

4 Mohamed macht eine Ausbildung zum Tischler. Er greift ohne Hinzusehen in eine Box mit fünf messing- und drei silberfarbenen Schrauben und entnimmt gleichzeitig zwei Schrauben. Sein Meister meint: „Da hast du Glück gehabt, dass du zwei gleichfarbige Schrauben gezogen hast.". Hat der Meister Recht? Zeichne ein passendes Baumdiagramm und berechne damit die Wahrscheinlichkeit, zwei gleichfarbige Schrauben zu ziehen.

1 Merve und Greta wollen Pizza bestellen.

a) Wie viele unterschiedliche Pizzen können sie bestellen, wenn sie einen Grundbelag und eine Beilage auswählen? Zeichne dazu ein Baumdiagramm. Verwende die markierten Buchstaben als Kürzel.

b) An Käsesorten stehen zusätzlich **M**ozzarella und **G**ouda zur Wahl. Wie viele Kombinationsmöglichkeiten gibt es nun für eine Pizza?

c) Wie viele Kombinationsmöglichkeiten gibt es, wenn man immer nur zwischen zwei verschiedenen Möglichkeiten auswählen kann?

Grundbelag:
Salami,
Schinken
Beilage:
Peperoni, Oliven
Champignons

Baumdiagramm
Ergebnismenge

Ein Baumdiagramm eignet sich dazu, die **Anzahl aller möglichen Kombinationen** übersichtlich darzustellen und damit die Größe der **Ergebnismenge** zu bestimmen.

Bei zwei Mützen und drei Schals gibt es $2 \cdot 3 = 6$ verschiedene Kombinationsmöglichkeiten. Die Ergebnismenge enthält sechs Ergebnisse.

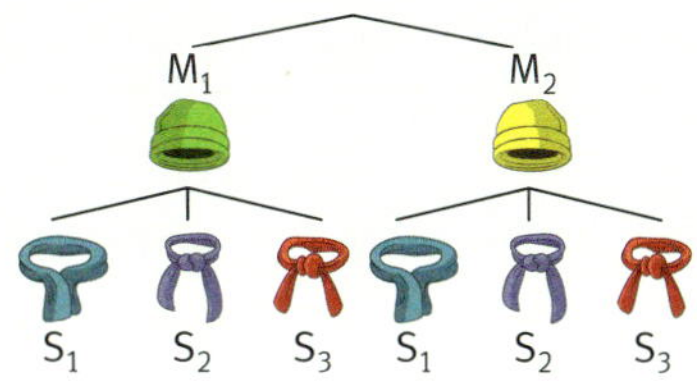

Kann man auf jeder Stufe jeweils zwischen **gleich vielen Möglichkeiten** auswählen, schreibt man die **Anzahl der Kombinationen als Potenz**.

Bei zwei Mützen, zwei Schals und zwei Paar Handschuhen gibt es $2 \cdot 2 \cdot 2 = 2^3 = 8$ verschiedene Kombinationsmöglichkeiten.

2 Ein Fragebogen besteht aus zwölf Fragen zum Ankreuzen, die alle entweder mit „trifft zu" oder „trifft nicht zu" beantwortet werden müssen.
Auf wie viele verschiedene Arten kann man den Fragebogen ausfüllen?

3 Zum Geburtstag hat Murat ein tolles neues Fahrrad bekommen. Natürlich braucht er auch ein Schloss.

a) Es gibt zwei Schlösser zur Auswahl: Eines mit vier Ziffernrädern jeweils von 0 bis 5 und eines mit drei Ziffernrädern von 0 bis 9. Hilf Murat bei seiner Wahl.

b) Berechne jeweils die Wahrscheinlichkeit, zufällig Murats Kombination zu erraten.

4 a) Ali, Samira, Hassan und Merve sollen beim Schultheater nebeneinander auf einer Bank sitzen. Wie viele verschiedene Sitzordnungen gibt es? Probiere aus, zeichne ein Baumdiagramm und beschreibe seinen Aufbau.

b) Wie viele Möglichkeiten gibt es, wenn sich 5, 6, ..., 10, 20 oder allgemein n Kinder nebeneinander setzen möchten? Formuliere eine Regel.

c) Berechne die Wahrscheinlichkeit, dass Ali, Samira, Hassan und Merve genau in dieser Reihenfolge nebeneinander sitzen.

5 Beim Sportfest laufen 6 Mädchen gleichzeitig den 100-m-Lauf. Berechne, wie viele Möglichkeiten es für den Zieleinlauf gibt.

Wahrscheinlichkeiten bei Urnenversuchen berechnen

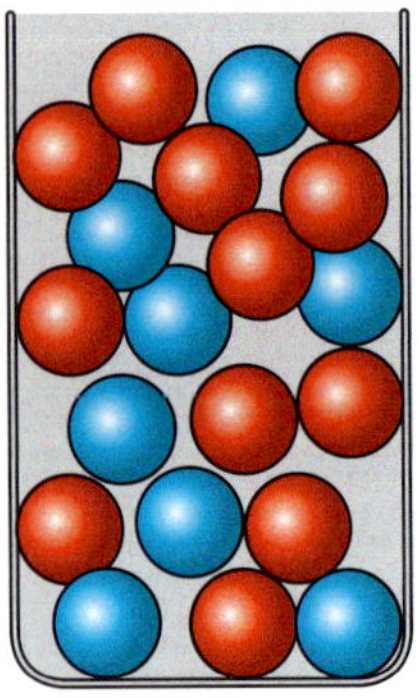

1 In einer Urne sind 12 rote und 8 blaue Kugeln. Paul nimmt nacheinander zwei Kugeln heraus. Einmal legt er die Kugel nach dem Versuch wieder zurück, das andere Mal legt er die Kugel nicht wieder zurück.
Ordne die Baumdiagramme ① und ② den Zufallsversuchen „mit Zurücklegen" und „ohne Zurücklegen" zu. Begründe.

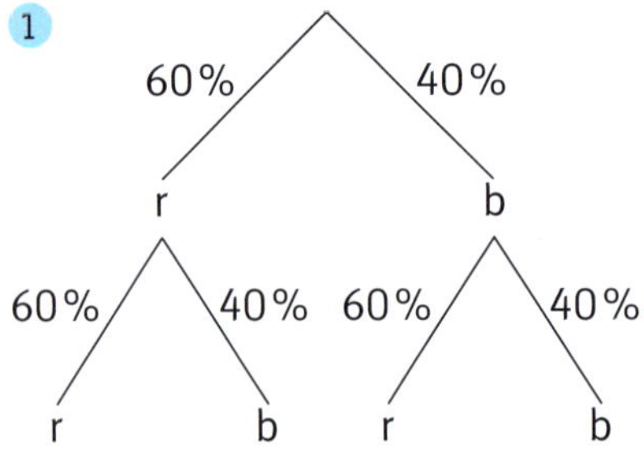

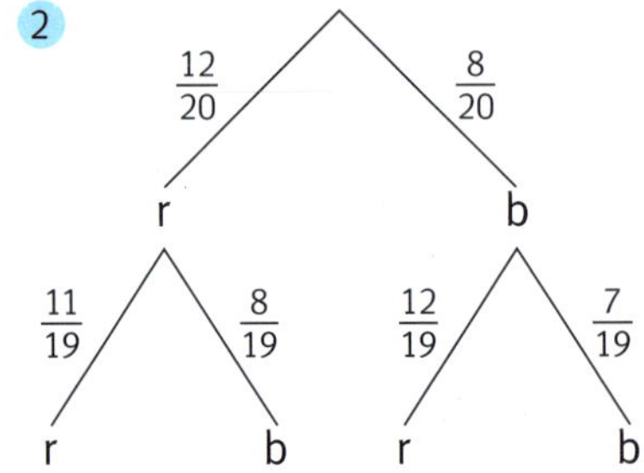

Urnenmodell
Ziehen mit / ohne Zurücklegen

Bei Zufallsversuchen der Form „mehrmaliges Ziehen von Kugeln aus einer Urne" kann man zwischen zwei Fällen unterscheiden:

① Die gezogene Kugel wird nach jedem Durchgang in die Urne **zurückgelegt**. Die **Wahrscheinlichkeit** für ein bestimmtes Ergebnis ist in **jedem Durchgang gleich groß**.

② Die gezogene Kugel wird **nicht zurückgelegt**. Die **Wahrscheinlichkeit** für ein bestimmtes Ergebnis **ändert sich in jedem Durchgang**.

In einer Urne sind drei blaue und drei rote Kugeln. In jedem Durchgang soll eine Kugel gezogen werden. Es wird jeweils die Wahrscheinlichkeit betrachtet, eine rote Kugel zu ziehen.

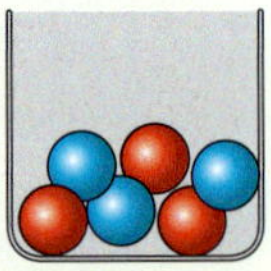

① Ziehen mit Zurücklegen	② Ziehen ohne Zurücklegen
Die Wahrscheinlichkeit, eine rote Kugel zu ziehen, ist in jedem Durchgang $\frac{3}{6} = \frac{1}{2}$.	Die Wahrscheinlichkeit, eine rote Kugel zu ziehen, ist im ersten Durchgang $\frac{3}{6} = \frac{1}{2}$. Im zweiten Durchgang ist die Wahrscheinlichkeit, eine rote Kugel zu ziehen $\frac{2}{5}$ oder $\frac{3}{5}$, je nachdem, welche Farbe die erste Kugel hatte.

Beim Ziehen ohne Zurücklegen muss bei jedem weiteren Durchgang das Ergebnis des vorherigen Durchgangs berücksichtigt werden.

2 Aus der Urne im Merkkasten werden nacheinander zwei Kugeln gezogen. Zeichne für die Fälle
a) mit Zurücklegen
b) ohne Zurücklegen
jeweils ein beschriftetes Baumdiagramm und berechne damit jeweils die Wahrscheinlichkeit, zwei gleichfarbige Kugeln zu ziehen.

3 Aus einer Kiste mit sechs blauen und drei roten Bällen sowie einem gelben Ball zieht Tim drei Bälle mit Zurücklegen (ohne Zurücklegen). Zeichne jeweils ein beschriftetes Baumdiagramm und berechne die Wahrscheinlichkeit, dass Tim
a) drei gleichfarbige Bälle zieht.
b) von jeder Farbe einen Ball erwischt.
c) nur rote und blaue Bälle erhält.
d) nur zwei verschiedene Farben zieht.

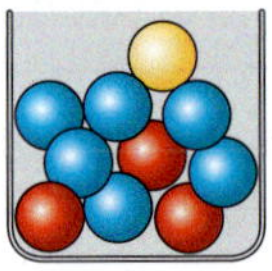

1 Beim Spiel „Mensch ärgere dich nicht“ benötigt Matti unbedingt eine Sechs, um zu starten. Dazu hat er maximal drei Versuche. Sobald er eine Sechs gewürfelt hat, würfelt er nicht mehr weiter. Die möglichen Würfelergebnisse werden in zwei Baumdiagrammen dargestellt.

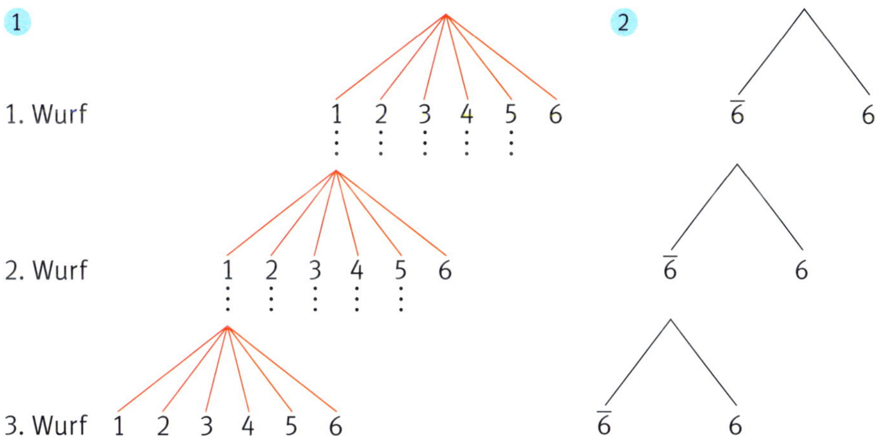

a) Berechne die Wahrscheinlichkeit, beim ersten (erst beim zweiten, erst beim dritten) Mal eine Sechs zu würfeln.

b) Welches Baumdiagramm eignet sich besser? Begründe.

2 Moritz hält fünf Spielkarten in der Hand. Eine davon ist der schwarze Peter. Felix muss zwei dieser Karten ziehen. Zeichne ein passendes Baumdiagramm und berechne die Wahrscheinlichkeit, dass Felix den schwarzen Peter nicht erwischt.

TRIMM-DICH-ZWISCHENRUNDE

1 In einer Urne sind 7 schwarze, 3 weiße und 5 rote Kugeln. Bestimme auf verschiedene Arten die Wahrscheinlichkeit für das Ziehen einer

a) roten Kugel. b) schwarzen Kugel. c) Kugel, die nicht rot ist.

d) Kugel, die nicht grün ist. e) schwarzen oder roten Kugel.

2 Diese sechs Spielkarten liegen verdeckt auf dem Tisch. Es wird zweimal gezogen.

a) Zeichne vollständige beschriftete Baumdiagramme und berechne damit die Wahrscheinlichkeiten, zuerst einen König und dann ein Ass zu ziehen
① wenn die erste Karte zurückgesteckt wird.
② wenn die erste Karte nicht zurückgesteckt wird.

b) Wie groß ist jeweils die Wahrscheinlichkeit, wenn es auf die Reihenfolge nicht ankommt?

3 Nico möchte sich eine Eistüte mit zwei verschiedenen Sorten Eis kaufen. Die Eisdiele hat fünf verschiedene Sorten zur Auswahl. Wie viele verschiedene Kombinationen könnte er bestellen? Dabei ist es ihm egal, in welcher Reihenfolge die Kugeln in die Tüte kommen.

Zufallsversuche auf das Urnenmodell übertragen

1 Kevin ist mit seiner Freundin Vanessa auf dem Rummel. Er möchte ihr an einem Stand eine Rose schießen. Bei zehn Schüssen trifft er meistens sechsmal. Sobald er eine Rose getroffen hat, hört er auf, spätestens jedoch nach dem vierten Schuss.

a) Zeichne ein Baumdiagramm, das diesen Zufallsversuch beschreibt. Beschrifte die Pfade mit den dazugehörigen Wahrscheinlichkeiten.

b) Berechne die Wahrscheinlichkeit, dass Kevin erst beim ersten (zweiten, dritten, vierten) Schuss trifft.

c) Bestimme auf verschiedene Arten die Wahrscheinlichkeit, dass Kevin spätestens beim vierten Schuss trifft.

Der Pfad im Baumdiagramm zu Aufgabe 1 kann enden, wenn Kevin eine Rose getroffen hat.

2 In einer Urne liegen 10 Kugeln, 6 sind rot und 4 haben eine andere Farbe. Hakan zieht eine Kugel und legt sie nach dem Ziehen in die Urne zurück. Er hat gewonnen, wenn er eine rote Kugel zieht. Sobald er eine rote gezogen hat, hört er auf, spätestens jedoch nach dem vierten Ziehen.

a) Berechne die Wahrscheinlichkeit, dass Hakan spätestens beim vierten Ziehen die rote Kugel zieht.

b) Vergleiche mit den Angaben aus dem Zufallsversuch von Aufgabe 1.

Urnenmodell
Ziehen mit / ohne Zurücklegen

Viele Fragestellungen bei mehrstufigen Zufallsversuchen kann man mit dem **Ziehen von Kugeln aus einer Urne** mit oder ohne Zurücklegen vergleichen. Das Ziehen einer gewünschten Kugel wird als Treffer bezeichnet. Man unterscheidet:

① **Ziehen mit Zurücklegen**	② **Ziehen ohne Zurücklegen**
Die Trefferwahrscheinlichkeit **bleibt bei jedem Durchgang gleich.**	Die Trefferwahrscheinlichkeit **verändert sich bei jedem Durchgang.**

Aus einem Skatspiel mit 32 Karten erhält Ahmet zu Beginn 5 zufällig gezogene Karten. Wie groß ist die Wahrscheinlichkeit, dass alle 5 Karten rot sind?

Übertragung auf das Urnenmodell:
Die Urne enthält 16 rote und 16 schwarze Kugeln. Ahmet zieht fünfmal, ohne die Kugel wieder zurückzulegen.
Treffer: Eine rote Kugel wird gezogen.
$P(\text{„5 rote Kugeln“}) = \frac{16}{32} \cdot \frac{15}{31} \cdot \frac{14}{30} \cdot \frac{13}{29} \cdot \frac{12}{28} \approx 0{,}02 = 2\,\%$

3 Beschreibe das passende Urnenmodell.

a) Ein Test besteht aus acht Fragen. Bei jeder sind fünf Antwortmöglichkeiten vorgegeben, von denen jeweils nur eine richtig ist.

b) Die 10 Teilnehmer eines 100-m-Laufs kämpfen um die ersten drei Plätze.

c) Alle vier Mitglieder der Familie Tietz haben an unterschiedlichen Wochentagen Geburtstag.

Wie viele unterschiedliche Kugeln liegen in der Urne? Wie oft wird gezogen? Mit oder ohne Zurücklegen?

Zufallsversuche auf das Urnenmodell übertragen

A
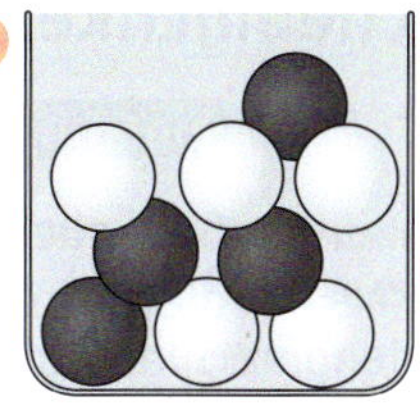

B
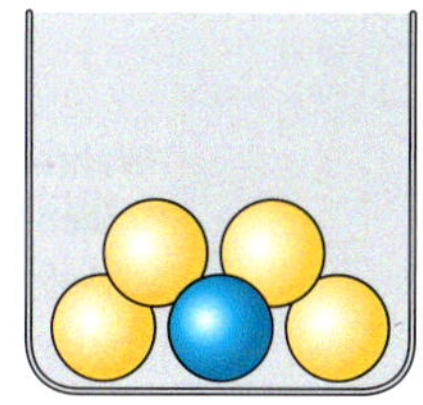

C
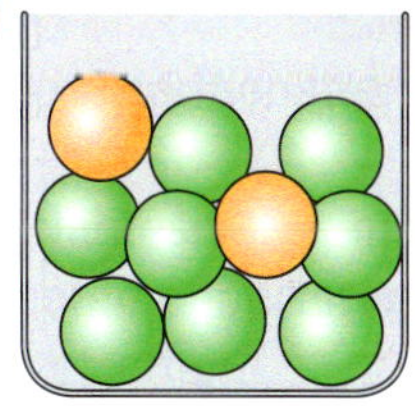

1 Tim kauft vier Überraschungseier. Laut Hersteller befindet sich in jedem fünften Ei eine Figur aus einer Lieblingsserie.
   a) Begründe, dass dieser Zufallsversuch mit dem Ziehen mit Zurücklegen vergleichbar ist. Welche Urne passt dann zu diesem Sachverhalt? Wie oft muss gezogen werden?
   b) Zeichne ein Baumdiagramm, das diesen Zufallsversuch beschreibt. Beschrifte die Pfade mit den dazugehörigen Wahrscheinlichkeiten.
   c) Berechne die Wahrscheinlichkeiten für folgende Ereignisse:
   E_1: „Tim findet keine Comicfigur."
   E_2: „Tim findet genau eine Comicfigur."
   E_3: „Tim findet frühestens im letzten Ei eine Comicfigur."

2 In den 9. Klassen der Schule an der Dahme üben 50 % der Schüler mit dem Schulbuch, 30 % der Schüler mit Lernvideos und 20 % der Schüler mit Lernvideos und dem Schulbuch für die Abschlussarbeiten. Es werden zufällig 10 Schüler befragt.
   a) Beschreibe das passende Urnenmodell.
   b) Wie groß ist Wahrscheinlichkeit, dass der dritte (fünfte) ausgewählte Schüler ausschließlich mit Lernvideos übt?

3 Zu Fasching haben Rene und seine zwei Freunde acht Pfannkuchen mit Marmeladen- und zwei mit Senffüllung gekauft. Jeder isst einen Pfannkuchen.
   a) Beschreibe das passende Urnenmodell.
   b) Zeichne ein Baumdiagramm und berechne die Wahrscheinlichkeiten für folgende Ereignisse:
   E_1: „Alle bekommen einen Marmeladenpfannkuchen."
   E_2: „Nur der erste bekommt einen Senfpfannkuchen."
   E_3: „Genau einer erwischt einen Senfpfannkuchen."
   E_4: „Mindestens einer muss einen Pfannkuchen mit Senffüllung essen."

4 In einem Päckchen sind 25 Tulpenzwiebeln. Laut Etikett enthält es 20 % Zwiebeln für rote und je 40 % für weiße und gelbe Tulpen. Henriette pflanzt drei Zwiebeln ein.
   a) Beschreibe das passende Urnenmodell.
   b) Zeichne ein Baumdiagramm und berechne die Wahrscheinlichkeit, dass Henriette drei rote Tulpen (drei unterschiedlich farbige) pflanzt.

5 Zur Fußball-WM 2018 wurden Sammelbildchen in Päckchen mit je fünf Stück verkauft. Etwa 1 % der Aufkleber waren glänzende Sondermotive.
   a) Beschreibe das passende Urnenmodell.
   b) Mateo hat sich sechs Päckchen mit Bildern gekauft. Bestimme die Wahrscheinlichkeit, mit der er ein (mehr als ein) Sondermotiv erhält.

1 a) Bestimme die Wahrscheinlichkeiten für folgende Ereignisse bei den einzelnen Glücksrädern.

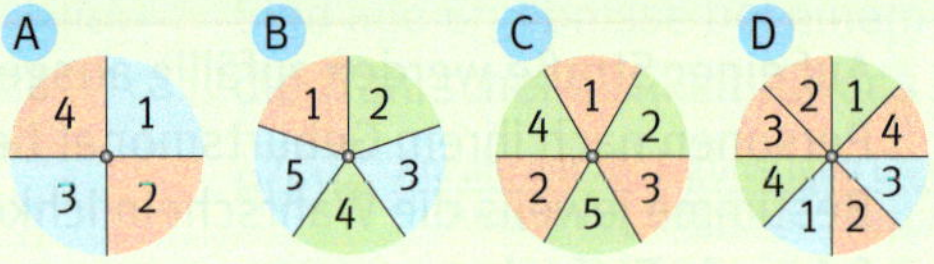

Notiere die Wahrscheinlichkeiten in einer Tabelle.

	E_1	E_2	E_3	E
A	$\frac{1}{2}$	■	■	
B	■	■	■	
C	■	■		
D	■			

E_1: „Blau gewinnt."
E_2: „Rot gewinnt."
E_3: „Rot oder Grün gewinnt."
E_4: „1 gewinnt."
E_5: „Rote 1 gewinnt."
E_6: „Gerade Zahl oder Rot gewinnt."

b) Ermittle für jedes Glücksrad die Wahrscheinlichkeit des Gegenereignisses $\overline{E}_4$: „1 gewinnt nicht."

2 Bestimme die Wahrscheinlichkeit,
a) unter acht Schlüsseln am Schlüsselbund von Frau Marschner auf Anhieb den richtigen zur Klassenraumtür zu finden.
b) bei einem Test unter sechs möglichen Antworten die richtige zu raten.
c) die richtige Telefonnummer deiner Schule zu wählen, wenn du die letzte Ziffer vergessen hast.

3 a) Beschreibe drei Zufallsversuche, die zu diesem Baumdiagramm gehören könnten. Benutze dazu entweder eines oder beide Glücksräder.

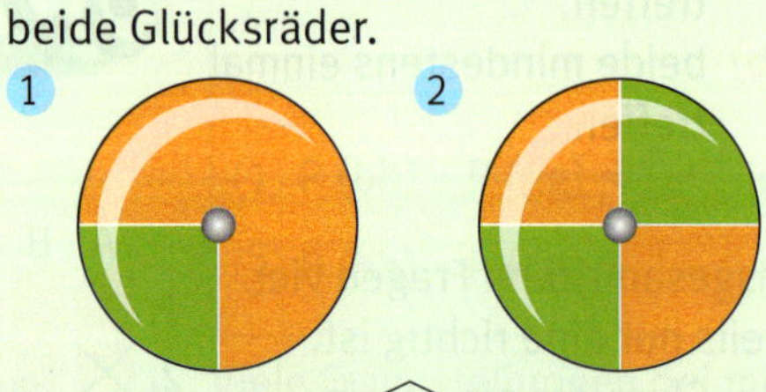

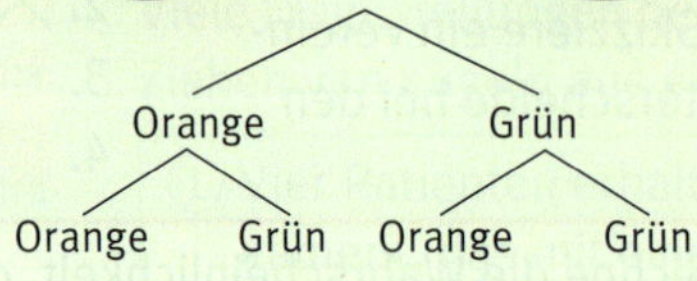

b) Berechne mithilfe des Baumdiagramms für jeden Zufallsversuch die Wahrscheinlichkeit für das Ereignis „mindestens einmal grün".

4 An beiden Scheiben dieses Spielautomates wird gleichzeitig jeweils einmal gedreht.

a) Berechne die Wahrscheinlichkeiten für folgende Ereignisse:
E_1: „Zweimal Herz"
E_2: „Zweimal gleiches Symbol"
b) Zeichne selbst zwei Scheiben und bemale sie so, dass die Wahrscheinlichkeit für „Zweimal Herz" 25 % (12,5 %) beträgt.

5 Nach jedem der drei Staffelläufe der Olympiade wird ein Läufer des vierköpfigen Teams zur Dopingkontrolle ausgelost. Mit welcher Wahrscheinlichkeit trifft es
a) dreimal denselben Läufer?
b) nicht dreimal denselben Läufer?

6 Bei einem Online-Account sollte man sichere Passwörter verwenden. Berechne die Anzahl der verschiedenen vierstelligen Passwörter, wenn nur Buchstaben, aber keine Umlaute und kein „ß" verwendet werden dürfen. Dabei wird zwischen Groß- und Kleinschreibung
a) nicht unterschieden.
b) unterschieden.

7 Wer mäht heute den Rasen? Sebastian hat keine Lust und bietet ein Spiel an.

Ist das schlau? Berechne die Wahrscheinlichkeit, dass er den Rasen mähen muss. Dabei wird die Figur nach dem Ziehen
a) wieder zurückgelegt.
b) nicht wieder zurückgelegt.

8 Lucas wirft einen gewöhnlichen Spielwürfel zweimal.

a) Zeichne ein verkürztes Baumdiagramm und berechne die Wahrscheinlichkeiten für folgende Ereignisse:

E_1: „Er wirft zuerst die Augenzahl 4 und dann die 5."

E_2: „Er wirft zweimal die gleiche Augenzahl."

E_3: „Die Summe der geworfenen Augenzahlen hat den Wert 10."

E_4: „Die Summe der geworfenen Augenzahlen hat nicht den Wert 12."

b) Formuliere zu den Ereignissen E_1 bis E_4 jeweils das Gegenereignis und berechne dessen Wahrscheinlichkeit.

9 Aus den verdeckt liegenden Zahlenkarten werden zwei zufällig ausgewählt und die beiden darauf stehenden Zahlen miteinander multipliziert.

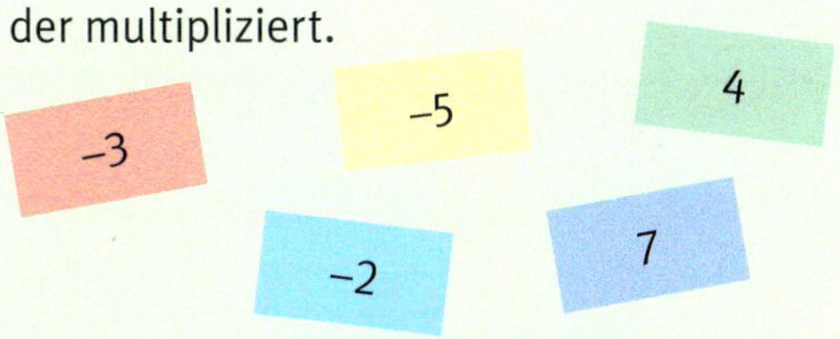

Wie groß ist die Wahrscheinlichkeit, dass der Produktwert positiv (negativ) ist? Zeichne dazu nur den notwendigen Teil des Baumdiagramms.

10 Ein Computerhersteller testet jeden Laptop vor dem Verkauf zwei Mal. Ein bestimmter Fehler wird bei jeder Kontrolle in 20 % der Fälle übersehen. Zeichne ein Baumdiagramm und berechne die Wahrscheinlichkeit, dass ein Laptop, der diesen Fehler aufweist,

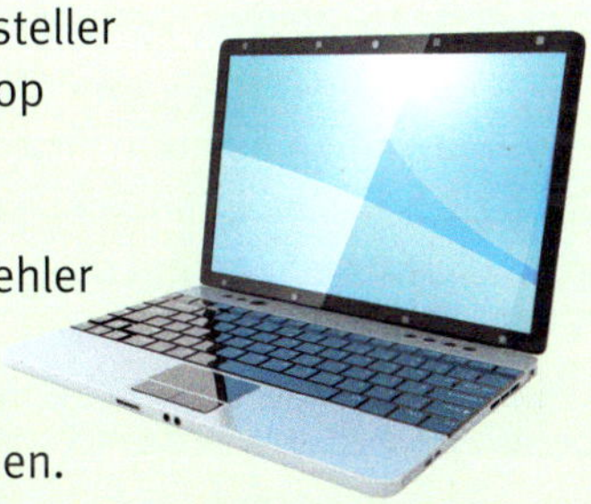

a) schon bei der ersten Kontrolle entdeckt wird.

b) erst im zweiten Test entdeckt wird.

c) in keinem der beiden Tests entdeckt wird und fehlerhaft verkauft wird.

11 Bei einem Fernsehquiz müssen Kandidaten in einer Auswahlrunde zuerst vier Antworten (A, B, C, D) in die richtige Reihenfolge bringen. Berechne die Wahrscheinlichkeit, dass ein Kandidat

a) zufällig alle vier Antworten in die richtige Reihenfolge bringt.

b) die drei verbleibenden Antworten zufällig in die richtige Reihenfolge bringt, wenn er die erste Antwort kennt.

12 In einer Klasse mit 30 Schülern wird jede Woche ein Schüler zum Tafeldienst ausgelost. Wer gezogen wurde, wird von der Liste gestrichen.

a) Beschreibe das passende Urnenmodell.

b) Berechne die Wahrscheinlichkeit, dass Ina

① in der ersten Woche an die Reihe kommt.

② erst in der zweiten Woche gezogen wird.

③ frühestens in der dritten Woche Tafeldienst machen muss.

13 Drei Personen erhalten ein Fiebermittel, das erfahrungsgemäß in 60 % aller Fälle zur Senkung des Fiebers führt.

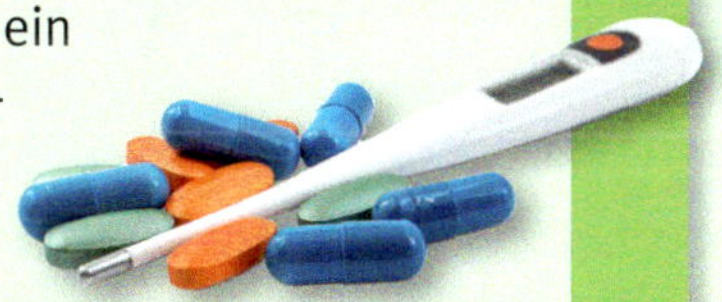

a) Beschreibe das passende Urnenmodell.

b) Zeichne ein Baumdiagramm und berechne die Wahrscheinlichkeit, dass das Fiebermittel bei

① genau zwei Personen wirkt.

② mindestens zwei Personen wirkt.

14 Avram behauptet, dass folgende Aussagen und Ereignisse jeweils gleich sind. Hat er Recht? Begründe.

a) „Die Wahrscheinlichkeit beträgt mehr als 60 %." und „Die Wahrscheinlichkeit beträgt mindestens 60 %."

b) E_1: „erster Treffer im 8. Versuch" und E_2: „kein Treffer vor dem 7. Versuch"

1 Wirft man eine leicht gewölbte Spielkarte in die Luft, so landet sie in einer der abgebildeten Positionen auf dem Boden.

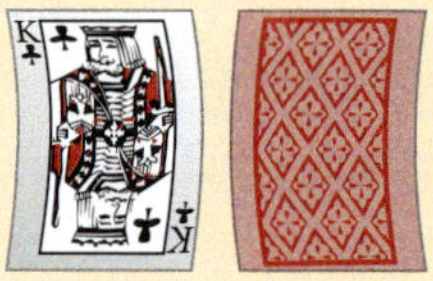

Position 1 Position 2

a) Lucky hat die Spielkarte 250-mal geworfen. Es ergibt sich: h (Position 2) = 0,404.
Wie groß ist die zugehörige absolute Häufigkeit?

b) Luke hat die Spielkarte ebenfalls mehrfach geworfen.
Sie ist 66-mal in Position 1 liegen geblieben. Die zugehörige relative Häufigkeit lautet: h (Position 1) = 55 %. Wie oft hat Luke die Spielkarte geworfen?

2 Jakob wirft einen gewöhnlichen Spielwürfel. Wie groß ist die Wahrscheinlichkeit, dass die geworfene Augenzahl ...

a) kleiner als 4 ist? b) mindestens 5 ist? c) eine Primzahl ist?

3 Aus einer Urne werden zwei Kugeln gezogen. Hassan zieht zuerst eine Kugel und merkt sich die Farbe. Dann

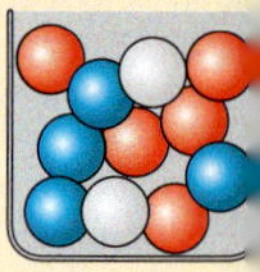

1 legt er die Kugel wieder zurück und zieht erneut eine Kugel.

2 zieht er eine zweite Kugel, ohne vorher die erste Kugel zurückzulegen.

a) Zeichne für beide Zufallsversuche ein Baumdiagramm.

b) Berechne jeweils die Wahrscheinlichkeit, dass Hassan zwei blaue Kugeln (höchstens eine rote Kugel; mindestens eine weiße Kugel) zieht.

4 Auf dem Schulweg muss Eren drei Straßen mit Fußgängerampeln überqueren.

a) Stelle die Situation mithilfe eines Baumdiagramms dar und schreibe alle möglichen Kombinationen auf.

b) Berechne die Wahrscheinlichkeiten für folgende Ereignisse:
E_1: „Nur die erste Ampel ist rot."
E_2: „Zwei Ampeln zeigen grün."
E_3: „Alle Ampeln zeigen die gleiche Farbe."
Von welchen Annahmen bist du bei der Berechnung ausgegangen?

5 An Rosis Schloss lassen sich dreistellige Zahlen aus den Ziffern 0 bis 9 einstellen.

a) Welche kleinstmögliche (größtmögliche) Zahl kann Rosi einstellen? Wie viele unterschiedliche Einstellungen sind demnach möglich?

b) Peter versucht, Rosis Schloss mit einem einzigen Versuch zu knacken. Dazu stellt er zufällig eine Zahl ein. Wie groß ist die Wahrscheinlichkeit, dass es sich nicht um die richtige Zahl handelt?

Er

6 Ein Biathlet muss im Training nur auf drei Scheiben schießen. Für jeden Fehlschuss bekommt er eine Strafrunde. In der Regel trifft der Biathlet bei 9 von 10 Schüssen.

a) Beschreibe das passende Urnenmodell.

b) Zeichne ein Baumdiagramm und berechne geschickt die Wahrscheinlichkeit, dass der Biathlet

1 höchstens eine Strafrunde laufen muss.

2 mindestens eine Strafrunde laufen muss.

Fußball und Mathematik
Wusstest du schon?

Die erste Fußball-Weltmeisterschaft fand 1930 in Uruguay statt. Damals waren nur 13 Mannschaften dabei, davon vier Mannschaften aus Europa. Im Finale standen sich der Gastgeber und Argentinien gegenüber. Uruguay besiegte Argentinien mit 4 : 2.
Während der 5. Weltmeisterschaft 1954 gelang Deutschland das „Wunder von Bern“. Die deutsche Nationalmannschaft besiegte die als unschlagbar geltenden Ungarn mit 3 : 2.
2014 war Brasilien der Gastgeber für die 20. Weltmeisterschaft. Im Endspiel unterlag Argentinien der deutschen Mannschaft mit 0 : 1.

- Bisher gewannen die Spieler der deutschen Nationalmannschaft den Pokal 1954, 1974, 1990 und 2014. Finde heraus, wie viel Prozent der WM-Endspiele Deutschland gewonnen hat.

Als „Wunderwaffe“ kamen 1954 die von Adi Dassler entwickelten Fußballschuhe zum Einsatz. Sie waren nicht nur leichter als früher, sondern hatten die ersten auswechselbaren Schraubstollen. Im Dauerregen weichten die Schuhe der Ungarn auf und verdoppelten ihr Gewicht auf bis zu 1,5 kg. Die Adidas-Schuhe wogen hingegen lediglich 700 g. Außerdem gaben die neuen Stollen den Spielern einen besseren Stand.

- Recherchiere, wie schwer heutige Fußballschuhe sind.

Bis in die 60er Jahre wurde der Fußball aus vernähten Lederstreifen gefertigt und mit einer Schweinsblase gefüllt.
Zur WM 1970 in Mexiko spielten die Mannschaften mit einem Lederball, der aus Fünf- und Sechsecken genäht war.
Heutzutage werden die Bälle nicht mehr genäht, sondern verklebt.

- Recherchiere, woraus Fußbälle heutzutage hergestellt werden.

Das Fußballfeld

1 Ein Bundesliga-Fußballfeld muss mindestens 90 m lang und 45 m breit sein. Es darf höchstens 120 m lang und 90 m breit sein.

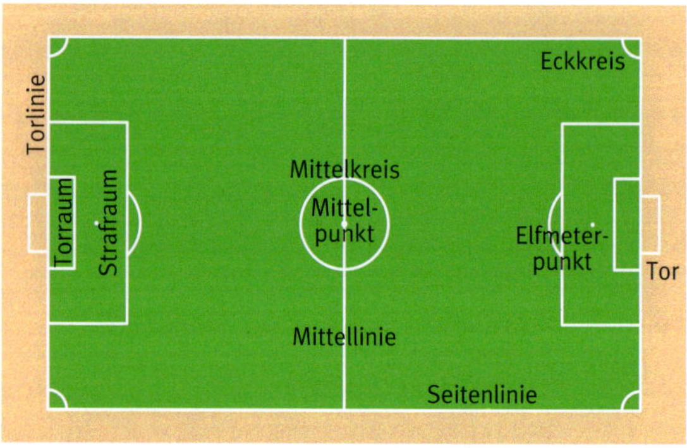

Flächeninhalt

a) Berechne den Flächeninhalt des kleinsten Fußballfeldes.

Rechnen mit Größen

b) Ercan behauptet: „Das größte Fußballfeld hat einen mehr als doppelt so großen Flächeninhalt wie das kleinste.“ Stimmt das? Begründe deine Antwort.

Umfang

2 Für internationale Spiele dürfen die Feldmaße von 110 m x 75 m nicht überschritten werden.

a) Die Markierung der Mittellinie und des Mittelkreises (d = 18,3 m) muss für ein Länderspiel erneuert werden. Für wie viele Meter muss der Platzwart Markierungsfarbe bereitstellen?

b) Während eines EM-Qualifikationsspiels legt ein Linienrichter eine Strecke von 5,55 km zurück. Ermittle, wie vielen Runden um das Spielfeld diese Strecke entspricht.

Maßstab

3 Das Spielfeld im Olympiastadion in Berlin ist 105 m lang und 68 m breit.

a) Zeichne dieses Spielfeld im Maßstab 1 : 500.

b) Zeichne nun den Mittelpunkt, die Mittellinie, den Elfmeterpunkt und den Strafraum (Breite: 16,5 m; Länge: 40,32 m) ein.

c) Der Mittelkreis hat einen Durchmesser von 18,3 m. Gib an, wie groß sein Radius in deiner Zeichnung sein müsste.

4 Ein beliebtes Spiel für Fußballfans ist Tipp-Kick.

a) Die offiziellen Maße des Feldes betragen 106 cm x 70 cm. In welchem ungefähren Maßstab wurde das Spiel hergestellt?

b) Überlege, ob dieser Maßstab auch für die Spielfiguren gilt.

5 Laut FIFA-Regeln müssen die Innenmaße eines Tores im Verhältnis von 1 : 3 stehen.

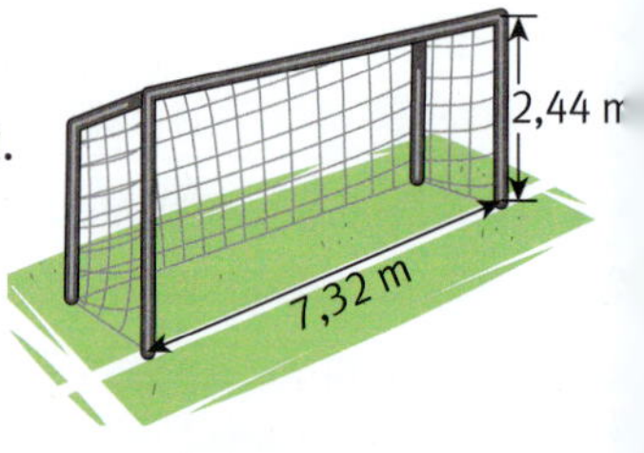

Rechnen mit Größen
Satz des Pythagoras

a) Überprüfe, ob das abgebildete Tor diese Regel erfüllt.

b) Der Platzwart des FC Regenbogen wird beauftragt, das beschädigte Tor mit Absperrband zu sichern. Dazu soll das Band einmal diagonal durch die Öffnung des Tores gespannt werden. Auf seiner Rolle sind noch 8,50 m Band.

Die Fahrt ins Trainingslager

1 Der FC Regenbogen veranstaltet in den Sommerferien ein 14-tägiges Trainingslager. Es fahren eine Mädchen- und eine Jungenmannschaft mit jeweils 18 Spielern mit jeweils zwei Betreuern mit. Da nur 20 Personen in den vereinseigenen Kleinbus passen, fahren die Jungenmannschaft und ihre Betreuer mit der Bahn. Die Fahrtkosten werden gleichmäßig auf alle Teilnehmer verteilt und setzen sich insgesamt folgendermaßen zusammen. Proportionalität Rechnen mit Größen

Benzinkosten für Hin- und Rückfahrt:
72,00 €

Preis für ein Gruppenticket (5 Personen/einfache Fahrt)
56,00 €

a) Gib an, wie viele Gruppentickets der Verein kaufen muss.
b) Berechne die gesamten Kosten für die Fahrt ins Trainingslager.
c) Ermittle, wie viel Euro jeder Teilnehmer für die Fahrt zu zahlen hat.

2 Zusätzlich zu den Fahrtkosten muss die Unterkunft bezahlt werden. Dazu hatte der Verein mit der Unterkunft einen Pauschalpreis für Übernachtung mit Halbpension für 40 Personen ausgehandelt, der gleichmäßig auf alle Teilnehmer verteilt werden sollte. Wenn alle angemeldeten Personen anreisen, hat jeder 475 € zu zahlen. Zwei Jugendliche sagen kurzfristig ab. Nun müssen alle mehr für die Unterkunft bezahlen. Antiproportionalität

3 Für die Jungen und ihre Betreuer stehen die benötigten 20 Betten in acht Zimmern zur Verfügung. Es gibt Zweibettzimmer und Dreibettzimmer. Benjamin behauptet: „Es gibt mehr Zweibettzimmer als Dreibettzimmer." Gleichungssysteme
Hat er Recht? Begründe rechnerisch.

4 Für die insgesamt 36 Spieler sollen bedruckte T-Shirts angeschafft werden. Lineare Funktionen
Der Verein stellt dafür 700,00 € zur Verfügung.
Die Mädchen haben sich erkundigt und zwei Angebote eingeholt.

Angebot A:

T-Shirt mit Druck:
19,95 € (pro Stück)
Schablone (einmalig):
15,00 €

Angebot B:

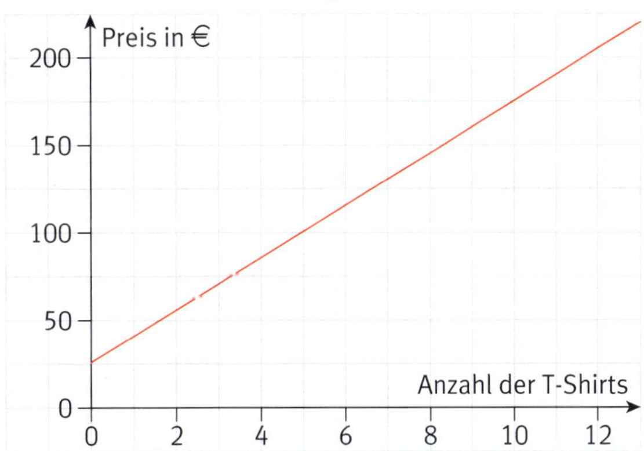

Welches Angebot kann angenommen werden?
Begründe deine Entscheidung durch eine Rechnung.

Beim Training

1 Der Trainer Herr Owen notiert sich während eines Torwarttrainings folgende Ergebnisse:

Ricky hält 22 von 75 Elfmetern, Janto 19 von 55, David 21 von 60 und John 11 von 50.

Häufigkeiten
Diagramme

a) Wen würdest du beim nächsten Punktspiel ins Tor stellen? Begründe.

b) Stelle für jeden der vier Spieler das Verhältnis zwischen verwandelten und verschossenen Elfmetern in einem geeigneten Diagramm dar.

Wahrscheinlichkeiten

c) Ein Profispieler trifft im Elfmeterschießen mit einer Wahrscheinlichkeit von 60 %. Ricky behauptet: „Die Wahrscheinlichkeit, dass dieser Spieler drei von drei Schüssen versenkt, beträgt gerade mal 20 %.“ Überprüfe.

Statistische Kennwerte

2 Die 16 Feldspielerinnen der Mädchenmannschaft schießen jeweils 20-mal auf das Tor. Die Trainerin notiert sich die Anzahl der erzielten Tore.

Anzahl der erzielten Tore							
3	*1*	*10*	*7*	*19*	*15*	*1*	*7*
14	*9*	*18*	*5*	*12*	*7*	*5*	*8*

a) Martha hat eine Trefferquote von 70 %. Welcher Wert in der Tabelle gehört zu Martha?

b) Herr Owen hat die Anzahl der Treffer in der Mädchenmannschaft analysiert und zusammengefasst. Hat er alle Kennwerte korrekt ermittelt? Werte aus.

Minimum	Maximum	Spannweite	Modalwert	Zentralwert	Durchschnittswert
3	19	16	7	10,5	16

Umfang

3 Im Lauftraining sprinten die Mädchen und Jungen diesen Parcour. Berechne die Länge des Parcours. Überlege vorab, aus welchen Teilstrecken sich der Parcour zusammensetzt.

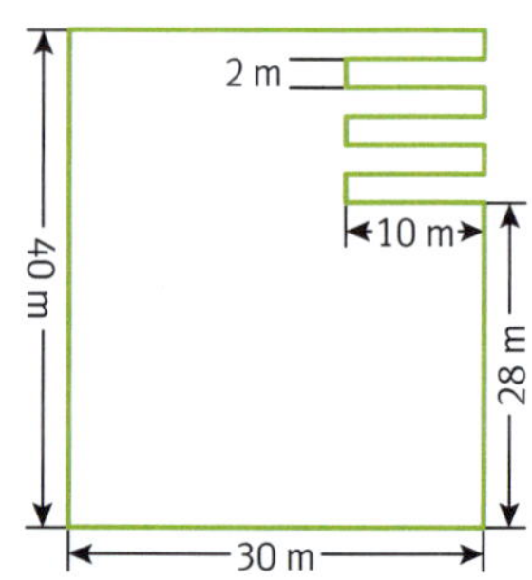

Weg, Zeit
Geschwindigkeit
Satz des Pythagoras

4 Im zweiten Lauftraining sind diese Strecken zurückzulegen. Rose und Jack starten gleichzeitig am Punkt **S**.

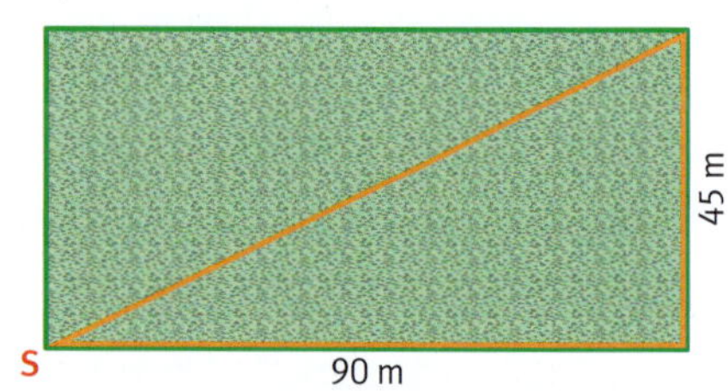

a) Jack läuft 5-mal die **Außenrunde**. Er benötigt dafür insgesamt 337,5 Sekunden. Ermittle seine durchschnittliche Geschwindigkeit in $\frac{m}{s}$.

b) Rose läuft 5-mal die **Innenrunde** mit einer Geschwindigkeit von 3,5 $\frac{m}{s}$. Weise nach, dass Rose und Jack fast gleichzeitig wieder am Startpunkt **S** ankommen.

Rechnen mit Größen
Gleichungen

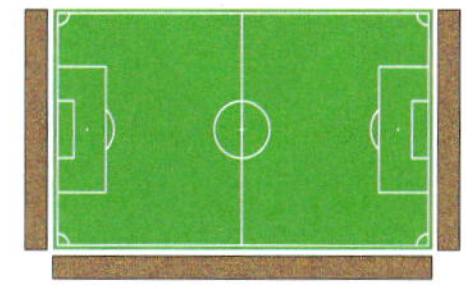

1 Der Verein des SC Kleeblatt richtet das nächste Spiel auf seinem 84 m x 42 m großen Spielfeld aus. An drei Seiten des Platzes sind einreihige Zuschauerbänke für Sitzplätze aufgestellt. Für eine Person wird mit 0,60 m Platzbedarf gerechnet.

a) Martin steht als 250. Fan in der Schlange vor der Kasse. Er überlegt, ob er wohl noch einen Sitzplatz abbekommt.

b) Nach dem Ende des Spiels wurden die Einnahmen gezählt. In der Kasse befinden sich 2018,75 €. Ermittle, wie viele Stehplatzkarten für Erwachsene verkauft wurden, wenn alle Sitzplätze belegt waren und 175 Stehplatzkarten für Kinder (4–17 Jahre) verkauft wurden.

Diagramme

2

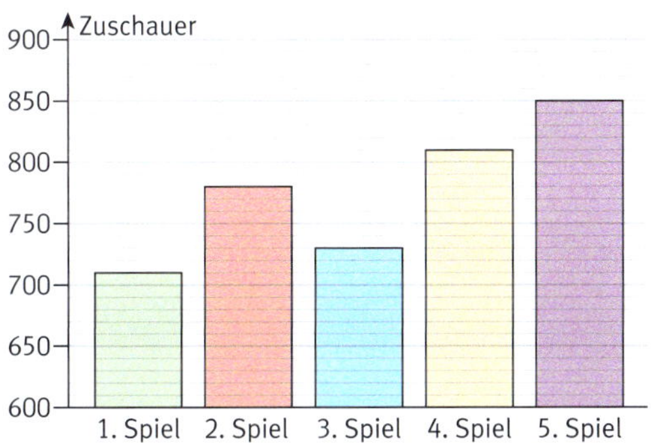

Im Diagramm sind die Zuschauerzahlen bei den Spielen des SC Kleeblatt dargestellt.

a) Lies die Zuschauerzahlen der ersten fünf Spiele der Saison ab.

b) Murat behauptet: „Zum 5. Spiel sind ja mehr als doppelt so viele Zuschauer gekommen wie zum 1. Spiel.“ Hat Murat Recht? Begründe deine Antwort.

Kombinatorik

3 In den Ferien nehmen acht Mädchenmannschaften an einem Turnier teil. Gespielt wird in folgenden Runden: Vorrunde, Halbfinale, kleines Finale, Finale.
Da am Austragungsort zwei Plätze zur Verfügung stehen, werden zwei Gruppen gebildet:

Gruppe I: Mannschaften A, B, C, D
Gruppe II: Mannschaften E, F, G, H

a) In der Gruppe II wurden folgende Vorrunden-Ergebnisse erzielt:

E : F	E : G	H : E	G : H	H : F	F : G
1 : 0	2 : 0	0 : 1	0 : 3	1 : 2	2 : 2

Für einen Sieg gibt es 3 Punkte, für ein Unentschieden 1 Punkt, für eine Niederlage 0 Punkte.
Übertrage die Tabelle, vervollständige sie und fülle sie aus.

	Anzahl			Tore		
Mannschaft	Siege	Unentschieden	Niederlagen	erzielt	erhalten	Punkte
E						

Entscheide, welche Mannschaft der Gruppe II im Halbfinale 1 und welche im Halbfinale 2 spielt.

b) Ermittle, wie viele Spiele insgesamt stattfinden.

Vorrunde Gruppe I:
jeder gegen jeden

Vorrunde Gruppe II:
jeder gegen jeden

Halbfinale 1 (HF 1):
1. Gruppe I vs.
2. Gruppe II

Halbfinale 2 (HF 2):
2. Gruppe I vs.
1. Gruppe II

Kleines Finale:
Verlierer HF 1 vs.
Verlierer HF 2

Finale:
Gewinner HF 1 vs.
Gewinner HF 2

* vs. ist die Abkürzung von versus und heißt gegen.

Fit für die ABSCHLUSSPRÜFUNG

1 In den Jahren 2014 und 2018 fanden die Fußball-Weltmeisterschaften in Brasilien und Russland statt. Die Tabelle zeigt Informationen zur Fläche, der Einwohnerzahl und der Bevölkerungsdichte der beiden Gastgeberländer.

	Fläche	Einwohnerzahl	Bevölkerungsdichte
Brasilien	8 516 000 km^2	ca. 208 Millionen	
Russland	17 100 000 km^2	ca. 144 Millionen	ca. 8 Einwohner pro km^2

a) Gib an, wie viele Menschen insgesamt in beiden Ländern leben.

b) Ermittle den Unterschied der Flächengröße zwischen beiden Ländern.

c) Entscheide, wie die Bevölkerungsdichte Brasiliens berechnet werden kann.

d) Berechne die Bevölkerungsdichte Brasiliens. Runde das Ergebnis auf eine ganze Zahl.

① 8 516 000 km^2 : 208 Millionen

② 8 516 000 km^2 · 208 Millionen

③ 208 Millionen : 8 516 000 km^2

2 In der Saison 2017/2018 hat Hertha BSC in der ersten Bundesliga gespielt.

a) Zu den 17 Heimspielen kamen 770 422 Zuschauer. Berechne, wie viele Zuschauer ein Heimspiel durchschnittlich besucht haben.

b) In das Olympiastadion passen 74 475 Zuschauer. Gib an, wie viel Prozent der Plätze im Durchschnitt nicht besetzt waren.

c) Von allen Heimspielen hatte die Mannschaft fünfmal gewonnen, siebenmal unentschieden gespielt und fünfmal verloren. Gib die relative Häufigkeit an, mit der ein Heimspiel gewonnen wurde.

d) In dieser Saison gaben die Schiedsrichter in allen Spielen der 1. Bundesliga insgesamt 93 Elfmeter. Davon konnten 25 nicht verwandelt werden. Berechne den prozentualen Anteil der verwandelten Elfmeter.

3 Von den Schülern in einer Klasse sind $\frac{2}{3}$ Mädchen. Von den Mädchen ist die Hälfte fußballbegeistert und Fan von Turbine Potsdam. $\frac{1}{5}$ der Jungen sind keine Fußballfans.

a) Stelle den Sachverhalt in einem Baumdiagramm dar.

b) Berechne die Wahrscheinlichkeit dafür, dass ein zufällig ausgewählter Junge Fußballfan ist.

4 In einem Regionalliga-Fußballclub ist ein Automat für Getränke und Snacks aufgestellt. Der Verkauf der einzelnen Produkte wird zur Kontrolle mit folgenden Abkürzungen gespeichert:

A für Apfelsaft **W** für Wasser **E** für Eiweißriegel **M** für Müsliriegel

An einem Tag hat der Automat 50 Produkte in folgender Reihenfolge ausgegeben:

W W M M E A A A A E E M M M E A E A A A M M E M A
A M M W W E A E A A M M E A A M E W W A A E M A A

a) Gib die relative Häufigkeit für den Verkauf der einzelnen Produkte als Bruch und in Prozent an.
b) Zeichne für die Verkaufsmengen der einzelnen Produkte ein Kreisdiagramm. Runde die Winkel geeignet.
c) Um den Automaten am Ende der Woche wieder aufzufüllen, müssen die Produkte nachbestellt werden. Erstelle eine Liste für 650 Produkte, wenn vorausgesetzt wird, dass der Verkauf von Apfelsaft, Wasser, Eiweißriegel und Müsliriegel an allen Tagen annähernd gleich ist.

5 Im Berliner Olympiastadion finden neben den Fußballspielen auch internationale Leichtathletikwettbewerbe statt. Anlässlich eines einwöchigen Wettkampfs wird die Preistabelle für die Tickets im Internet veröffentlicht.

Kombi-Tickets	Premium	Preisklasse 1	Preisklasse 2	Preisklasse 3
Zehnkampf 4 Sessions Di. & Mi.			140,00 €	
Siebenkampf 4 Sessions Do. & Fr.			140,00 €	
Dauerkarte Finals alle 6 Abend Sessions	720,00 €	490,00 €	370,00 €	195,00 €
Dauerkarte alle Sessions alle 10 Sessions	795,00 €	540,00 €	420,00 €	230,00 €
Einzel-Tickets	**Premium**	**Preisklasse 1**	**Preisklasse 2**	**Preisklasse 3**
Vormittag Qualifikationen	40,00 €	25,00 €	20,00 €	15,00 €
Abend Finals	130,00 €	85,00 €	65,00 €	35,00 €

a) Frau Neuland erkundigt sich am Ticketschalter über den Preis eines Einzel-Tickets für einen Qualifikationswettkampf am Vormittag in der Preisklasse 2. Gib an, welche Auskunft sie erhält.
b) Herr Schneller kauft sich ein Kombi-Ticket für den Siebenkampf. Berechne, wie viel er im Durchschnitt für einen Abend zahlt.
c) Lohnt sich der Kauf einer Dauerkarte Finals der Preisklasse 1 für Herrn Yondra, obwohl er weiß, dass er am letzten Tag nicht ins Stadion gehen kann? Begründe rechnerisch.

Fußball – Allerlei Merkwürdiges

1 Eine Sportzeitung behauptet:
„Es fallen mehr Tore bei einer WM als früher und die Spiele sind sehr viel fairer geworden."
Nimm Stellung zu dieser Aussage.

Jahr	Spiele	Tore	Gelbe Karten	Gelb-Rote Karten	Rote Karten
1930	18	70	0	0	1
1954	26	140	0	0	3
1970	32	95	33	0	0
1986	52	132	133	0	8
1998	64	171	250	4	18
2014	64	171	181	3	7

2 Schätze ab.
a) Wie groß ist der Durchmesser dieses Fußballs in etwa?
b) Wie groß müsste ein Mensch sein, der zu diesem Fußball passt?

3 Viele Fußballfans besitzen einen Fanschal. Wie lange wäre die Strecke, wenn man bei einem ausverkauften Fußballspiel in einem Stadion alle Fanschals aneinandereihen würde? Recherchiere benötigte Angaben im Internet.

4 In Helsingborg (Schweden) wurden zum Gedenken an einen Fußballfan alle Fanschal zu einem Kreis gelegt. Recherchiere jeweils benötigte Angaben im Internet.
a) Überlege, wie groß die von den Schals bedeckte Fläche ist.
b) Schätze ab, wie viele Schals auf dem Boden liegen.

Quadratische Funktionen und Gleichungen

Das ist die Gedenkstätte „Gateway Arch" in St. Louis, die 1965 eingeweiht wurde. Sie wurde gebaut zu Ehren des dritten US-Präsidenten Thomas Jefferson, der 1803 die ehemalige Kolonie Louisiana für 15 Millionen US-Dollar von Frankreich kaufte. Dieses größte Grundstücksgeschäft der Geschichte verdoppelte die damalige Fläche der USA und führte letztlich zur Ausbreitung der USA bis an die Pazifikküste.

- Beschreibe die Form des Bauwerks.
- Skizziert die Form mithilfe einer Linie in einem Koordinatensystem. Vergleicht eure Lösungen. Wie seid ihr vorgegangen?

Betrachte beide Brücken. Die rechte heißt Svinesund-Brücke und befindet sich in Norwegen. Die Golden Gate Bridge ist eine Hängebrücke am Eingang zur Bucht von San Francisco in Kalifornien.

- Beschreibe zum Bau der Brücken Gemeinsamkeiten und Unterschiede.
- Skizziere die Bogenform beider Brücken in einem Koordinatensystem. Lege dabei den höchsten bzw. niedrigsten Punkt des Bogens in den Koordinatenursprung.
- Begründe, dass es sich bei der Darstellung um die Graphen zweier Funktionen handelt.
- Finde weitere Informationen über die Brücken heraus.
- Suche in deiner Umgebung, im Internet oder in Büchern nach ähnlichen Bögen.

Quadratzahlen, Potenzen und Wurzeln

Rationale Zahlen quadrieren

Quadratwurzeln berechnen

1 Berechne wenn möglich im Kopf.

a) 17^2 $\quad 0{,}2^2$ $\quad 100^2$ $\quad -1{,}5^2$ $\quad (-\frac{1}{4})^2$

b) $\sqrt{121}$ $\quad \sqrt{1{,}96}$ $\quad \sqrt{1000000}$ $\quad \sqrt{(\frac{9}{25})}$ $\quad \sqrt{8}$

> Ein Produkt aus lauter gleichen Faktoren kann man als Potenz schreiben.
> Ein Produkt aus 2 gleichen Faktoren schreibt man so: $a \cdot a = a^2$.
> Wenn a eine natürliche Zahl ist ($a \in \mathbb{N}$), dann nennt man $a \cdot a = a^2$ eine Quadratzahl.
>
> Die Umkehrung des Quadrierens ist das Wurzelziehen.
> Unter einer Quadratwurzel aus einer positiven Zahl b versteht man eine Zahl a, die mit sich selbst multipliziert wieder die Zahl b ergibt.
> Es gilt: $\sqrt{b} = a$, wenn $a \cdot a = a^2 = b$

Terme und Gleichungen

Termwerte berechnen

2 Berechne jeweils den Wert des Terms im Kopf.

a) $-2a + 15$ für $a = 5\ (-5)$ $\qquad$ b) $5 \cdot (2b + 5)$ für $b = -6\ (\frac{1}{2})$

c) $(7 + c)^2$ für $c = 3\ (-4{,}5)$ $\qquad$ d) $\sqrt{(d - 11)}$ für $d = 60\ (132)$

Terme vereinfachen

3 Vereinfache die Terme so weit wie möglich.

a) $2x + 3 + 4{,}5x - 0{,}5$ $\qquad$ b) $4y - 12{,}5 - 6y + 7{,}5$ $\qquad$ c) $3x + 7y + x - 5y$

d) $6x^2 - 9 + 5 \cdot 3 - 4x^2$ $\qquad$ e) $7 \cdot 2x + 14 - 3x - 3 \cdot 12$ $\qquad$ f) $28 : 4 - 19 : 2 - y^2$

g) $\frac{1}{2}a + \frac{1}{5}b - \frac{1}{4}a + \frac{3}{4}a - 0{,}25a^2$ $\qquad$ h) $2\frac{3}{4} + \frac{2}{5}c^2 - \frac{2}{10}c^2 + 0{,}2\,c^2 - 4\frac{1}{4}$

4 Achte auf das richtige Auflösen der Klammern und vereinfache.

a) $24 + (13x + 19) - 44$ $\qquad$ b) $8 - (4x - 2) - 6x$

c) $8 + 17x^2 - (5 + 4x^2)$ $\qquad$ d) $26x^2 - 18 - (4x^2 + 8) - 7$

> Bei Termen gilt allgemein: Gleiche Variablen kann man zusammenfassen.
> Bei Termen mit Klammern gilt: Steht vor der Klammer ein +, bleiben beim Auflösen der Klammern alle Vor- und Rechenzeichen unverändert. Steht vor der Klammer ein –, werden beim Auflösen der Klammern alle Vor- und Rechenzeichen umgedreht.

Gleichungen lösen

5 Löse die Gleichungen.

a) $5x + 3 = 3x + 7$ $\qquad$ b) $0{,}5x - 12 = 0{,}25x - 9$

c) $-16 = 4x - 4$ $\qquad$ d) $4{,}5x - 5{,}2 = -7{,}45$

e) $96 - 2y = 288$ $\qquad$ f) $4 + \frac{2}{3}b = 3$

g) $6 - (4 - 9c) = 56$ $\qquad$ h) $4 + (-x + 4) = -(-6x + 6)$

> Gleichungen kann man durch äquivalente Umformungen in dieser Reihenfolge lösen:
> ① auf beiden Seiten der Gleichung die gleiche Zahl (das gleiche Vielfache der Variablen) addieren oder subtrahieren
> ② auf beiden Seiten der Gleichung mit der gleichen Zahl multiplizieren (durch die gleiche Zahl dividieren)

Lineare Funktionen

6 Gegeben ist eine lineare Funktion mit $f(x) = y = 3x - 2$. Gib die Steigung m und den y-Achsenabschnitt n der zugehörigen Geraden an.

Eigenschaften linearer Funktionen erkennen

7 Gegeben sind die beiden Funktionen mit $f_1(x) = 2x + 1$ und $f_2(x) = -x + 4$.

a) Stelle beide Funktionen grafisch dar.

b) Woran erkennst du an den Funktionsgleichungen, dass die Gerade zu $f_1(x)$ steigt und die Gerade zu $f_2(x)$ fällt?

Bei linearen Funktionen der Form $f(x) = mx + n$ gibt m die Steigung des Graphen und n seine Schnittstelle mit der y-Achse (y-Achsenabschnitt) an. Ist in der Funktionsgleichung m eine positive (negative) Zahl, so ist der Graph eine steigende (fallende) Gerade.

$f_1(x) = \frac{1}{2}x + 1$

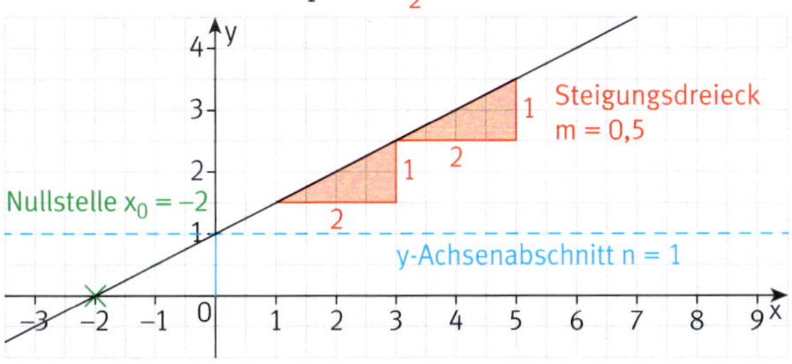

$f_2(x) = -x + 2$

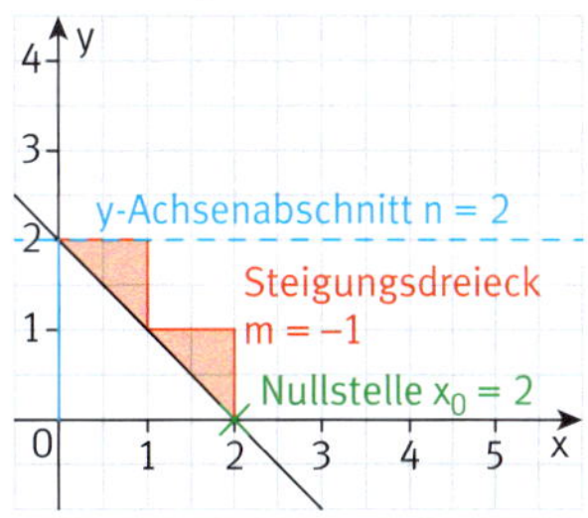

8 a) Lies die Nullstellen beider Graphen aus Aufgabe 7 ab und überprüfe rechnerisch.

b) Lies ebenfalls den Schnittpunkt S ab und überprüfe rechnerisch.

Nullstellen und Schnittpunkte bestimmen

9 Eine Gerade geht durch die Punkte A (2|8,5) und B (6|7,5).

a) Zeichne die Gerade und stelle die zugehörige Funktionsgleichung auf.

b) Berechne die Nullstelle.

c) Eine weitere Gerade verläuft durch den Ursprung mit der Steigung m = 2. Ergänze diese im Koordinatensystem und gib die Funktionsgleichung an.

d) Lies den Schnittpunkt S beider Graphen ab und überprüfe dein Ergebnis rechnerisch.

Den x-Wert des Schnittpunkts N (x_0|0) des Graphen mit der x-Achse nennt man Nullstelle der Funktion. An dieser Stelle gilt immer y = 0.
Der Punkt, in dem sich zwei Graphen schneiden, heißt Schnittpunkt S.
Die Schnittstellen (Schnittpunkte) kann man durch Ablesen im Koordinatensystem oder rechnerisch bestimmen.

Nullstelle der Funktion $f_1(x) = 0{,}5x - 0{,}5$:

$0 = 0{,}5x - 0{,}5 \quad | +0{,}5$

$0{,}5 = 0{,}5x \quad | : 0{,}5$

$1 = x$

$\Rightarrow$ N (1|0)

Schnittpunkt der Graphen zu $f_1(x) = 0{,}5x - 0{,}5$ und $f_2(x) = -x + 2{,}5$:

$0{,}5x - 0{,}5 = -x + 2{,}5 \quad | +0{,}5 \; +x$

$1{,}5x = 3 \quad | : 1{,}5$

$x = 2$ (einsetzen in $f_1(x)$ oder $f_2(x)$)

$y = 0{,}5 \Rightarrow$ S (2|0,5)

Terme mit Klammern vereinfachen

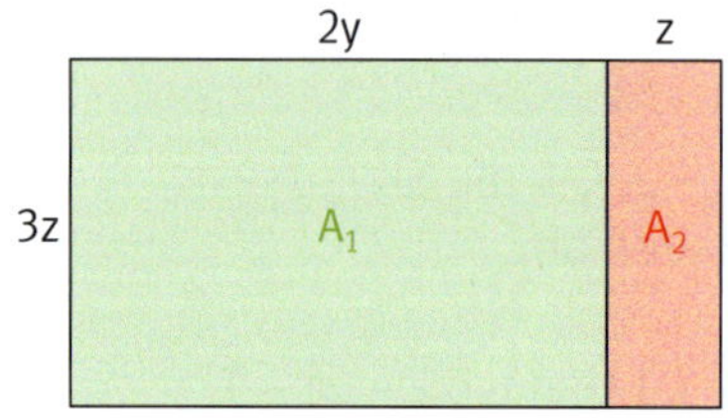

1 a) Bestimme den Flächeninhalt A des gesamten Rechtecks, indem du die Flächeninhalte der Teilflächen addierst.
b) Bestimme A noch einmal, indem du die Summe der Seitenlängen miteinander multiplizierst. Was stellst du fest?

Distributivgesetz

Wird eine Summe mit einem Faktor multipliziert, dann wird **jeder Summand mit dem Faktor (aus-)multipliziert**. Die entstandenen Produkte werden addiert oder subtrahiert.
Kommt in einer Summe von Produkten in jedem Summanden derselbe Faktor vor, dann kann dieser **gemeinsame Faktor ausgeklammert** werden.

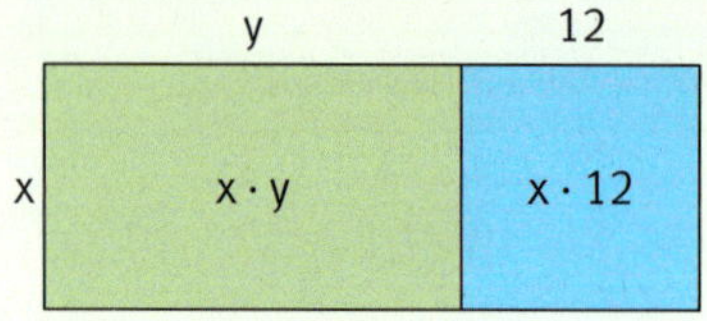

ausmultiplizieren

$x \cdot (y + 12) = x \cdot y + x \cdot 12$

ausklammern

$2 \cdot (4x + y) = 8x + 2y$		
·	$4x$	y
2	$8x$	$2y$

2 Multipliziere die Klammern aus.

a) $5 \cdot (3x + y)$ b) $6 \cdot (\frac{1}{4}x + \frac{1}{2})$ c) $(-3b + a) \cdot 6$ d) $-8 \cdot (-8x + 1{,}5y)$
e) $-9 \cdot (-\frac{1}{9}a - \frac{4}{9})$ f) $2x \cdot (x + 2{,}5)$ g) $y \cdot (-15 - y)$ h) $3z \cdot (3z + \frac{4}{3})$

3 Wie lautet der gemeinsame Faktor? Klammere aus.
a) $21z - 6$ b) $-25 - 75a$ c) $4a + 7a^2$ d) $25y^2 - 19y$
e) $-6{,}25v - 2{,}5v^2$ f) $b + cb - 7b$ g) $16 + 4c^2 - 32b$ h) $4x^3 + 3x^2$

Distributivgesetz mit Summentermen

Werden Summen miteinander multipliziert, dann muss man **jeden Summanden der ersten Summe** mit **jedem Summanden der zweiten Summe** multiplizieren. Die entstandenen Produkte werden addiert oder subtrahiert.

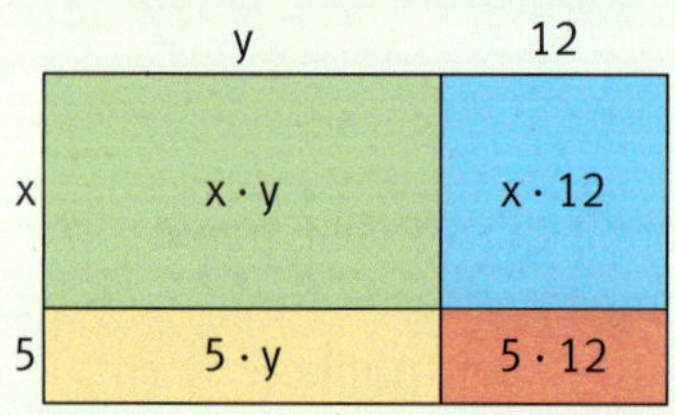

$(x + 5) \cdot (y + 12) = x \cdot y + x \cdot 12 + 5 \cdot y + 5 \cdot 12$
$= xy + 12x + 5y + 60$

4 Multipliziere aus und vereinfache so weit wie möglich.
a) $(a + c) \cdot (b - d)$ b) $(x - y) \cdot (f + 3)$ c) $(8 - x) \cdot (12 + y)$
d) $(x - 7) \cdot (x - 12)$ e) $(2a - 3b) \cdot (4x + 2y)$ f) $(a + 2) \cdot (a - 2)$

5 Löse die Gleichungen.
a) $(x + 4) \cdot (x + 5) = x^2 - 7$ b) $48x^2 + 8 = (6x - 4) \cdot (8x + 6)$

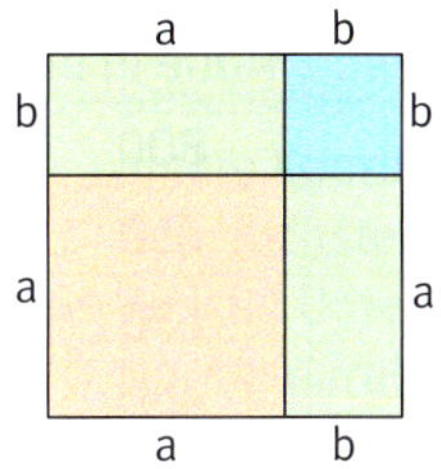

1 Das orangefarbene Quadrat mit der Seitenlänge a wurde auf beiden Seiten um die Strecke b verlängert. Es entsteht ein neues großes Quadrat. Übertrage die Skizze und gib den Flächeninhalt des neuen Quadrats an als …
a) Produkt zweier Summen.
b) Summe der einzelnen Teilflächen. Schreibe die Flächeninhalte der Teilflächen in die Skizze.

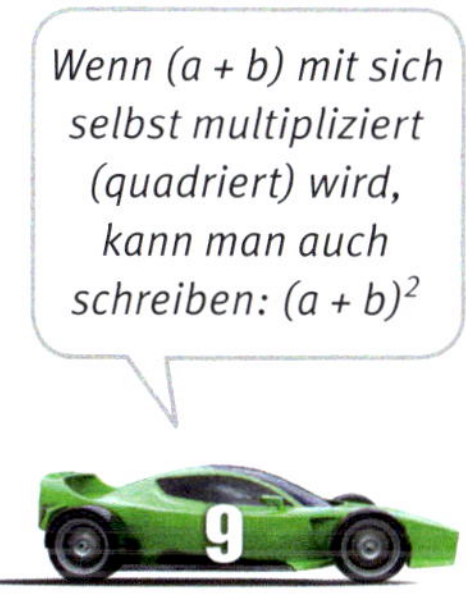

2 Nun wird ein großes Quadrat mit der Seitenlänge a beidseitig um b verkürzt. Tom behauptet: „Der Flächeninhalt des entstandenen kleineren Quadrats beträgt $a^2 - 2ab + b^2$." Überprüfe, ob Tom Recht hat. Übertrage dazu die Skizze und vervollständige sie wie in Aufgabe 1.

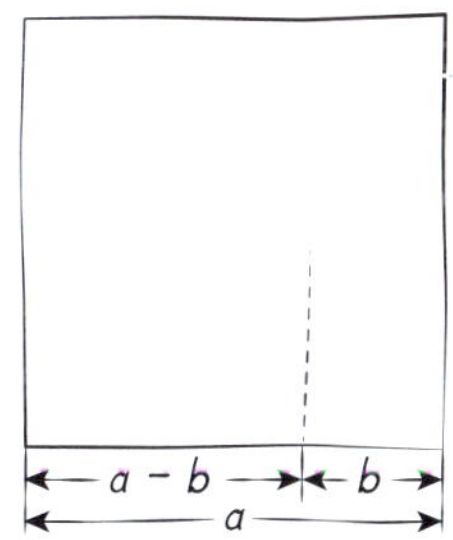

3 Bei einer quadratischen Fläche mit der Seitenlänge a wird eine Seite um b verlängert, die andere um b verkürzt.
a) Welche Form hat die neue Fläche?
b) Vervollständige den Rechenansatz. $A = (a + b) \cdot (a - b) =$ ■

Binomische Formeln

Die **binomischen Formeln** sind ein Sonderfall der Multiplikation von Summen.

		Quadrat 1. Summand		doppeltes Produkt beider Summanden		Quadrat 2. Summand
1.	$(a + b)^2 =$	a^2	+	2ab	+	b^2
2.	$(a - b)^2 =$	a^2	−	2ab	+	b^2
3.	$(a + b) \cdot (a - b) =$	a^2			−	b^2

1. $(x + 3)^2 = x^2 + 2 \cdot x \cdot 3 + 3^2 = x^2 + 6x + 9$

2. $(5 - 2y)^2 = 5^2 - 2 \cdot 5 \cdot 2y + (2y)^2 = 25 - 20y + 4y^2$

3. $(3x + y) \cdot (3x - y) = (3x)^2 - 3 \cdot x \cdot y + 3 \cdot x \cdot y - y^2 = 9x^2 - y^2$

4 Verwende die binomischen Formeln und löse die Klammern auf.
a) $(a + 1) \cdot (a - 1)$
b) $(1 + b)^2$
c) $(x - 0{,}5)^2$
d) $(y - 7) \cdot (y + 7)$
e) $(a + \frac{1}{4}) \cdot (a - \frac{1}{4})$
f) $(4x + 3)^2$
g) $(2x - 3y)^2$
h) $(0{,}5a + 2b)^2$
i) $(5x + 4y) \cdot (5x - 4y)$

5 Übertrage und vervollständige.
a) $(z + 9)^2 = z^2 +$ ■ $+ 81$
b) $(12 + a)^2 =$ ■ + ■ $+ a^2$
c) $(a +$ ■$) \cdot (a -$ ■$) =$ ■ $- b^2$
d) $(a -$ ■$)^2 =$ ■ $- 2a +$ ■
e) $(6a +$ ■$)^2 =$ ■ + ■ $+ 36b^2$
f) $(x -$ ■$)^2 =$ ■ $- x +$ ■

6 Löse die Gleichungen.
a) $(2x + 5)^2 = 4x^2 - 15$
b) $(-4x + 8)^2 = 16x^2 + 32$
c) $(x - 6)^2 - (2x - 4)^2 = 4 - 3x^2$
d) $(x + 4)^2 - (2x + 6) \cdot (2x - 6) = -3x^2$

Eine Parabel strecken, stauchen und spiegeln

1 Da es in der Nacht 15 cm Neuschnee gegeben hat, testen Felix, Charlotte und Didi, wer am schnellsten den Hang hinunter kommt. Felix wählt die Skier. Die Funktion $f_1(x) = x^2$ beschreibt seine Bewegung (x : Zeit in s; $f_1(x)$: Strecke in m). Charlotte benutzt das Snowboard. Sie ist zu jedem Zeitpunkt doppelt so schnell wie Felix. Für Didi bleibt der Schlitten übrig, womit er zu jedem Zeitpunkt nur halb so schnell wie Felix ist.
Die Funktionen $f_2(x)$ bzw. $f_3(x)$ beschreiben die Bewegungen von Charlotte und Didi.

x	$f_1(x)$	$f_2(x)$
0	■	■
■	1	■
2		
■		

a) Übertrage die Tabelle und vervollständige sie.
b) Stelle die Bewegungen der Kinder im Intervall $0 \le x \le 3$ grafisch dar.
c) Gib die Funktionsgleichungen zu $f_2(x)$ und $f_3(x)$ an.
d) Ergänze die Graphen auch für negative x-Werte. Denke dabei an die Eigenschaft der Symmetrie.
e) Vergleiche die drei Graphen miteinander. Was stellst du fest?

Quadratische Funktionen der Form $f(x) = ax^2$ $(a \in \mathbb{R};\ a \neq 0;\ x \in \mathbb{R})$

Graphen quadratischer Funktionen der Form $\mathbf{f(x) = ax^2}$ sind Parabeln mit dem Scheitelpunkt S (0|0). Die Parabeln sind achsensymmetrisch zur y-Achse (Symmetrieachse).
Ist **a größer als 1**, so ist die Parabel „enger, schmaler" als die Normalparabel, d. h. **gestreckt**.
Ist **a größer als 0 und kleiner als 1**, so ist die Parabel „weiter, breiter" als die Normalparabel, d. h. **gestaucht**.

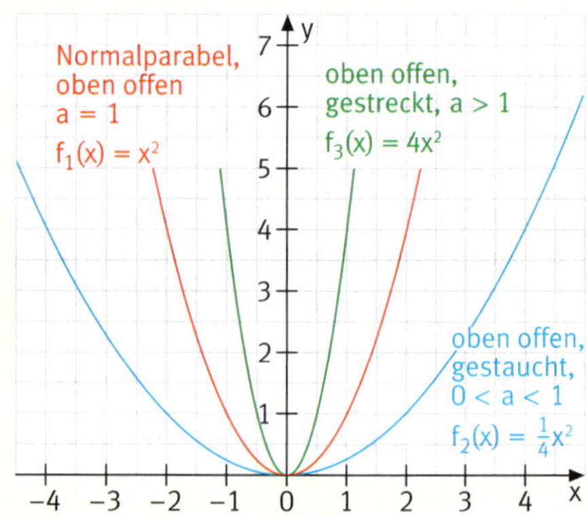

Ist a = 1, so liegt eine Normalparabel vor. Ist a = −1, so liegt eine an der x-Achse gespiegelte Normalparabel vor.

2 Sarah will die Graphen der Funktionen $f_1(x) = 1{,}2x^2$ und $f_2(x) = 0{,}75x^2$ zeichnen.
a) Beschreibe zunächst die Form der Parabeln.
b) Vervollständige die Wertetabelle bis x = 3. Runde geeignet.
c) Zeichne die Graphen im Intervall $-3 \le x \le 3$.

x	0	0,5	1	1,5
$f_1(x)$	■	■	■	■
$f_2(x)$	■	■	■	■

3 Zeichne die Graphen der Funktionen $f_2(x) = 4x^2$ und $f_3(x) = \frac{1}{4}x^2$. Gehe dazu folgendermaßen vor.
① Zeichne mithilfe der Zeichenschablone den Graphen der Funktion $f_1(x) = x^2$ im Intervall $-3 \le x \le 3$.
② Leite mithilfe des Beispiels aus der Normalparabel den Verlauf der Graphen von $f_2(x) = 4x^2$ und $f_3(x) = \frac{1}{4}x^2$ ab. Beschreibe die Veränderungen auch in Worten.

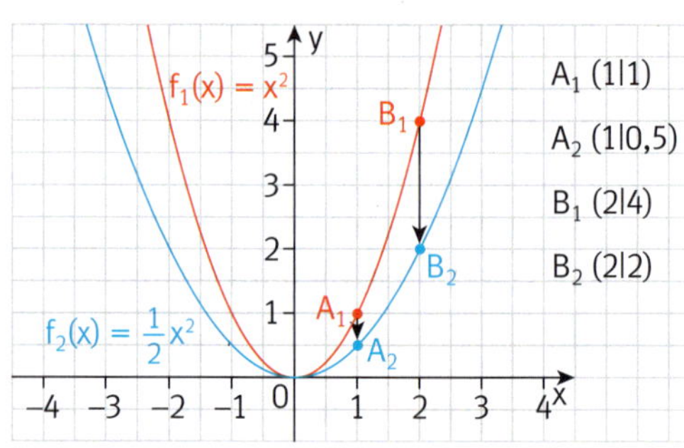

1 a) Beschreibe zunächst die Form der Parabeln.
b) Übertrage die Wertetabelle und ergänzende fehlende Werte. Runde gegebenenfalls geeignet.
c) Zeichne die Graphen im Intervall $-3 \le x \le 3$.

x	0	0,5	1	1,5	2	2,5	3
$f_1(x)$	■	■	■	■	■	■	■
$f_2(x)$	■	■	■	■	■	■	■

2 a) „Einer Zahl wird das 1,5-fache ihrer Quadratzahl zugeordnet.“ Gib die passende Funktionsgleichung an und zeichne den Graphen.
b) Spiegele die Parabel an der x-Achse. Beschreibe die entstandene Funktion verbal und gib die Funktionsgleichung an.

3 Ordne den Graphen die passende Funktionsgleichung zu.

(1) $f(x) = 0{,}1x^2$ (2) $f(x) = -\frac{2}{7}x^2$ (3) $f(x) = -3x^2$

(4) $f(x) = 1{,}5x^2$ (5) $f(x) = 4x^2$

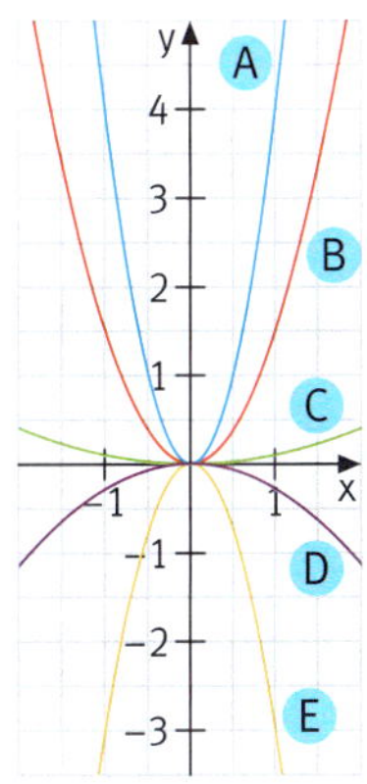

4 Gib zu jeder der vier Funktionsgleichungen an, ob die Parabel nach unten oder nach oben geöffnet und enger oder weiter als die Normalparabel ist. Übertrage dazu die Tabelle und vervollständige sie.

Funktionsgleichung	a	Die Parabel ist enger als die Normalparabel	Die Parabel ist weiter als die Normalparabel	und nach oben geöffnet.	und nach unten geöffnet.
$f_1(x) = 8x^2$	■	■	■	■	■
$f_2(x) = -3x^2$	■	■	■	■	■
$f_3(x) = 1{,}25x^2$	■	■	■	■	■
$f_4(x) = -0{,}6x^2$	■	■	■	■	■

5 a) Der Punkt P (1,2|3,6) liegt auf einer Parabel mit $f(x) = ax^2$. Bestimme a, indem du die Koordinaten von P in die Funktionsgleichung einsetzt.
b) Der Punkt P (1,6|−7,04) liegt auf einer Parabel mit $f(x) = ax^2$. Bestimme a, indem du die Koordinaten von P in die Funktionsgleichung einsetzt.

Eine Parabel verschieben

x	$f_1(x)$	$f_2(x)$	$f_3(x)$
0	0	–2	4
1	1	–1	5
2	4	2	8
3	9	■	■

1 Am nächsten Tag treffen sich Felix, Charlotte und Didi wieder zu einer Wettfahrt. Diesmal haben alle drei Skier dabei. Während Felix am gleichen Punkt wie gestern startet, bekommt Didi vier Meter Vorsprung. Charlotte dagegen muss als Älteste zwei Meter nach oben gehen. Die drei fahren zum gleichen Zeitpunkt los.
Die Funktionen $f_1(x)$, $f_2(x)$ und $f_3(x)$ beschreiben die Bewegungen von Felix, Charlotte und Didi.

a) Übertrage die Tabelle und vervollständige sie. Erkläre die Bedeutung der negativen Funktionswerte in der Tabelle.
b) Stelle die Bewegungen der Kinder im Intervall $0 \leq x \leq 3$ grafisch dar. Welche Bedeutung hat der Schnittpunkt mit der y-Achse für die Ski-Wettfahrt?
c) Gib die Funktionsgleichungen zu $f_1(x)$, $f_2(x)$ und $f_3(x)$ an.
d) Ergänze die Graphen auch für negative x-Werte. Denke dabei an die Eigenschaft der Symmetrie.
e) Vergleiche die drei Graphen miteinander. Lies die drei Scheitelpunkte ab.

Quadratische Funktionen der Form $f(x) = x^2 + e$ $(e, x \in \mathbb{R})$

Graphen quadratischer Funktionen der Form $\mathbf{f(x) = x^2 + e}$ entstehen durch **Verschiebung der Normalparabel entlang der y-Achse.**
Die Parabeln haben den **Scheitelpunkt S (0|e)** und sind symmetrisch zur y-Achse (Symmetrieachse). Es gilt:
Ist **e = 0**, ergibt sich die **Normalparabel**.
Ist **e < 0**, ist die **Normalparabel nach unten verschoben**.
Ist **e > 0**, ist die **Normalparabel nach oben verschoben**.

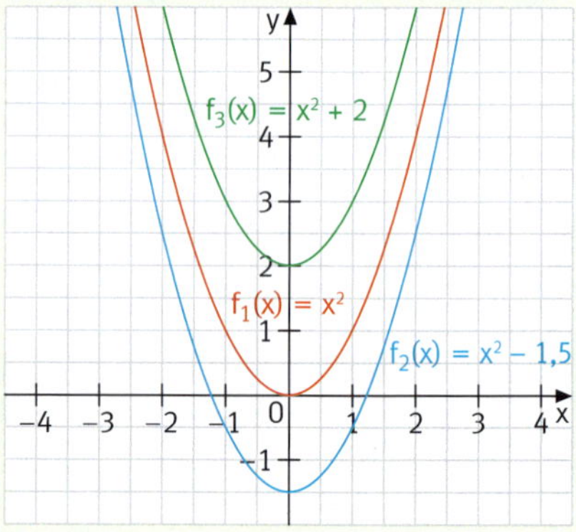

2 a) Gib die Koordinaten der Scheitelpunkte der Graphen an.
① $f(x) = x^2 + 2$ ② $f(x) = x^2 - 2,5$ ③ $f(x) = x^2 + 0,5$
b) Zeichne die Graphen mithilfe der Zeichenschablone. Beschreibe, wie die Parabeln aus der Normalparabel hervorgehen.

3 Der Scheitelpunkt einer verschobenen Normalparabel ist jeweils gegeben. Stelle die Funktionsgleichung auf.
a) S (0|8) b) S (0|–3) c) S $(0|\frac{1}{3})$

Eine Parabel verschieben

1 Felix, Charlotte und Didi veranstalten das nächste Skirennen. Diesmal starten alle vom gleichen Punkt. Didi ist so aufgeregt, dass er eine Sekunde zu früh startet. Charlotte dagegen fährt zwei Sekunden zu spät los.

x	$f_1(x)$	$f_2(x)$	$f_3(x)$
0	0	–	1
1	1	–	4
2	4	0	■
3	9	1	■

a) Übertrage die Tabelle und vervollständige sie. Erkläre, warum in der Wertetabelle von $f_2(x)$ keine Werte für $x = 0$ und $x = 1$ eingetragen sind.

b) Stelle die Bewegungen der Kinder im Intervall $0 \le x \le 3$ grafisch dar. Welche Bedeutung hat der Schnittpunkt mit der x-Achse für die Ski-Wettfahrt?

c) Überlege, welche Funktionsgleichung jeweils Charlottes und Didis Bewegung beschreibt. Probiere aus.

$f(x) = x^2 + 1$ | $f(x) = x^2 - 2$ | $f(x) = (x - 2)^2$ | $f(x) = (x + 1)^2$

Begründe, dass die Terme $(x + 1)^2$ und $x^2 + 1$ nicht gleichwertig sind.

d) Ergänze mithilfe der Zeichenschablone die Graphen zu vollständigen Parabeln.

e) Vergleiche die drei Graphen miteinander. Lies die drei Scheitelpunkte ab.

Graphen quadratischer Funktionen der Form $\mathbf{f(x) = (x + d)^2}$ entstehen durch **Verschiebung der Normalparabel entlang der x-Achse.**
Die Parabeln haben den **Scheitelpunkt S (−d|0)** und sind symmetrisch zu $x = -d$ (Symmetrieachse). Es gilt:
Ist **d = 0**, ergibt sich die **Normalparabel**.
Ist **d < 0**, ist die **Normalparabel nach rechts verschoben**.
Ist **d > 0**, ist die **Normalparabel nach links verschoben**.

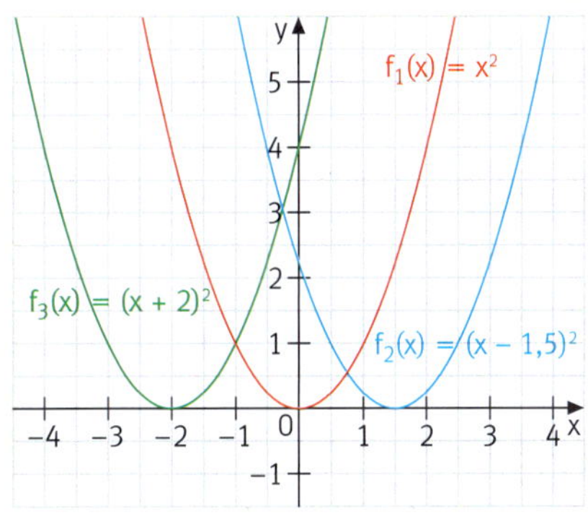

Quadratische Funktionen der Form $f(x) = (x + d)^2$ $(d, x \in \mathbb{R})$

2 a) Gib die Koordinaten der Scheitelpunkte der Graphen an.
① $f(x) = (x + 1{,}5)^2$ ② $f(x) = (x - 3)^2$ ③ $f(x) = (x + 4{,}5)^2$

b) Zeichne die Graphen mithilfe der Zeichenschablone. Beschreibe, wie die Parabeln aus der Normalparabel hervorgehen.

c) Zeichne jeweils die Symmetrieachse farbig ein.

3 Der Scheitelpunkt einer verschobenen Normalparabel ist jeweils gegeben. Stelle die Funktionsgleichung auf.

a) S (4|0) b) S (−2,5|0) c) S (0,5|0)

4 Die Lage einer Normalparabel wurde verändert. Gib jeweils die Funktionsgleichung an und zeichne den Graphen.

a) Die Parabel wurde entlang der y-Achse um drei Einheiten nach oben verschoben.

b) Die Parabel wurde entlang der x-Achse um fünf Einheiten nach links verschoben.

c) Die Parabel wurde entlang der y-Achse um vier Einheiten nach unten und entlang der x-Achse um drei Einheiten nach rechts verschoben.

Eine Parabel verändern

1 a) Sarah will mithilfe der Zeichenschablone Graphen quadratischer Funktionen zeichnen. Gegeben sind folgende Scheitelpunkte:
① S (−2|−1) ② S (−1|3) ③ S (2|−4) ④ S (3|2)
Übertrage die Tabelle und vervollständige sie. Ordne jeweils die zugehörige Funktionsgleichung zu.

$f(x) = (x + 2)^2 - 1$

$f(x) = (x - 3)^2 + 2$

$f(x) = (x + 3)^2 + 2$

$f(x) = (x + 1)^2 + 3$

$f(x) = (x + 2)^2 - 2$

$f(x) = (x - 2)^2 - 4$

	Scheitelpunkt S (x|y)		
	Verschiebung der Normalparabel entlang der x-Achse	Verschiebung der Normalparabel entlang der y-Achse	Funktionsgleichung
①	−2	−1	$f(x) = (x + 2)^2 - 1$
②	■	■	■
③	■	■	■
④	■	■	■

b) Zeichne die Graphen zu ① – ④ in ein gemeinsames Koordinatensystem.
c) Welcher Graph passt zu folgenden Aussagen?
Ⓐ Didi hat einen Vorsprung von zwei Metern und startet aber drei Sekunden zu spät.
Ⓑ Charlotte hat drei Meter Vorsprung und startet eine Sekunde zu früh.

Quadratische Funktionen der Form $f(x) = (x + d)^2 + e$ (d, e, x ∈ ℝ)

Graphen quadratischer Funktionen der Form **$f(x) = (x + d)^2 + e$** entstehen durch Verschiebung der Normalparabel **entlang der x-Achse nach rechts oder links** und **entlang der y-Achse nach oben oder unten**. Die Parabeln haben den **Scheitelpunkt S (−d|e)** und sind symmetrisch zu x = −d (Symmetrieachse). $f(x) = (x + d)^2 + e$ nennt man **Scheitelpunktform** einer quadratischen Funktion.

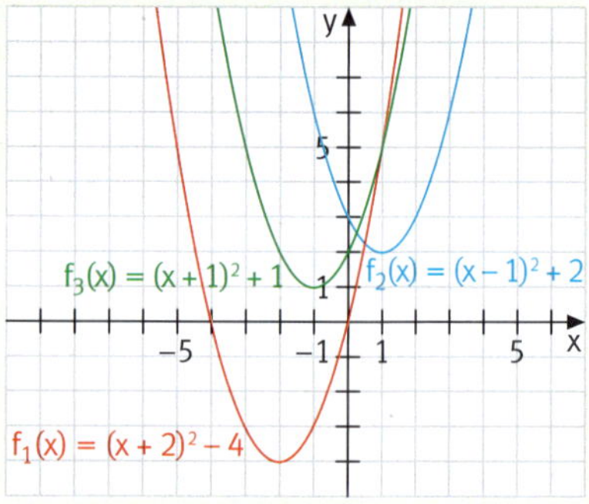

Wird eine in x- und y-Richtung verschobene Normalparabel zusätzlich gestreckt oder gestaucht, lautet die Funktionsgleichung $f(x) = a(x + d)^2 + e$

2 a) Gib die Koordinaten der Scheitelpunkte der Graphen an.
① $f(x) = (x - 2)^2 - 3$ ② $f(x) = (x + 6)^2 + 4$
③ $f(x) = (x - 2)^2$ ④ $f(x) = x^2 - 8$
b) Zeichne die Graphen mithilfe der Zeichenschablone. Beschreibe, wie die Parabeln aus der Normalparabel hervorgehen.
c) Zeichne jeweils die Symmetrieachse farbig ein.

3 a) Der Scheitelpunkt einer verschobenen Normalparabel ist jeweils gegeben. Stelle die Funktionsgleichung auf.
① S (1|6) ② S (2|2) ③ S (−7|5) ④ S (7|−5)
b) Gib die Funktionsgleichungen für die Scheitelpunkte an, wenn außerdem a = 2,5 (−0,5) gilt.

1 Gib zu den Graphen der Funktionen f_1 bis f_4 die Funktionsgleichungen an. Lies zunächst die Scheitelpunkte ab.

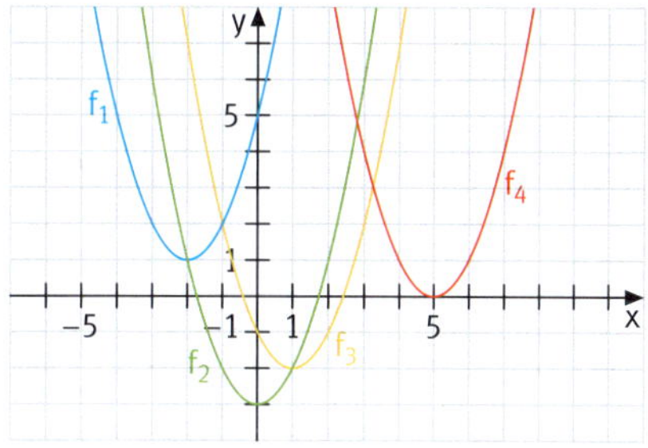

2 Überprüfe, ob der Punkt P (–1|5) auf der verschobenen Normalparabel mit dem Scheitelpunkt S liegt.
a) S (–3|1) b) S (1|–2) c) S (0|4)

3 Wenn man alle Möglichkeiten zum Verändern einer Normalparabel hintereinander ausführt, erhält man Parabeln an verschiedenen Stellen und unterschiedlicher Form im Koordinatensystem.

a) Führe folgende Veränderungen an der Normalparabel schrittweise durch. Vervollständige dazu die Tabelle bis x = 2. Runde geeignet.
① Strecken um den Faktor 2,5
② Verschieben nach oben um 2 Einheiten
③ Verschieben nach links um 1 Einheit

x	$f_1(x) = x^2$	$f_2(x) =$
–2	■	■
–1,5	■	■
–1	■	■
–0,5	■	
0		
0,5		

b) Zeichne alle Parabeln mit verschiedenen Farben in ein Koordinatensystem und markiere jeweils den Scheitelpunkt.
c) Gib die Funktionsgleichungen an.
d) Führe alle Veränderungen in einer neuen Wertetabelle im Intervall $-4 \le x \le 4$ in 0,5er-Schritten noch einmal durch. Stauche jedoch zu Beginn die Normalparabel um –0,25. Runde geeignet.
e) Zeichne die Parabeln in ein neues Koordinatensystem und gib die Funktionsgleichungen an.

Multipliziert man die Scheitelpunktform $f(x) = a(x + d)^2 + e$ aus, erhält man die allgemeine Form $f(x) = ax^2 + bx + c$ (Die Konstanten wurden umbenannt). Parabeln quadratischer Funktionen der Form $f(x) = ax^2 + c$ sind gestreckt oder gestaucht und entlang der y-Achse verschoben.

4 a) Vergleiche die Graphen der Funktionen mit der Normalparabel. Die nebenstehenden Stichpunkte helfen dir dabei.
① $f(x) = -7{,}5x^2 + 3$ ② $f(x) = 3x^2$
③ $f(x) = (x + 1)^2 - 1$ ④ $f(x) = -\frac{1}{2}(x + 0{,}6)^2 + \frac{3}{4}$

b) Forme die Funktionsgleichungen ③ und ④ in die allgemeine Form $f(x) = ax^2 + bx + c$ um.

- gestreckt / gestaucht
- nach oben oder nach unten geöffnet
- nach oben oder nach unten verschoben
- nach rechts oder nach links verschoben

5 René hat die Aufgabe, seinen Mitschülern grafische Darstellungen linearer und quadratischer Funktionen mit seinem bisherigen Wissen zu beschreiben. Kannst du ihm helfen?

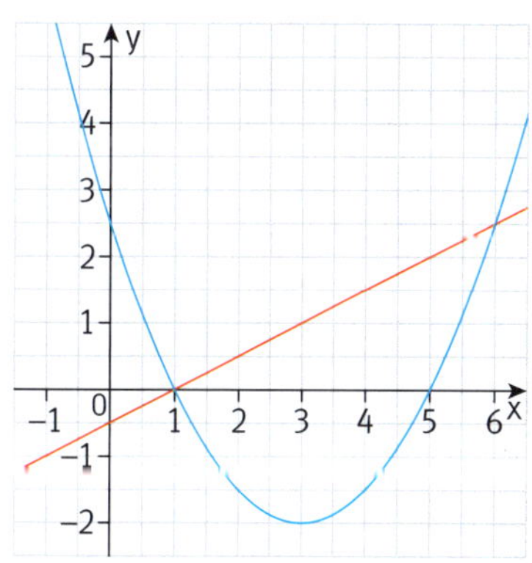

a) Vergleiche den blauen Graphen mit der Normalparabel und nenne weitere Eigenschaften beider Funktionen.

Symmetrie | Scheitelpunkt (Hochpunkt/Tiefpunkt) | fallend/steigend

b) Gib die Funktionsgleichungen an.
c) Lies die Schnittpunkte der beiden Graphen ab.
d) Lies die Schnittpunkte der beiden Graphen mit den Koordinatenachsen ab.

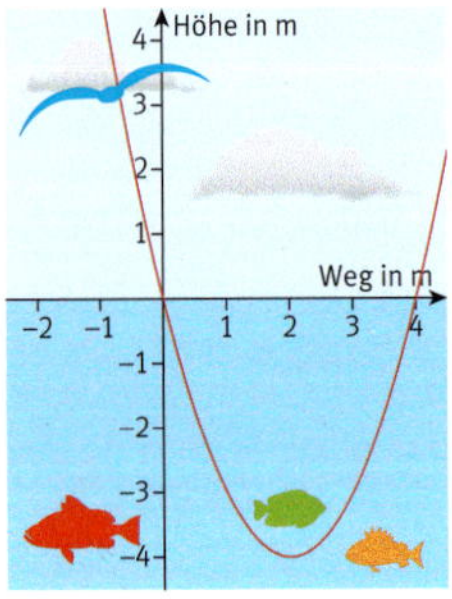

1 Kerstin beobachtet im Hafenbecken von Travemünde einen Seevogel, der ins Wasser taucht, um einen Fisch zu fangen. Auf der Info-Tafel wird seine Flugbahn in einem Koordinatensystem dargestellt.
a) Wie tief taucht der Seevogel?
b) Lies ab, wo der Vogel ins Wasser taucht und wo er wieder auftaucht.
c) Welche Bedeutung haben die Punkte aus a) und b) für die Funktion?
d) Stelle die Funktionsgleichung auf.

Nullstellen quadratischer Funktionen

Quadratische Funktionen können **zwei, eine oder keine Nullstelle(n)** haben.

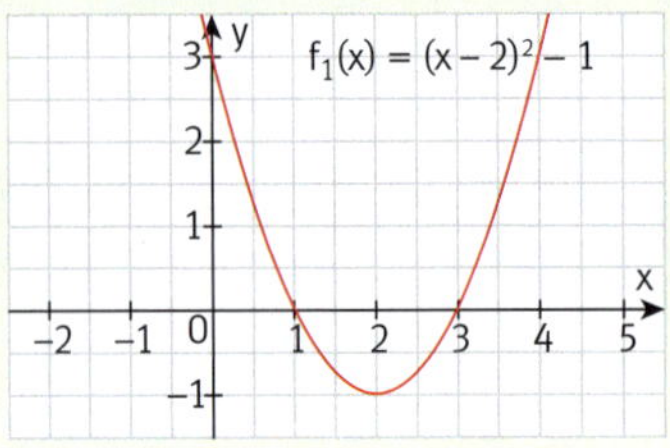

$x_1 = 1$ und $x_2 = 3$

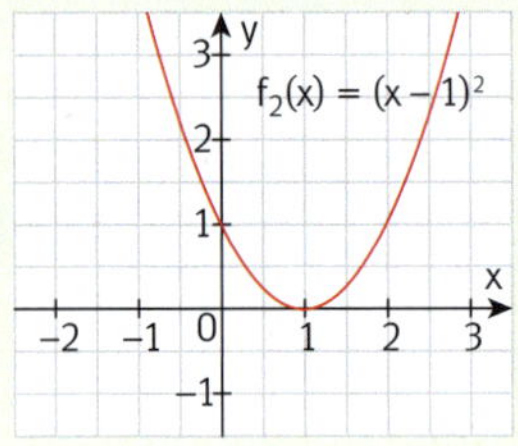

$x_1 = 1$

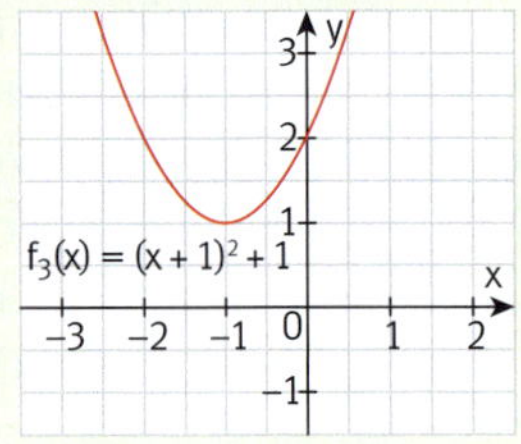

keine Nullstelle

2 Stelle die Funktionen grafisch dar und bestimme die Nullstellen.
a) $f(x) = (x - 1)^2 - 1$ b) $f(x) = (x + 1)^2 - 1$ c) $f(x) = (x - 1{,}5)^2 - 4$
d) $f(x) = (x + 2{,}5)^2$ e) $f(x) = -(x + 1{,}5)^2 - 2$ f) $f(x) = -(x + 3{,}5)^2 + 4$

3 Kerstins Freundin Grit beobachtet gleichzeitig einen Fisch, der aus dem Wasser springt, um eine Fliege zu fangen. Der Bewegungsablauf des Fisches kann durch die Funktion $f(x) = -2x^2 + 1$ beschrieben werden.
a) Stelle die Funktion mithilfe einer Wertetabelle in 0,5er-Schritten im Intervall $-2 \le x \le 2$ grafisch dar. Vergleiche den Graphen mit der Normalparabel.
b) Bestimme die Nullstellen der Funktion. Welche Bedeutung haben sie für den Bewegungsablauf des Fisches?
c) Welchen Nachteil der grafischen Lösung erkennst du?

Rechnerische Lösung quadratischer Gleichungen der Form $ax^2 + c = 0$ ($a, c, x \in \mathbb{R}$; $a \neq 0$)

Die Nullstellen quadratischer Funktionen können rechnerisch bestimmt werden. Dazu löst man die zugehörige **quadratische Gleichung**.
Die **Nullstellen quadratischer Funktionen der Form $f(x) = ax^2 + c$** berechnet man, indem man die **quadratische Gleichung der Form $ax^2 + c = 0$** löst.

①	$2x^2 - 18 = 0$	$\mid +18$	① Quadratisches Glied isolieren
	$2x^2 = 18$	$\mid :2$	
②	$x^2 = 9$	$\mid \sqrt{\ }$	② Wurzel ziehen (radizieren)
③	$x_1 = +\sqrt{9} = 3$	$x_2 = -\sqrt{9} = -3$	③ zwei Lösungen beachten
④	$\mathbb{L} = \{-3; 3\}$		④ Lösungsmenge angeben
⑤	$2 \cdot 3^2 - 18 = 0$	$2 \cdot (-3)^2 - 18 = 0$	⑤ Probe durchführen

4 Berechne mithilfe der Lösungsschritte im Merkkasten die Nullstellen der quadratischen Funktion mit $f(x) = -2x^2 + 1$.

1 Begründe sowohl grafisch als auch rechnerisch, dass Murat in allen drei Beispielen Recht hat.

① Die Gleichung $x^2 - 4 = 0$ hat zwei Lösungen.

② Die Gleichung $2x^2 = 0$ hat eine Lösung.

③ Die Gleichung $x^2 + 6 = 0$ hat keine Lösung.

2 Löse die Gleichungen nach den Lösungsschritten auf der linken Seite.

a) $x^2 - 49 = 0$ b) $x^2 + 121 = 0$ c) $15x^2 + 15 = 15$
d) $0{,}5x^2 - 32 = 0$ e) $4{,}5a^2 - 10{,}125 = 0$ f) $1{,}4y^2 - 0{,}35 = 0$
g) $-5x^2 = -24{,}2$ h) $4x^2 - 8 = 1$ i) $8x^2 + 7 = 9$
j) $1{,}5a^2 + 5{,}5 = 41{,}5 - 2{,}5a^2$ k) $7b^2 + 0{,}8 = b^2 - 35{,}2$ l) $20x^2 + 2{,}4 = 3{,}4 - 5x^2$

3 Multipliziere zuerst die Klammern aus, dann löse die Gleichungen.

a) $(x + 4) \cdot (x - 4) = 20$ b) $(a - 0{,}5) \cdot (a + 0{,}5) = 6$ c) $(1{,}4 + y) \cdot (1{,}4 - y) = 1{,}96$

4 Löse die Gleichungen wie im Beispiel.

$4 \cdot (x + 3)^2 = 36 \quad | : 4$
$(x + 3)^2 = 9 \quad | \sqrt{\ }$
$x_1 + 3 = 3 \qquad x_2 + 3 = -3$
$x_1 = 0 \qquad x_2 = -6$
$\mathbb{L} = \{-6; 0\}$

a) $0{,}7 \cdot (x + 2)^2 = 84{,}7$ b) $5 \cdot (y + 2)^2 + 4 = 24$
c) $16 \cdot (x - 4)^2 = 0$ d) $(1{,}5 - 2a)^2 = -1$
e) $0{,}5 \cdot (5 - y)^2 = 0{,}5$ f) $-2 \cdot (x + 2)^2 = -2$
g) $7 = 3 \cdot (2 + x)^2 + 10$ h) $3 \cdot (2{,}5 + x)^2 = 18{,}75$

TRIMM-DICH-ZWISCHENRUNDE

❶ Für die Funktion $f(x) = 4x^2 - 40$ wurde der Funktionswert für $x = -3$ berechnet. Nur eine Lösung ist richtig. Begründe.

$f(-3) = 4 \cdot (-3)^2 - 40 = -4$ $f(-3) = 4 \cdot (-3)^2 - 40 = -76$ $f(-3) = 4 \cdot (-3)^2 - 40 = 4$

❷ Stelle die Funktion $f(x) = 0{,}5x^2 + 4$ mithilfe einer Wertetabelle im Intervall $-4 \le x \le 4$ grafisch dar. Vergleiche den Graphen mit der Normalparabel.

❸ a) Lies die Scheitelpunkte ab.

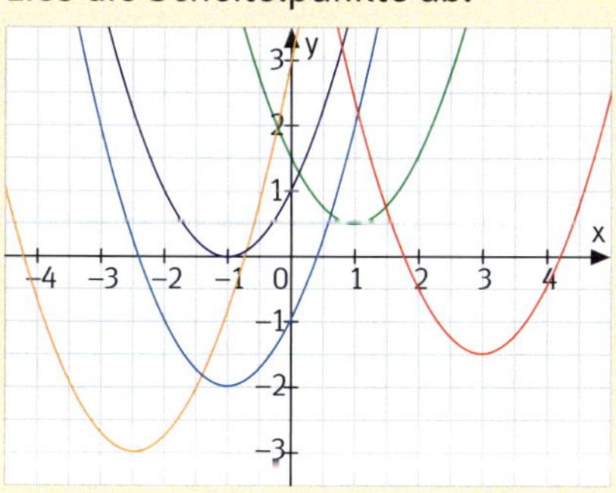

b) Ordne die Funktionsgleichungen den Graphen zu. Für welche Funktionsgleichung fehlt der Graph?
$f_1(x) = (x - 3)^2 - 1{,}5$
$f_2(x) = (x + 1)^2 + 2$
$f_3(x) = (x + 2{,}5)^2 - 3$
$f_4(x) = (x + 1)^2 - 2$
$f_5(x) = (x - 1)^2 + 0{,}5$
$f_6(x) = (x + 1)^2$

❹ Bestimme die Nullstellen der Funktionen $f_1(x) = 1{,}5x^2 - 6$ und $f_2(x) = (x - 1)^2 - 4$ grafisch und rechnerisch.

Quadratische Gleichungen grafisch und rechnerisch lösen

1 Felix, Charlotte und Didi möchten ein Iglu bauen. Dafür schaufeln sie eine quadratische Fläche vom Schnee frei. Nachdem sie fertig sind, stellen sie fest, dass diese Fläche zu klein ist und vergrößern jede Seitenlänge um einen Meter. Die neue Fläche hat einen Flächeninhalt von 16 m^2.

a) Begründe, warum die Gleichung $(x + 1)^2 = 16$ eine Berechnung für den Flächeninhalt darstellt. Wofür steht die Variable x?

b) Löse die Gleichung rechnerisch. Warum ist hier nur eine Lösung sinnvoll?

c) Gib zu der Gleichung die zugehörige Funktionsgleichung in Scheitelpunktform an. Bestimme die Nullstellen, indem du den Graphen in ein Koordinatensystem zeichnest. Vergleiche mit der rechnerischen Lösung.

2 a) Löse die Gleichungen grafisch und rechnerisch.

(1) $(x-2)^2 - 1 = 0$ (2) $(x+1)^2 - 4 = 0$ (3) $4 \cdot (x-0{,}5)^2 - 1 = 0$

b) Julia löst die Gleichung (1) so. Übertrage und vervollständige ihren Lösungsweg.

① $(x-2)^2 - 1 = 0$
$x^2 - 4x + 3 = 0$
$x^2 = 4x - 3$

① Die quadratische Gleichung wird umgeformt.

② $f(x) = x^2$ (Graph: Normalparabel)
$g(x) = 4x - 3$ (Graph: Gerade)

② Jede Seite der Gleichung wird als eine Funktion aufgefasst.

③ Die Graphen werden gezeichnet und die x-Koordinaten der Schnittpunkte abgelesen.

Grafische Lösung quadratischer Gleichungen der Form:
$a(x+d)^2 + e = 0$
$(a, d, e, x \in \mathbb{R}; a \neq 0)$
$x^2 + px + q = 0$
$(p, q, x \in \mathbb{R})$

Jede quadratische Gleichung der **Form $a(x + d)^2 + e = 0$** kann auf verschiedene Arten grafisch gelöst werden.

- Man bestimmt die **Nullstellen der quadratischen Funktion $f(x) = a(x + d)^2 + e$.** Diese entsprechen den Lösungen der zugehörigen quadratischen Gleichung.
- Man formt die quadratische Gleichung von der **Scheitelpunktform $a(x + d)^2 + e = 0$** mithilfe der binomischen Formeln und Division durch a über die **allgemeine Form** in die **Normalform $x^2 + px + q = 0$** um.

$2 \cdot (x+7)^2 - 72 = 0 \quad |:2$
$(x+7)^2 - 36 = 0$
$x^2 + 14x + 49 - 36 = 0$
$x^2 + 14x + 13 = 0$

Anschließend bestimmt man die **x-Koordinaten der Schnittpunkte** der **Normalparabel** mit $f(x) = x^2$ und der **Geraden** mit $g(x) = -px - q$.

$x^2 = -14x - 13$
$f(x) = x^2$; $g(x) = -14x - 13$
x-Koordinaten der Schnittpunkte: $x_1 = -1$ und $x_2 = -13$

Scheitelpunktform: $a(x+d)^2 + e = 0$
allgemeine Form: $ax^2 + bx + c = 0$
Normalform: $x^2 + px + q = 0$
(Die Konstanten wurden umbenannt.)

3 Forme die Gleichungen (2) und (3) aus Aufgabe 2 um und löse sie wie Julia.

1 Elif versucht, die Lösungen dieser Gleichungen grafisch zu bestimmen.

① $(x + 0{,}6)^2 - 0{,}2 = 0$ ② $(x + 16)^2 - 144 = 0$

Welche Nachteile der grafischen Lösung erkennst du bei diesen Beispielen?

Quadratische Gleichungen in der Normalform $\mathbf{x^2 + px + q = 0}$ können auch rechnerisch mithilfe der **p-q-Formel** gelöst werden.

$$x_{1/2} = -\frac{p}{2} \pm \sqrt{\left(\frac{p}{2}\right)^2 - q}$$

$x^2 + 14x + 13 = 0$ $(p = 14;\ q = 13)$

$$x_{1/2} = -\frac{14}{2} \pm \sqrt{\left(\frac{14}{2}\right)^2 - 13}$$

$$x_{1/2} = -7 \pm \sqrt{49 - 13}$$

$$x_{1/2} = -7 \pm 6$$

$x_1 = -1$ und $x_2 = -13$

$\mathbb{L} = \{-13; -1\}$

Rechnerische Lösung quadratischer Gleichungen der Form $x^2 + px + q = 0$
p-q-Formel

2 Löse die quadratischen Gleichungen aus Aufgabe 1 mithilfe der p-q-Formel noch einmal rechnerisch.

3 ① Ist der Term $(\frac{p}{2})^2 - q > 0$, dann gibt es zwei Lösungen.

② Ist der Term $(\frac{p}{2})^2 - q = 0$, dann gibt es eine Lösung.

③ Ist der Term $(\frac{p}{2})^2 - q < 0$, dann gibt es keine Lösung.

Überprüfe mithilfe der Beispiele sowohl grafisch als auch rechnerisch die Richtigkeit von Murats Behauptung.

a) $x^2 - 4x + 3 = 0$ b) $x^2 - 4x + 4 = 0$ c) $x^2 - 4x + 5 = 0$

4 Bestimme zunächst die Anzahl der Lösungen und löse dann mit der p-q-Formel.

a) $x^2 + 6x + 8 = 0$ b) $x^2 + 14x + 33 = 0$ c) $x^2 + 3x + 2 = 0$
d) $x^2 - 8x + 16 = 0$ e) $x^2 + 2x + 1 = 0$ f) $x^2 + 30x + 300 = 0$
g) $x^2 + 21x + 90 = 0$ h) $x^2 + 4x + 4 = 0$ i) $x^2 + 30x + 125 = 0$

5 Bestimme die Lösungsmenge mithilfe der p-q-Formel. Achte auf die Vorzeichen.

a) $x^2 - 4{,}5x - 9 = 0$ b) $x^2 - 7{,}2x - 8{,}2 = 0$ c) $x^2 - 0{,}9x - 0{,}4375 = 0$
d) $x^2 - 8x + 15 = 0$ e) $x^2 - 13{,}9x + 48 = 0$ f) $x^2 - 12x - 6{,}25 = 0$
g) $x^2 - 0{,}2x - 0{,}08 = 0$ h) $x^2 - 0{,}4x - 0{,}05 = 0$ i) $x^2 - 3{,}8x + 3{,}6 = 0$

6 Bringe die Gleichungen zunächst in die Normalform. Bestimme dann die Lösungsmenge mithilfe der p-q-Formel.

a) $5x^2 + 4x = 6{,}4$ b) $-0{,}5x^2 - 1{,}5x = -2x$ c) $1{,}3x^2 - 2{,}6x + 1{,}3 = 0$
d) $2x^2$ [illegible] $10 = 7x$ e) $0{,}2x^2$ [illegible] x [illegible] $60 = 0$ f) $-1{,}5x^2 + 11{,}55 = -1{,}95x$
g) $0{,}01x^2 - 0{,}1x = 132$ h) $-2x^2 = -50{,}8x - 52{,}8$ i) $-x^2 + 0{,}6x + 19{,}27 = 0$

Quadratische Gleichungen anwenden

1 Sandra findet beim Stöbern in einem Mathematikbuch eine 900 Jahre alte Aufgabe.

Der achte Teil einer Herde Affen ins Quadrat erhoben hüpft in einem Hain umher und erfreute sich am Spiele. Die anderen 12 sah man auf einem Hügel miteinander schwatzen. Wie groß war die Herde?

Beschreibe die Lösung von Sandra.
Ordne dabei die angegebenen Schritte der Lösung zu.

① Anzahl Affen: x

② Quadrat 8. Teil: $(\frac{x}{8})^2$ Rest der Affen: 12

③ $(\frac{x}{8})^2 + 12 = x$

④ $(\frac{x}{8})^2 + 12 = x \quad | -x$

$\frac{x^2}{64} - x + 12 = 0 \quad | \cdot 64$

$x^2 - 64x + 768 = 0 \quad |$ Lösungsformel

$x_{1/2} = 32 \pm \sqrt{32^2 - 768} = 32 \pm 16$

$x_1 = 16 \qquad x_2 = 48$

⑤ $(\frac{16}{8})^2 + 12 = 16$ wahr $\qquad (\frac{48}{8})^2 + 12 = 48$ wahr

⑥ Beide Lösungen sind möglich. Es sind entweder 16 oder sogar 48 Affen in dieser Herde.

Terme bilden | Probe durchführen | Gleichung lösen | Variablen festlegen, evtl. Skizze machen | Gleichung aufstellen | Antwortsatz formulieren

2 Ines merkt sich zwei positive Zahlen, von denen eine um 5 größer als die andere ist. Die Summe der Quadrate der beiden Zahlen ist 97. Wie heißen die Zahlen?

	Zahl 1	Zahl 2
	x	$x + 5$
Quadrate:	x^2	▬
Summe:	x^2 + ▬ = ▬	

3 Tobias merkt sich zwei andere positive Zahlen, von denen die zweite um 4 kleiner als die erste ist. Wenn er beide Zahlen um 3 vergrößert, so ergibt das Produkt der entstehenden Zahlen 96. Wie heißen die Zahlen?

4 Stelle eine Gleichung auf und löse.

a) Die Differenz aus dem Quadrat einer Zahl und dem Achtfachen dieser Zahl ist so groß wie die Differenz aus der Zahl und 14.

b) Das doppelte Quadrat einer Zahl ist um eins größer als die Differenz aus dem 24-fachen der Zahl und 55.

c) Das Produkt von zwei direkt aufeinanderfolgenden Zahlen ist 1 260.

Quadratische Gleichungen anwenden

Er-Seite 185

①/② Skizze machen, Variable festlegen und Terme bilden:

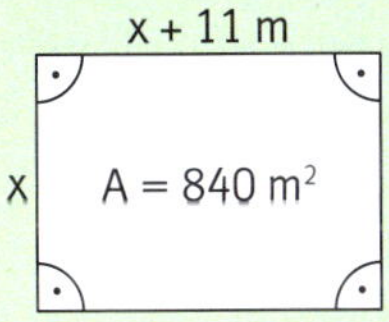

③ Gleichung aufstellen: $x \cdot (x + 11) = 840$

④ Gleichung in die Normalform bringen und mit der p-q-Formel lösen:
$x_{1/2} =$ ■
…
$x_1 =$ ■ ; $x_2 =$ ■
$\mathbb{L} = \{$■ ; ■$\}$

⑤ Probe durchführen und Lösungen beurteilen:
■ · (■ + 11) = ■
…
$x_1 =$ ■ sinnvoll?
$x_2 =$ ■ sinnvoll?

⑥ Antwortsatz formulieren:
Die kurze Seite ist ■ m lang, die lange ■ m.

1 Bei einem rechteckigen Grundstück ist die Länge um 11 m größer als die Breite. Das Grundstück hat einen Flächeninhalt von 840 m². Wie lang sind die Grundstücksseiten? Übertrage die Lösungsschritte aus dem Beispiel und vervollständige sie.

2 Löse wie in Aufgabe 1.

a) Wenn man eine Seite eines Quadrats um 4 cm verkürzt, so beträgt der Flächeninhalt des entstehenden Rechtecks 106,25 cm². Berechne die ursprüngliche Seitenlänge des Quadrats.

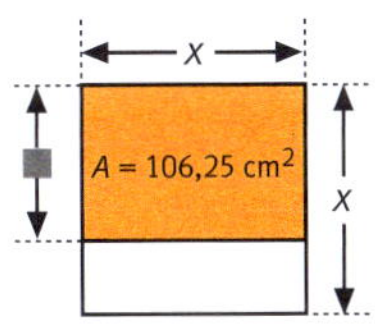

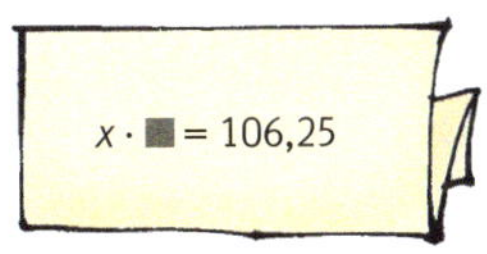

b) Wenn man eine Seite einer quadratischen Fläche um 5 m verlängert und die andere Seite um 5 m verkürzt, so erhält man eine rechteckige Fläche mit einem Flächeninhalt von 936 m². Berechne die Seitenlängen des Rechtecks.

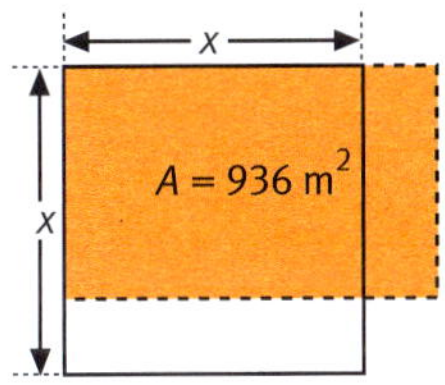

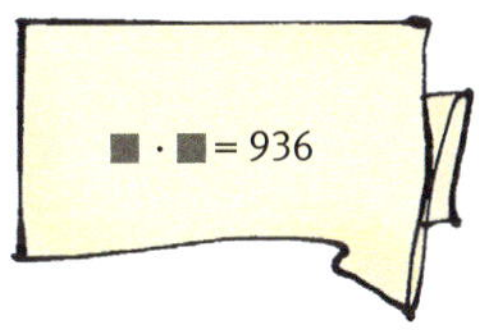

3 Die Hypotenuse eines rechtwinkligen Dreiecks ist 13 cm lang. Die Längen der beiden Katheten unterscheiden sich um 7 cm.

a) Berechne die Länge der Dreiecksseiten.

b) Ermittle den Umfang und den Flächeninhalt des Dreiecks.

Für geometrische Aufgaben brauchst du immer eine Skizze!

4 Die Höhe eines Dreiecks ist um 4 cm kleiner als die Grundseite. Der Flächeninhalt dieses Dreiecks beträgt 160 cm². Berechne die Länge der beiden Strecken.

5 Wenn der Durchmesser eines Kreises um 5 cm vergrößert wird, so beträgt der neue Flächeninhalt 226,865 cm². Wie groß war der Radius des Kreises vorher? Runde geeignet.

6 Wird jede Kante eines Würfels um 10 cm verlängert, so wird der neue Oberflächeninhalt des Würfels doppelt so groß. Wie lang war die Kante vorher? Runde geeignet.

7 Ein rechteckiges Spielgelände ist 80 m lang und 60 m breit. Ein 3 500 m² großer Bolzplatz soll so abgesteckt werden, dass ringsum ein gleich breiter Rand für Zuschauer bleibt. Berechne die Breite des Randes.

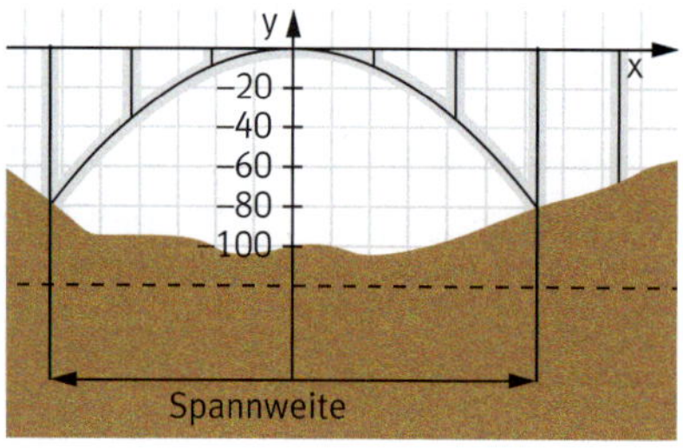

1 Die Spannbögen vieler Brücken können näherungsweise durch Parabeln beschrieben werden. Die Talbrücke „Wilde Gera" ist eine der größten Brücken Deutschlands aus Stahlbeton.

a) Was kannst du mithilfe des eingezeichneten Koordinatensystems über die Brücke herausfinden?

b) Der Verlauf des Bogens lässt sich annähernd durch die Funktion $f(x) = -0{,}005x^2$ beschreiben. Begründe, dass die Spannweite der Brücke mit der Gleichung $-0{,}005x^2 = -80$ ermittelt werden kann und berechne sie.

c) Martina hat eine andere Idee, die Spannweite zu bestimmen. Sie beschreibt den Bogen der Brücke durch die Funktion $f(x) = -0{,}005x^2 + 80$. Erkläre Martinas Überlegungen. Welche Stellen des Graphen sind bei dieser Vorgehensweise für die Berechnung der Spannweite wichtig?

2 Übertrage die Tabelle und berechne die fehlenden Größen der Brücken.

	Funktionsgleichung für den Bogen	Höhe des Bogens	Spannweite des Bogens
Fehmarnsundbrücke	$f_1(x) = -0{,}003x^2$	45 m	■
Hoover Dam Bypass Bridge	$f_2(x) = -0{,}00052x^2$	■	332 m

3 Die Halteseile der Golden Gate Bridge haben in etwa die Form einer Parabel.

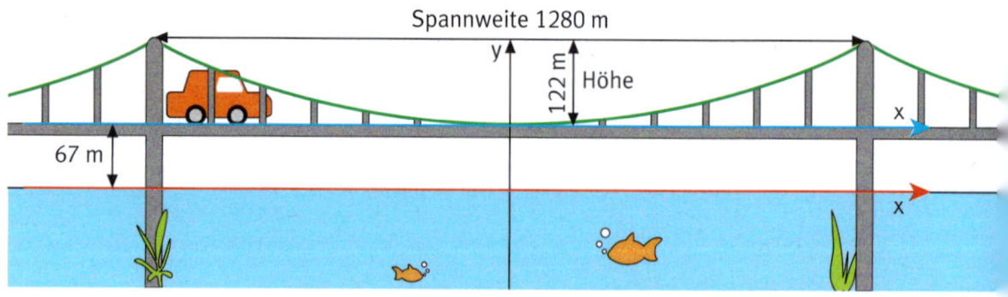

a) Betrachte das Koordinatensystem mit der blauen x-Achse. Stelle mithilfe der Schritte ① bis ④ die Funktionsgleichung für das parabelförmige Halteseil auf.

b) Bearbeite entsprechend Teilaufgabe a) für das Koordinatensystem mit der roten x-Achse.

> ① Die Parabel ist symmetrisch zur y-Achse mit S(0|0). Also gilt: $f(x) = ax^2$
> ② Ablesen eines Punktes des Graphen, z. B. P (640|■)
> ③ Einsetzen in die Funktionsgleichung: ■ = a · ■² ⇒ a = ■ (ggf. runden)
> ④ Funktionsgleichung: ■

4 Eine parabelförmige Brücke über die Autobahn ist 75 m hoch und insgesamt 270 m breit.

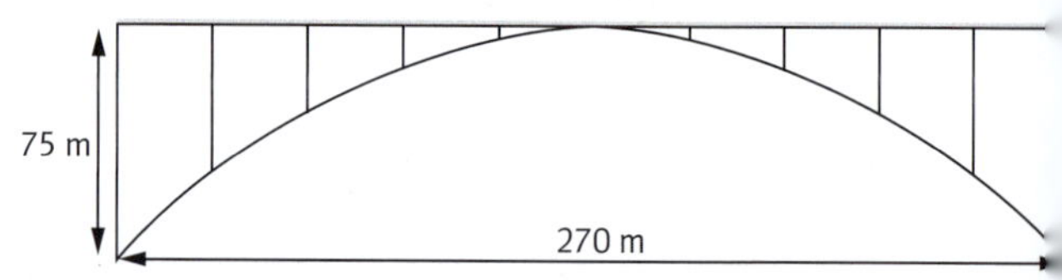

a) Skizziere die Brückenansicht in ein Koordinatensystem. Wähle geschickt die Lage des Ursprungs.

b) Stelle die Funktionsgleichung für den Bogen auf.

c) Für eine bessere Stabilität der Brücke wurden senkrechte Träger in gleichen Abständen eingezogen. Berechne die Länge der einzelnen Träger.

1 In jedem Freizeitpark ist die Fütterung der Delfine eine Attraktion. Die Delfine schwimmen in Richtung Pfleger, springen dann 3 m hoch und 8 m weit aus dem Wasser heraus und schnappen sich den Fisch. Die Flugbahn des Delfins kann annähernd durch eine Parabel beschrieben werden.

a) Übertrage und ergänze die Skizze um die Einteilung der Achsen. Welche Bedeutung haben der Scheitelpunkt und die Nullstellen?

b) Die Funktionsgleichung hat die Form $f(x) = ax^2 + c$. Begründe.

c) Stelle die Funktionsgleichung auf.

2 Bei der Tischtennis-Weltmeisterschaft 2017 in Düsseldorf verteidigte der Chinese Ma Long mit einer sogenannten „Ballonabwehr". Der Tischtennisball wird dabei in einem 3,8 m hohen Bogen 10,6 m weit zurück auf die Platte gespielt.
Wie lautet eine Funktionsgleichung dieser Flugparabel?

3 Die Bewässerungsanlage auf Sportplätzen schützt die empfindlichen Rasenflächen im Sommer vor dem Austrocknen. Das Wasser, das aus einer Vielzahl von Düsen spritzt, beschreibt einen annähernd parabelförmigen Bogen mit der Funktionsgleichung $f(x) = -0{,}05x^2 + 0{,}5x$.

a) Welche praktische Bedeutung hat die Variable x und der Funktionswert f(x)? Erstelle eine Wertetabelle für das Intervall $0 \leq x \leq 11$ und zeichne den Graphen.

b) Lies den Scheitelpunkt und die Nullstellen ab. Welche praktische Bedeutung haben diese Stellen?

c) Bestimme die Nullstellen auch rechnerisch.

d) Welchen Abstand sollten die Düsen haben, damit der gesamte Rasen bewässert wird?

4 Der Hochseilartist Hans Munkemöller möchte einen neuen Weltrekord aufstellen, indem er auf einem Seil zu einem Punkt des Bogens einer Talbrücke balanciert. Der Bogen der Talbrücke kann ungefähr durch die Funktion $f(x) = -0{,}05x^2 + 45$ beschrieben werden, der Verlauf des Seils durch die Funktion $g(x) = \frac{1}{2}x + 15$.

a) Stelle beide Funktionen mithilfe einer Wertetabelle grafisch dar. Wähle eine geeignete Einteilung der Achsen.

b) Welche Bedeutung haben der Start- und der Zielpunkt von Hans Munkemöller für die Funktionen? Erläutere und gib die Koordinaten der Punkte an.

Quadratische Funktionen vertiefen

1 Die Graphen der Funktionen $f(x) = (x - 1)^2 + 2$ und $g(x) = x + 3$ haben zwei Schnittpunkte.

a) Lies die Koordinaten der Schnittpunkte aus der Zeichnung ab.

b) Übertrage die Graphen und ergänze die zwei Geraden mit $g_1(x) = 2x - 1$ und $g_2(x) = -0{,}5x + 2$.

c) Lies aus deiner Zeichnung die Schnittpunkte der Geraden mit der Parabel ab.

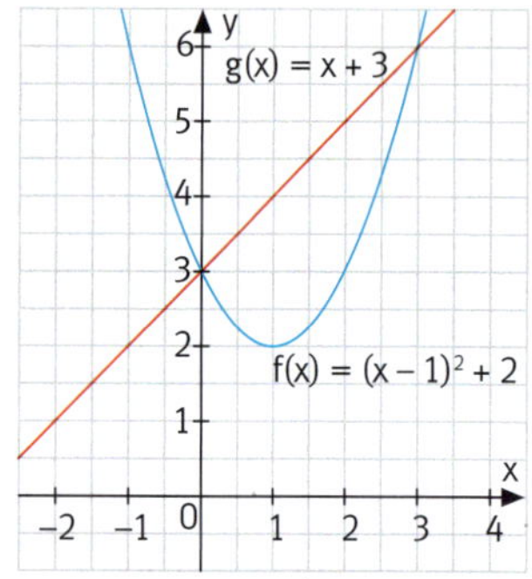

2 Das Lösungsschema zeigt, wie die Schnittpunkte aus Aufgabe 1a) berechnet werden können.

$f(x) = (x - 1)^2 + 2$ $= x^2 - 2x + 3$	Die Funktionsgleichung f(x) in die Normalform umformen
$f(x) = g(x)$	Funktionsterme gleichsetzen
$x^2 - 2x + 3 = x + 3 \quad \vert -x$ ...	Quadratische Gleichung lösen
$x_1 = ■ \quad x_2 = ■$	Die Lösungen entsprechen den x-Koordinaten der Schnittpunkte.
Für x_1: $g(■) = ■ \Rightarrow P_1\,(■ \vert ■)$ ...	Einsetzen der x-Koordinaten in eine der Funktionsgleichungen

a) Erkläre, übertrage und vervollständige das Lösungsschema.

b) Bestätige nun ebenso deine grafische Lösung aus Aufgabe 1c) rechnerisch.

3 Bestimme, falls vorhanden, rechnerisch die Schnittpunkte der Parabel mit der Geraden. Überprüfe grafisch.

a) $f(x) = (x + 1{,}5)^2 + 2{,}5$ $\qquad g(x) = 0{,}5x + 2$

b) $f(x) = -(x - 2)^2 + 2$ $\qquad g(x) = 0{,}5x - 2$

c) $f(x) = (x - 4)^2 - 2$ $\qquad g(x) = -2x + 5$

d) $f(x) = -(x + 2)^2 + 3$ $\qquad g(x) = x + 6$

4 Gib eine Gleichung an, die hier grafisch gelöst wurde. Löse sie rechnerisch und überprüfe.

a)

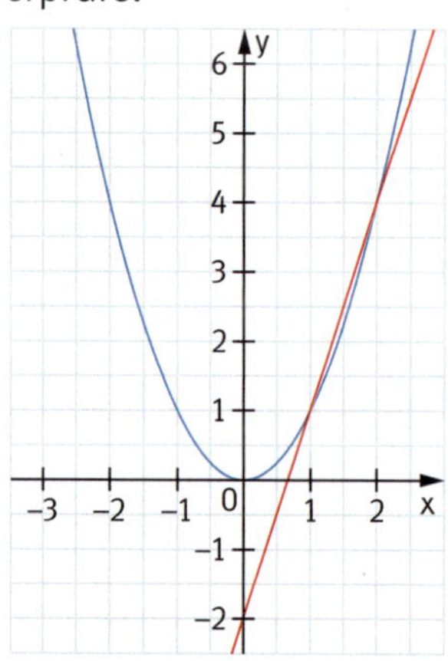

b)

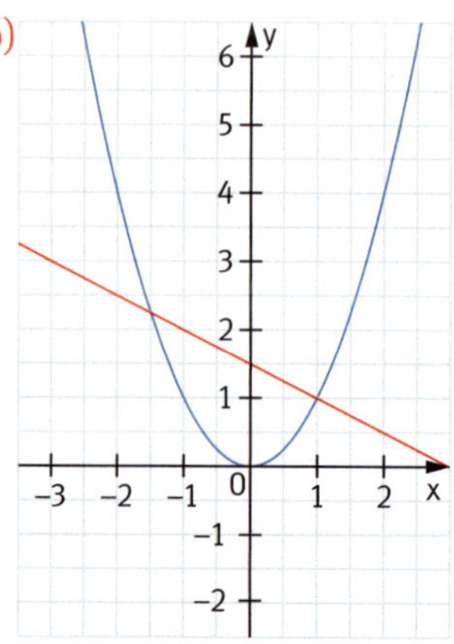

c)

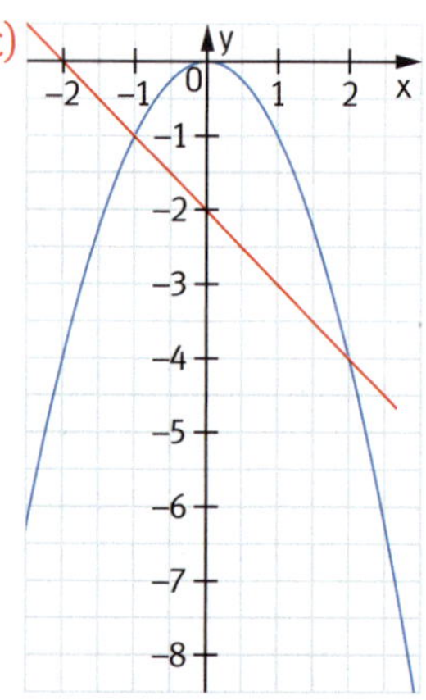

1 Hans Munkemöller hat immer noch vor, seinen Plan, auf einem Seil zu einem Punkt des Bogens einer Talbrücke zu balancieren, durchzuführen.

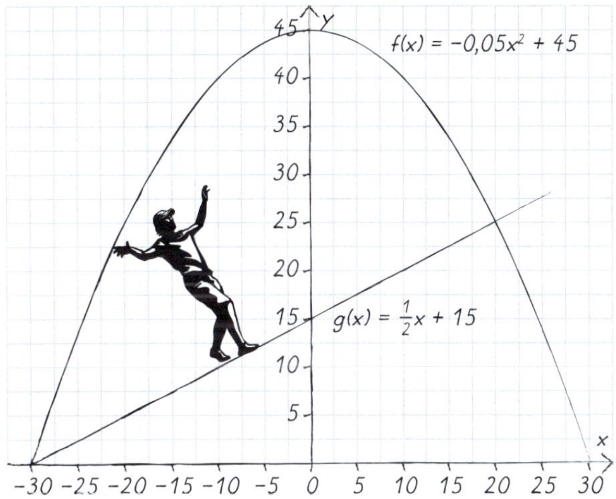

a) Bestimme die Koordinaten der Schnittpunkte der beiden Funktionsgraphen rechnerisch.

b) Für sein Vorhaben kann man Herrn Munkemöller nur Glück wünschen. Begründe, indem du die praktische Bedeutung des Faktors m in der Funktionsgleichung erläuterst. Ist dieser Wert realistisch?

c) Sein Sohn Andrej hat die Situation grafisch dargestellt und macht sich Sorgen. Er schlägt vor: „Es reicht doch, wenn wir das Seil so spannen, dass es durch den Punkt P (0|6) verläuft. Der Startpunkt bleibt gleich.“ Übertrage Andrejs Skizze und zeichne den neuen Seilverlauf ein. Lies die Höhe des neuen Zielpunkts ab.

d) Stelle zu der Geraden die Funktionsgleichung auf und bestimme die Höhe des neuen Zielpunkts rechnerisch. Vergleiche mit dem ersten Zielpunkt.

2 Eine Brücke verbindet die beiden Seiten eines Tales. Die rot markierte Fahrbahn verläuft durch die Punkte A (−30|11) und C (20|21). Der parabelförmige Brückenbogen verläuft durch die Punkte D (−40|0), E (0|16) und F (30|7). Der Brückenbogen und die Straße berühren sich im Punkt B und sind durch vier senkrechte Stützpfeiler miteinander verbunden.

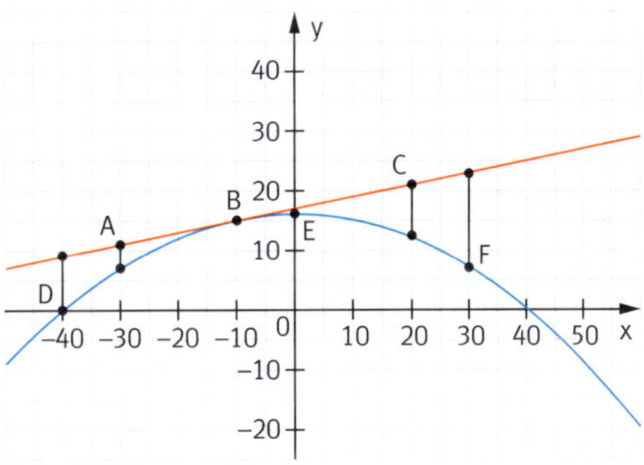

a) Der Verlauf der Straße ist annähernd linear. Stelle die Funktionsgleichung auf.

b) Stelle für den Verlauf des Bogens die Funktionsgleichung auf.

c) Berechne die Koordinaten des Berührpunktes B.

d) Berechne die Länge der Stützpfeiler.

3 Das Wurfscheibenschießen ist eine Präzisionssportart bei Olympischen Spielen. Dabei wird eine Wurfscheibe von einem Punkt abgeworfen und muss dann mit einer Gewehrkugel abgeschossen werden. Die Flugbahn der Wurfscheibe kann mit einer Parabel beschrieben werden. Die Wurfscheibe erreicht eine maximale Höhe von 10 m und fliegt 50 m weit. Der Sportschütze schießt seine Gewehrkugel geradlinig durch den Punkt A (7,5|1).

a) Skizziere die beiden Flugbahnen in einem Koordinatensystem. Beide beginnen im Koordinatenursprung.

b) Stelle die Funktionsgleichungen für die beiden Flugbahnen auf.

c) An welcher Stelle trifft der Schütze die Wurfscheibe? Bestimme rechnerisch.

Quadratische Funktionen und Gleichungen wiederholen

Multiplikation von Summentermen/Binomische Formeln

Summenterme multiplizieren
Binomische Formeln anwenden
S. 168 f.

Werden Summen miteinander multipliziert, dann muss man jeden Summanden der ersten Summe mit jedem Summanden der zweiten Summe multiplizieren.

1. bin. Formel: $(a + b)^2 = (a + b) \cdot (a + b) = a^2 + ab + ab + b^2 = a^2 + 2ab + b^2$
2. bin. Formel: $(a - b)^2 = (a - b) \cdot (a - b) = a^2 - ab - ab + b^2 = a^2 - 2ab + b^2$
3. bin. Formel: $(a + b) \cdot (a - b) = a^2 - ab + ab - b^2 = a^2 - b^2$

Quadratische Funktionen

Quadratische Funktionen untersuchen
S. 170 ff.

1. Die einfachste quadratische Funktion hat die Funktionsgleichung $f_1(x) = x^2$. Der Graph heißt Normalparabel.
2. Graphen quadratischer Funktionen der Form $f_2(x) = ax^2$ sind gestreckt ($a > 1$), gestaucht ($0 < a < 1$) oder an der x-Achse gespiegelt ($a < 0$).
3. Graphen quadratischer Funktionen der Form $f_3(x) = x^2 + e$ bzw. $f_4(x) = (x + d)^2$ sind entlang der y-Achse nach oben oder unten bzw. entlang der x-Achse nach rechts oder links verschoben.

Die Funktionsgleichung $f_5(x) = (x + d)^2 + e$ nennt man Scheitelpunktform.
Alle Parabeln sind achsensymmetrisch zur y-Achse ($x = 0$) oder zu $x = -d$.
Der Tief- bzw. Hochpunkt einer Parabel heißt Scheitelpunkt S.

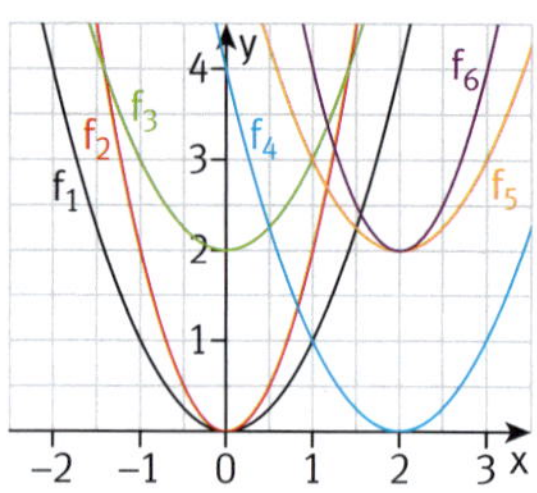

Funktion	Scheitelpunkt
$f_1(x) = x^2$	$S_1(0\|0)$
$f_2(x) = ax^2$	$S_2(0\|0)$
$f_3(x) = x^2 + e$	$S_3(0\|e)$
$f_4(x) = (x + d)^2$	$S_4(-d\|0)$
$f_5(x) = (x + d)^2 + e$	$S_5(-d\|e)$
$f_6(x) = a(x + d)^2 + e$	$S_6(-d\|e)$

Scheitelpunktform ($a \neq 1$):
$f(x) = a(x + d)^2 + e$
↓ ausmultiplizieren
allgemeine Form:
$f(x) = ax^2 + bx + c$

Nullstellen quadratischer Funktionen / Quadratische Gleichungen

Quadratische Gleichungen grafisch oder rechnerisch lösen
S. 178

Quadratische Funktionen können zwei, eine oder keine Nullstelle(n) besitzen. Die Nullstellen quadratischer Funktionen der Form $f(x) = ax^2 + c$, deren Parabeln gestreckt / gestaucht und entlang der y-Achse verschoben sind, berechnet man, indem man die zugehörige quadratische Gleichung $ax^2 + c = 0$ löst.

$$4x^2 - 16 = 0 \quad | + 16$$
$$4x^2 = 16 \quad | : 4$$
$$x^2 = 4 \Rightarrow x_1 = 2;\ x_2 = -2 \quad \mathbb{L} = \{-2; 2\}$$

Die Funktion $f(x) = 4x^2 - 16$ hat zwei Nullstellen: diese liegen bei $x_1 = 2$ und $x_2 = -2$.

Er-Wissen: Quadratische Gleichungen grafisch oder rechnerisch lösen
S. 180 ff.

Nullstellen quadratischer Funktionen der Form $f(x) = a(x + d)^2 + e$ berechnet man, indem man die zugehörige quadratische Gleichung $a(x + d)^2 + e = 0$ in die Normalform $x^2 + px + q = 0$ bringt und mithilfe der p-q-Formel löst.

$$3x^2 + 18x - 21 = 0 \quad | : 3$$
$$x^2 + 6x - 7 = 0 \quad (p = 6;\ q = -7)$$

$$x_{1/2} = -\frac{p}{2} \pm \sqrt{\left(\frac{p}{2}\right)^2 - q} = -\frac{6}{2} \pm \sqrt{\left(\frac{6}{2}\right)^2 - (-7)}$$
$$x_1 = -7;\ x_2 = 1 \qquad \mathbb{L} = \{-7; 1\}$$

Aufgaben zur Differenzierung

Basis-Aufgaben | **Vertiefende Aufgaben**

1 Bilde wertgleiche Paare. Schreibe so: ■ = ■. Zwei Terme bleiben übrig.

$(4-a)^2$ | $(4+a)\cdot(4-a)$ | $16+8a+a^2$

$16-a^2$ | $(2+a)^2$ | $4+2a+a^2$ | $(4+a)^2$

$16-8a+a^2$ | $4+4a+a^2$ | $16-4a+a^2$

Vereinfache so weit wie möglich.

a) $(x+1)^2+(x+2)^2$
b) $(a+3)^2-(a-1)^2$
c) $(5a-3b)^2-(2a+b)^2$
d) $(9x - 7y)^2 - (2x + 3y)\cdot(2x-3y)$
e) $(12a+5b)\cdot(12a-5b)-(3a-8b)^2$
f) $(a+b)^2-(a-b)^2-4ab$

2 Prüfe rechnerisch, ob die Punkte auf der Normalparabel liegen.

a) A (−12,5|156,25) b) B (−3,8|−14,44)
c) C (−0,2|0,4) d) D (0,8|0,64)

Entscheide, ob die Punkte auf, oberhalb oder unterhalb der Normalparabel liegen.

a) A (−9,8|96) b) B (−2,8|7,84)
c) C (−0,6|0,4) d) D (0,25|0,0625)

3 Stelle die Funktionen mit verschiedenen Farben grafisch dar. Vergleiche die Graphen mit der Normalparabel und gib die Scheitelpunkte an.

Lege für das Intervall $-3 \le x \le 3$ eine Wertetabelle in 0,5er-Schritten an.

a) $f(x)=x^2+1{,}5$ b) $f(x)=2x^2-1{,}5$
c) $f(x)=-x^2+5$ d) $f(x)=(x-4)^2$

a) $f(x)=0{,}25x^2-2$ b) $f(x)=-1{,}5\,x^2+0{,}5$
c) $f(x)=(x-\frac{1}{2})^2$ d) $f(x)=-(x+1{,}5)^2$
e) $f(x)=-(x-2)^2+3$ f) $f(x)=(x+0{,}1)^2-0{,}2$

4 Ist die Aussage für die Funktion $f(x)=ax^2+c$ richtig oder falsch? Begründe ggf. mit einer Skizze und verbessere falsche Aussagen.

a) Wenn a negativ ist, ergibt sich eine nach unten geöffnete Parabel.
b) Für $a > 0$ ist der Scheitelpunkt der Tiefpunkt der Parabel.
c) Je größer c ist, desto weiter ist die Parabel nach rechts verschoben.

a) Für $a = 0$ ist der Graph eine Gerade parallel zur x-Achse.
b) Jede Gerade mit $g(x)=mx+n$ schneidet die Normalparabel in zwei Punkten.
c) Kennt man die Koordinaten des Scheitelpunkts einer Parabel, kann man die Funktionsgleichung angeben.

5 Ordne die Funktionsgleichungen den Graphen zu. Begründe.

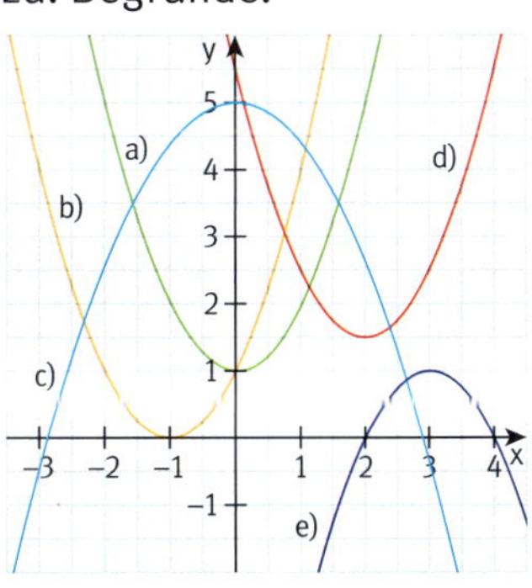

$f_1(x)=(x+1)^2$
$f_2(x)=x^2+1$
$f_3(x)=(x-2)^2+1{,}5$
$f_4(x)=-(x-3)^2+1$
$f_5(x)=-x^2+5$

Gib den Scheitelpunkt und die Funktionsgleichung der Parabeln an.

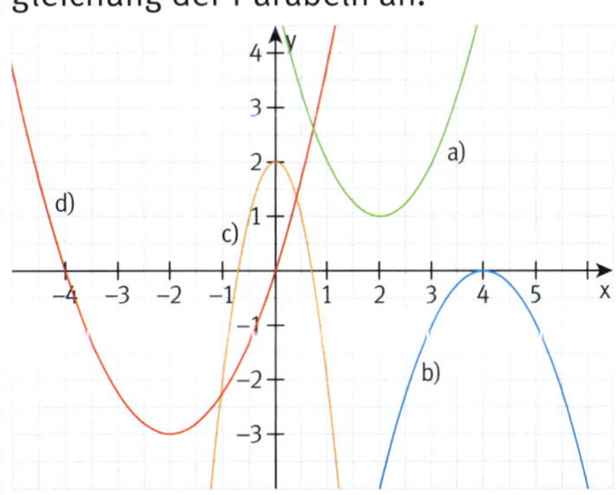

AUF EINEN BLICK

1 Rechne im Kopf. Wende die binomischen Formeln an.

a) $(2u + v)^2$ b) $(4x - 5y)^2$
c) $(s + \frac{1}{2})^2$ d) $(x^2 - 15)^2$
e) $(x + 4) \cdot (x - 4)$ f) $(\frac{4}{9} - y) \cdot (\frac{4}{9} + y)$

2 Die Funktionen $f_1(x) = 12x$, $f_2(x) = x^2$ und $f_3(x) = 6x^2$ beschreiben verschiedene Größen rund um den Würfel.

a) Wofür steht die Variable x und der Funktionswert f(x)?
b) Lege für x = 0; 0,5; 1; 1,5; ...; 4 jeweils eine Wertetabelle an.
c) Stelle die Funktionen grafisch dar. Beschreibe die Unterschiede zwischen den Graphen.

3

1 $f(x) = x^2 - 1$	2 $f(x) = x^2 - 0{,}25$
2 $f(x) = x^2 + 5$	4 $f(x) = -x^2 + 4$

a) Zeichne die Graphen der Funktionen im Intervall $-3 \le x \le 3$.
b) Gib die Koordinaten des Scheitelpunkts an und lies die Nullstellen der Parabel ab, falls vorhanden.

4 Zeichne eine Normalparabel und in das gleiche Koordinatensystem die Graphen quadratischer Funktionen der Form $f(x) = ax^2$.
Beschreibe jeweils den Unterschied zur Normalparabel und gib die Funktionsgleichung an.
Die Graphen von $f_1(x)$, $f_2(x)$, $f_3(x)$ und $f_4(x)$ gehen durch ...

a) P_1 (2|8) und Q_1 (−2|8)
b) P_2 (2|2) und Q_2 (−2|2)
c) P_3 (1|−4) und Q_3 (−1|−4)
d) P_4 (4|−4) und Q_4 (−4|−4)

5 Gib die Scheitelpunkte der Parabeln an und stelle sie grafisch dar. Vergleiche die Graphen mit der Normalparabel.

a) $f(x) = x^2 - 0{,}5$ b) $f(x) = -x^2 + 1$
c) $f(x) = (x + 0{,}5)^2$ d) $f(x) = (x - 1{,}5)^2$
e) $f(x) = (x - 3)^2 - 2$ f) $f(x) = (x + 0{,}5)^2 - 1$

6 Welche Funktionsgleichungen haben Normalparabeln mit diesen Scheitelpunkten?

a) S (2|0) b) S (−1,5|0)
c) S (0|0,5) d) S (0|−0,5)
e) S (1|2) f) S (−1|−2,5)

7 Gib jeweils den Scheitelpunkt und die Funktionsgleichung an.

a) Die Parabel wurde um vier Einheiten nach rechts verschoben.
b) Die Parabel ist nach unten geöffnet und wurde um fünf Einheiten nach oben verschoben.
c) Die Parabel wurde um eine halbe Einheit nach rechts und um eine Viertel Einheit nach unten verschoben.
d) Die Parabel ist gestaucht um den Faktor $\frac{1}{2}$ und um zwei Einheiten nach rechts sowie um vier Einheiten nach unten verschoben.

8 Sonja hat die Nullstelle der Funktion $f(x) = \frac{1}{4}x^2 - 4$ berechnet. Überprüfe die Lösung und verbessere sie.

$\frac{1}{4}x^2 = 4 \quad | \cdot 4$
$x^2 = 16$
$x = 4$
$\mathbb{L} = \{4\}$

9 Überprüfe rechnerisch, wie viele Lösungen die Gleichungen haben. Kontrolliere durch eine Skizze.

a) $-5x^2 = 0$ b) $\frac{1}{2}x^2 - 8 = 0$
c) $\frac{1}{4}x^2 - 8 = -4$ d) $4x^2 + 9 = -7$

10 Stelle als Gleichung dar und löse.

a) Das Netz des Würfels hat einen Flächeninhalt von 486 cm².

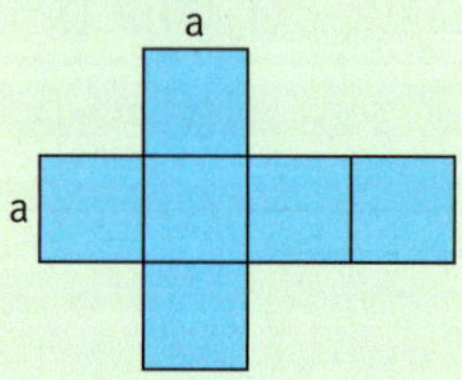

b) Das kreisförmige Kirchenfenster überdeckt eine Fläche von 1018 dm².

11 Übertrage und vervollständige.
a) $x^2 + 4x + ■ = (x + ■)^2$
b) $x^2 - 6x + ■ = (x - ■)^2$
c) $x^2 + x + ■ = (x + ■)^2$
d) $x^2 + 0{,}1x + ■ = (x + ■)^2$
e) $x^2 - 0{,}5x + ■ = (x - ■)^2$

12 a) Gib die Koordinaten der Scheitelpunkte und die Funktionsgleichungen an.
b) Berechne die Nullstellen der Funktionen und vergleiche mit der grafischen Darstellung.

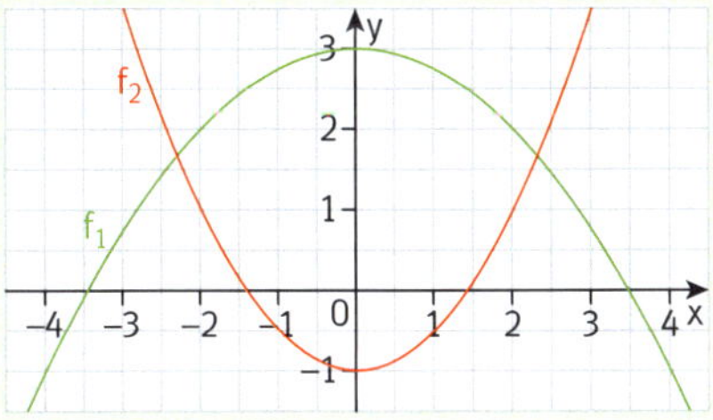

13 Gib die Funktionsgleichungen zu den Parabeln in Scheitelpunktform an.
a) Lies, wenn möglich, die Schnittpunkte mit den Koordinatenachsen ab.
b) Bestätige deine Ergebnisse rechnerisch.
c) Gib zu jedem Graphen mindestens drei weitere Eigenschaften an.

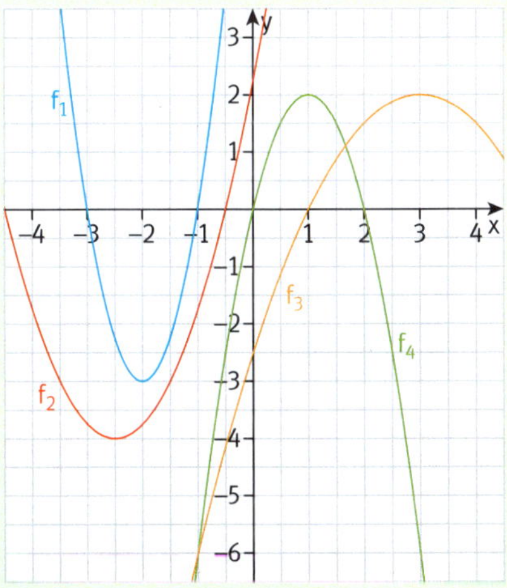

14 Bestimme die Lösungsmenge.
a) $(y + 1{,}5) \cdot (y - 1{,}5) = 0$
b) $(0{,}5 - a) \cdot (0{,}5 + a) = -6{,}51$
c) $4 \cdot (x + 3)^2 = 404$
d) $-7{,}2 = -0{,}2 \cdot (x - 0{,}5)^2$
e) $(1 + x)^2 + 2 = 11$

15 Stelle als Gleichung dar und löse.
a) Addiert man 33 zum Quadrat einer natürlichen Zahl, erhält man 154.
b) Multipliziert man eine ganze Zahl mit sich selbst und subtrahiert 88, erhält man 696.
c) Multipliziert man das Dreifache einer natürlichen Zahl mit dem Fünffachen dieser Zahl, erhält man 375.
d) Das Fünffache einer natürlichen Zahl multipliziert mit ihrer Hälfte ergibt 250.

16 Bestimme die Lösungsmenge.
a) $(x + 12) \cdot (x - 23) = 0$
b) $2x^2 - 8x = 330$
c) $0{,}5x^2 = 2x - 38{,}5$
d) $\frac{1}{2}x^2 - \frac{3}{10}x = \frac{9}{25}$

17 Löse die Gleichungen grafisch.
a) $x^2 = 3x - 2$
b) $x^2 - 3x = -4$
c) $2x^2 + x = 3$
d) $x^2 + x + 0{,}25 = 0$

18 Wenn man eine Seite eines Quadrats um 2 cm verkürzt und die andere um 1 cm verlängert, erhält man ein Rechteck mit einem Flächeninhalt von 18 cm^2. Welche Seitenlänge hat das Quadrat?

19 Die Carrick-a-Rede ist eine Insel in Nordirland, die man nur zu Fuß über eine schmale Hängebrücke erreichen kann. Sie überspannt eine Meerenge von 20 m, der tiefste Punkt der Brücke liegt 30 m über der Wasseroberfläche.
a) Skizziere den Graphen in einem geeigneten Koordinatensystem.
b) Ermittle eine Gleichung für die parabelförmige Hängebrücke, wenn sie 0,4 m durchhängt.

20 a) Stelle die beiden Funktionsgleichungen auf.
b) Gib die Koordinaten des sichtbaren Schnittpunkts der Geraden und der Parabel an.
c) Berechne die Koordinaten des zweiten Schnittpunkts.

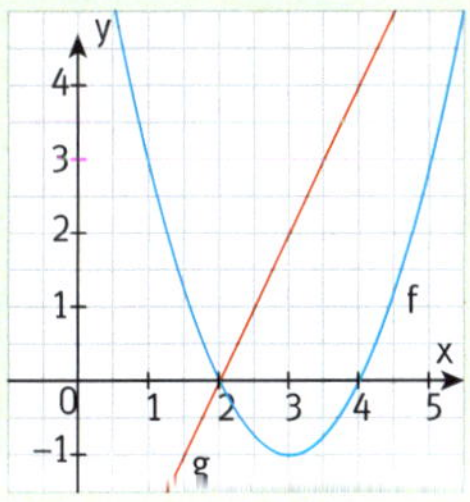

Er

1 Beschreibe bei jeder Funktion, ob die zugehörige Parabel ...
① nach oben oder unten geöffnet ist. ② gestreckt oder gestaucht ist.
a) $f(x) = 1{,}5x^2$ b) $f(x) = -0{,}9x^2$ c) $f(x) = \frac{5}{4}x^2$ d) $f(x) = -3{,}2x^2$

2 Stelle die Funktionen im Intervall $-3 \le x \le 3$ grafisch dar. Vergleiche die Graphen mit der Normalparabel und gib die Scheitelpunkte an.
a) $f(x) = x^2 + 4$ b) $f(x) = \frac{1}{2}x^2 + 4$ c) $f(x) = (x-1)^2$ d) $f(x) = (x-2)^2 + 3$

3 Bestimme die fehlenden Angaben a und e so, dass der Punkt auf dem Graphen liegt. Kontrolliere dein Ergebnis grafisch. Vergleiche die Graphen mit der Normalparabel und gib den Scheitelpunkt an.
a) $f(x) = (x+5)^2 + e$ A (–3|3) b) $f(x) = ax^2 + 4$ B (–1|3)
c) $f(x) = a \cdot (x+1)^2 + 3$ C (1|5) d) $f(x) = 2 \cdot (x-2)^2 + e$ D (1|0)

4 Bestimme die Lösungsmenge.
a) $x^2 - 64 = 0$ b) $\frac{1}{4}x^2 - 9 = 0$ c) $5x^2 + 25 = 0$
d) $72 - 2x^2 = 0$ e) $2x^2 + 72 = 40$ f) $\frac{2}{3}x^2 - 4 = x^2 - 2$
g) $(x+0{,}3)^2 + 0{,}25 = 0{,}5$ h) $5 = 5 + 2 \cdot (x+1)^2$ i) $(x-2)^2 \cdot 0{,}5 = 34 - 2x$

5 Ein Fußballfeld ist doppelt so groß wie breit. Der Flächeninhalt beträgt 6 272 m^2. Fertige eine Skizze an und berechne die Maße des Fußballfelds.

Er

6 Bestimme die Lösungsmenge.
a) $(x+4) \cdot (x-4) = 0$ b) $-2x^2 - 5x = 0$ c) $(x+3)^2 = -1$
d) $0{,}5x^2 - 0{,}5x - 3 = 0$ e) $2x^2 + 6x = x^2 - 5$ f) $(x+7) \cdot (x+3) = (x-3) \cdot (x+1)$

7 Ermittle eine Funktionsgleichung der Form $y = ax^2$ mit $a < 0$ für die Brücken.
a) Bogenbrücke im Kromlauer Park
Höhe: 6,5 m, Spannweite: 15,6 m

b) Müngstener Brücke
Höhe: 69 m, Spannweite: 79 m

8 Die Abbildung zeigt den parabelförmigen Querschnitt eines U-Bahn-Tunnels.
a) Stelle eine Funktionsgleichung der Form $f(x) = ax^2 + c$ auf.
b) Eine U-Bahn ist 2,30 m breit. Würden zwei Bahnen aneinander vorbeipassen?

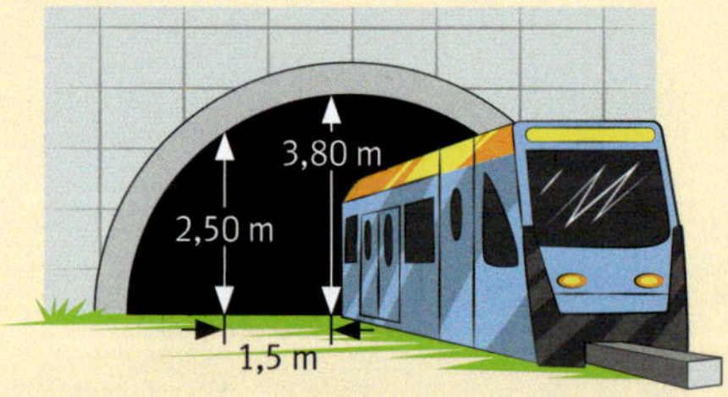

9 Bestimme die Schnittpunkte, falls vorhanden, rechnerisch und überprüfe grafisch.
a) $f(x) = (x+1)^2 - 2$ $g(x) = x + 1$
b) $f(x) = (x+2)^2 - 3$ $g(x) = 2x$
c) $f(x) = 2 \cdot (x-2)^2 - 3$ $g(x) = -x - 2$

Geldbeträge	1 € = 100 Ct	Umrechnungszahl: 100
Gewichte	1 t = 1000 kg 1 kg = 1000 g 1 g = 1000 mg	Umrechnungszahl: 1000
Zeitspannen	1 h = 60 min 1 min = 60 s 1 Tag hat 24 Stunden. 1 Woche hat 7 Tage. 1 Jahr hat 52 Wochen.	Umrechnungszahl: 60
Längenmaße	1 cm = 10 mm 1 dm = 10 cm = 100 mm 1 m = 10 dm = 100 cm = 1 000 mm	Umrechnungszahl: 10 Zusätzlich gilt: 1 km = 1 000 m
Flächenmaße	$1\ cm^2 = 100\ mm^2$ $1\ dm^2 = 100\ cm^2 = 10\,000\ mm^2$ $1\ m^2 = 100\ dm^2 = 10\,000\ cm^2$ $= 1\,000\,000\ mm^2$	Umrechnungszahl: 100 Zusätzlich gilt: $1\ km^2 = 1\,000\ m \cdot 1\,000\ m$ $= 1\,000\,000\ m^2$
Volumenmaße/ Hohlmaße	$1\ cm^3 = 1\,000\ mm^3$ $1\ dm^3 = 1\,000\ cm^3 = 1\,000\,000\ mm^3$ $1\ m^3 = 1\,000\ dm^3 = 1\,000\,000\ cm^3$ $= 1\,000\,000\,000\ mm^3$ $1\ l = 1\ dm^3 = 1\,000\ cm^3$ $1\ cm^3 = 1\ ml$ 1 l = 1 000 ml und 1 hl = 100 l	Umrechnungszahl: 1 000 Zusätzlich gilt: $1\ km^3$ $= 1\ km \cdot 1\ km \cdot 1\ km$ $= 1\,000\ m \cdot 1\,000\ m \cdot 1\,000\ m$ $= 1\,000\,000\,000\ m^3$
Geschwindigkeit einer gleichförmigen Bewegung	$v = \frac{s}{t}$ $1\frac{m}{s} = 3{,}6\frac{km}{h}$ $1\frac{km}{h} \approx 0{,}278\ \frac{m}{s}$	v: Geschwindigkeit s: zurückgelegter Weg t: benötigte Zeit
Dichte eines Stoffes	$\rho = \frac{m}{V}$	ρ: Dichte m: Masse V: Volumen
Prozentrechnung (Grundformel)	$\frac{W}{p} = \frac{G}{100}$	G: Grundwert W: Prozentwert p: Prozentsatz
Potenzen und Wurzeln	$a^n = a \cdot a \cdot a \cdot \ldots \cdot a$ (n-mal) $\sqrt[n]{a} = a^{\frac{1}{n}}$ Für den Spezialfall n = 2 gilt: $\sqrt[2]{a} = \sqrt{a} = a^{\frac{1}{2}}$	für $a \in \mathbb{R}$, $a \neq 0$, $n \in \mathbb{N}$ Zusätzlich gilt: $a^0 = 1$ $a^1 = a$
Potenzgesetze	$a^m \cdot a^n = a^{m+n}$ $a^m : a^n = a^{m-n}$ $a^{-n} = \frac{1}{a^n}$ $a^m \cdot b^m = (a \cdot b)^m$ $a^m : b^m = (a : b)^m$ $(a^m)^n = a^{m \cdot n}$	

Rechtwinkliges Dreieck		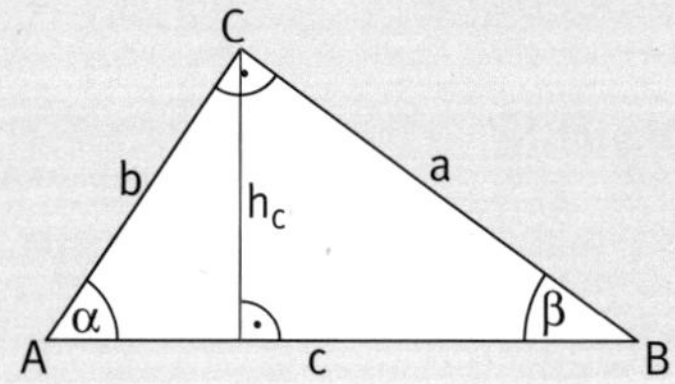
Satz des Pythagoras	$a^2 + b^2 = c^2$	
Umfang	$u = a + b + c$	
Flächeninhalt	$A = \frac{1}{2} \cdot a \cdot b = \frac{1}{2} \cdot c \cdot h_c$	
Beliebiges Dreieck		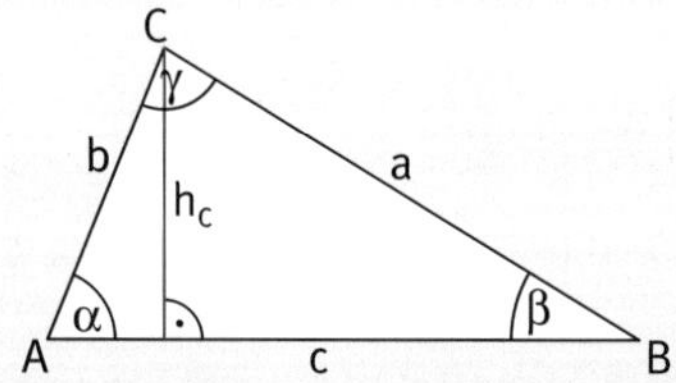
Umfang	$u = a + b + c$	
Flächeninhalt	$A = \frac{1}{2} \cdot c \cdot h_c$	
Rechteck		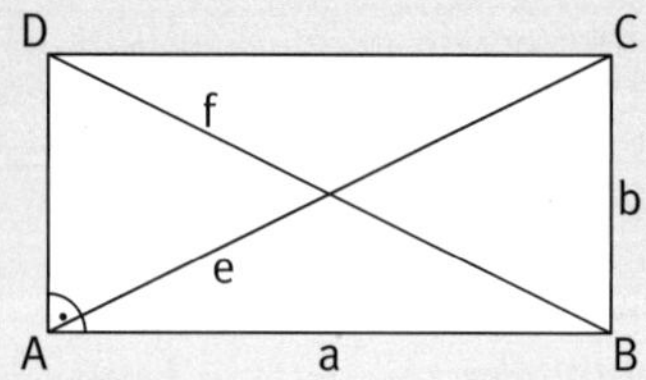
Umfang	$u = 2a + 2b = 2 \cdot (a + b)$	
Flächeninhalt	$A = a \cdot b$	
Diagonalen	$e = f = \sqrt{a^2 + b^2}$	
Trapez		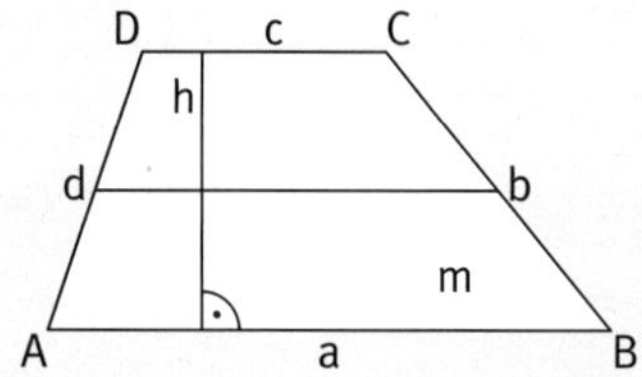
Umfang	$u = a + b + c + d$	
Mittellinie	$m = \frac{1}{2} \cdot (a + c)$	
Flächeninhalt	$A = m \cdot h = \frac{1}{2} \cdot (a + c) \cdot h$	
Parallelogramm		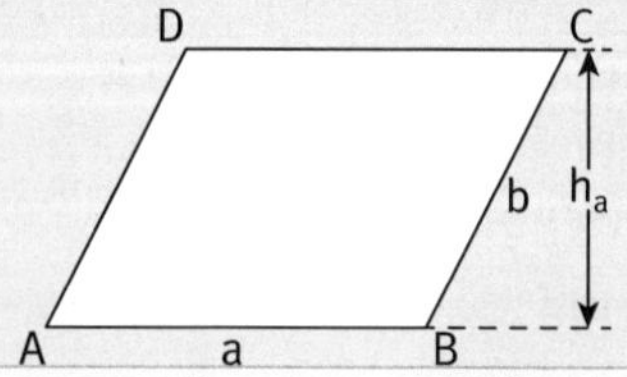
Umfang	$u = 2a + 2b = 2 \cdot (a + b)$	
Flächeninhalt	$A = a \cdot h_a$	
Raute		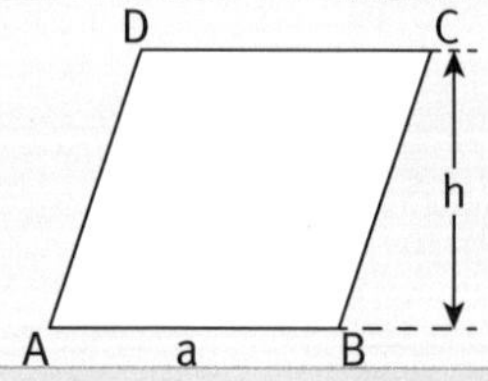
Umfang	$u = 4 \cdot a$	
Flächeninhalt	$A = a \cdot h$	
Drachen		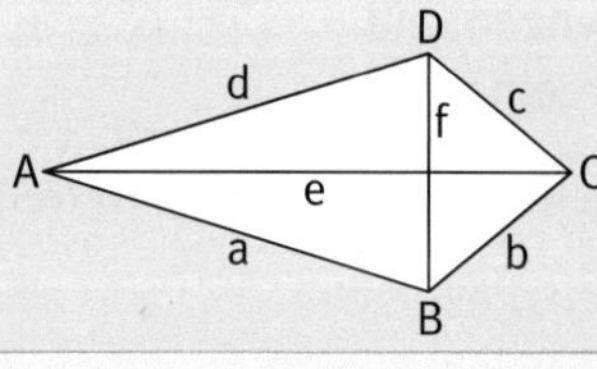
Umfang	$u = 2a + 2b = 2 \cdot (a + b)$	
Flächeninhalt	$A = \frac{e \cdot f}{2}$	
Kreis		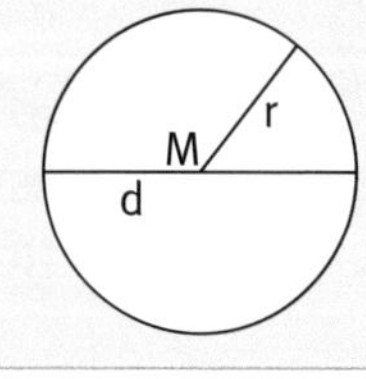
Durchmesser	$d = 2 \cdot r$	
Umfang	$u = 2 \cdot \pi \cdot r$	
Flächeninhalt	$A = \pi \cdot r^2$	

Würfel		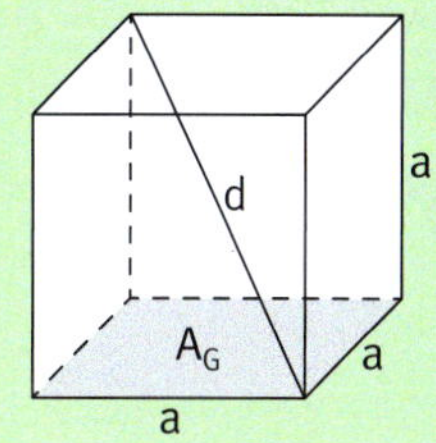
Grundfläche	$A_G = a^2$	
Oberfläche	$A_O = 6 \cdot a^2$	
Volumen	$V = a^3$	
Raumdiagonale	$d = a \cdot \sqrt{3}$	
Quader		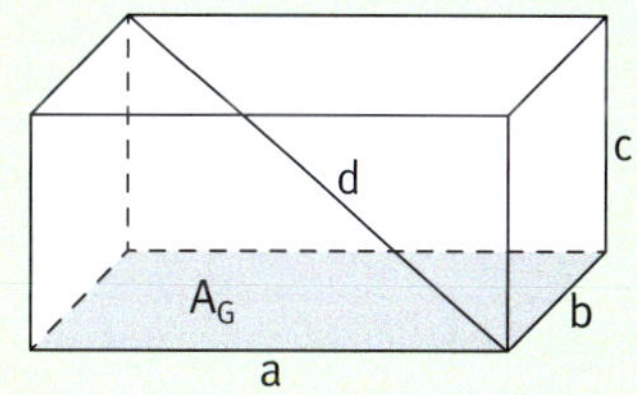
Grundfläche	$A_G = a \cdot b$	
Oberfläche	$A_O = 2ab + 2bc + 2ac$	
Volumen	$V = a \cdot b \cdot c$	
Raumdiagonale	$d = \sqrt{a^2 + b^2 + c^2}$	
Prisma (dreiseitig, gerade)	A_G: Grundfläche u_G: Umfang der Grundfläche	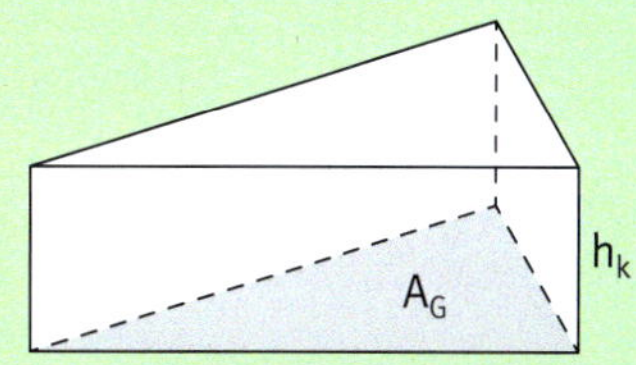
Mantelfläche	$A_M = u_G \cdot h_K$	
Oberfläche	$A_O = 2A_G + A_M$	
Volumen	$V = A_G \cdot h_K$	
Pyramide	**quadratisch** / **rechteckig**	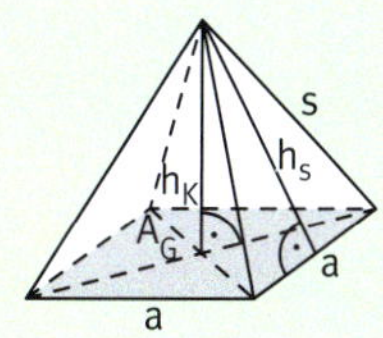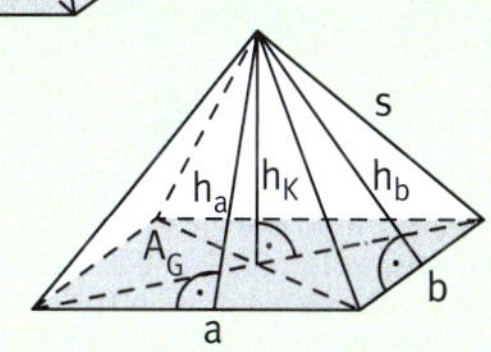
Grundfläche	$A_G = a^2$ / $A_G = a \cdot b$	
Mantelfläche	$A_M = 2a \cdot h_S$ / $A_M = a \cdot h_a + b \cdot h_b$	
Oberfläche	$A_O = A_G + A_M = a^2 + 2a \cdot h_S$ / $A_O = A_G + A_M = a \cdot b + a \cdot h_a + b \cdot h_b$	
Volumen	$V = \frac{1}{3} \cdot A_G \cdot h_K = \frac{1}{3} \cdot a^2 \cdot h_K$ / $V = \frac{1}{3} \cdot A_G \cdot h_K = \frac{1}{3} \cdot a \cdot b \cdot h_K$	
Zylinder		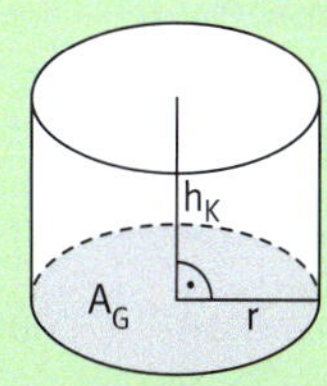
Grundfläche	$A_G = \pi \cdot r^2$	
Mantelfläche	$A_M = 2 \cdot \pi \cdot r \cdot h_K$	
Oberfläche	$A_O = 2A_G + A_M$	
Volumen	$V = A_G \cdot h_K = \pi \cdot r^2 \cdot h_K$	
Kegel		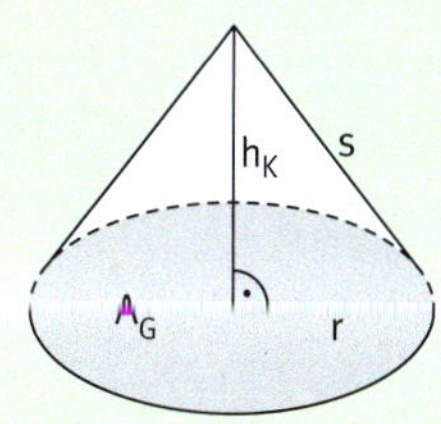
Mantellinie	$s^2 = r^2 + h_K^2$	
Grundfläche	$A_G = \pi \cdot r^2$	
Mantelfläche	$A_M = \pi \cdot r \cdot s$	
Oberfläche	$A_O = A_G + A_M = \pi \cdot r \cdot (r + s)$	
Volumen	$V = \frac{1}{3} \cdot A_G \cdot h_K = \frac{1}{3} \cdot \pi \cdot r^2 \cdot h_K$	

Wahrscheinlichkeitsrechnung		
Zufallsversuche	Sind alle Ergebnisse bei einem Zufallsexperiment gleich wahrscheinlich, so gilt für ein Ereignis A: $P(A) = \frac{\text{Anzahl der für A günstigen Ergebnisse}}{\text{Anzahl der möglichen Ergebnisse}}$	P(A): Wahrscheinlichkeit für das Ereignis A
Pfadregeln für mehrstufige Zufallsversuche	Produktregel (1. Pfadregel): Die Wahrscheinlichkeit eines Ergebnisses D ist gleich dem Produkt der Wahrscheinlichkeiten entlang des jeweiligen Pfades im Baumdiagramm. Beispiel: Wahrscheinlichkeit für das Ereignis D: $P(D) = p_1 \cdot p_4$ Summenregel (2. Pfadregel): Die Wahrscheinlichkeit eines Ereignisses H ist gleich der Summe der Wahrscheinlichkeiten aller Pfade, die für dieses Ereignis günstig sind. Beispiel: Ereignis H = {D; E} Wahrscheinlichkeit für das Ereignis H: $P(H) = P(D) + P(E) = p_1 \cdot p_4 + p_2 \cdot p_5$	Baumdiagramm: 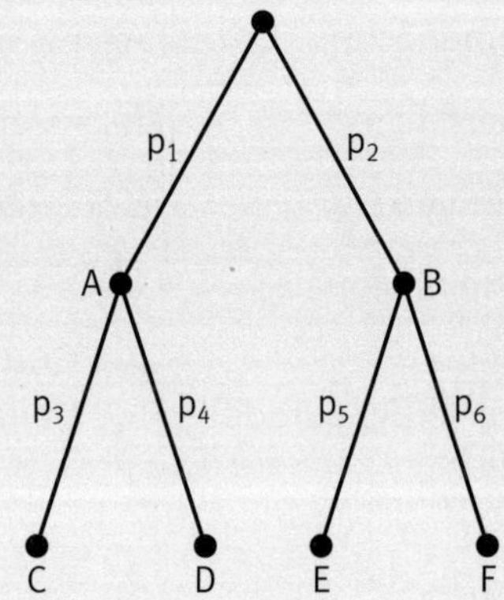
Quadratische Funktionen und Gleichungen		
Scheitelpunktform der verschobenen Normalparabel	$f(x) = (x + d)^2 + e$	Scheitelpunkt: $S(-d\|e)$
Scheitelpunktform der verschobenen und gestreckten, gestauchten oder gespiegelten Parabel	$f(x) = a(x + d)^2 + e$	
Allgemeine Form bzw. Normalform einer quadratischen Gleichung	$ax^2 + bx + c = 0$ bzw. $x^2 + px + q = 0 \quad p, q \in \mathbb{R}$	
Lösungsformel für quadratische Gleichungen in Normalform zur Bestimmung von Nullstellen	$x_{1/2} = -\frac{p}{2} + \sqrt{(\frac{p}{2})^2 - q}$	

Grundlagentraining

Seite 7

1 a) $\frac{3}{5} = 60\,\%$ b) $\frac{1}{2} = 50\,\%$ c) $\frac{16}{25} = 64\,\%$
d) $\frac{5}{9} = 55{,}\overline{5}\,\% \approx 55{,}6\,\%$ e) $\frac{7}{9} = 77{,}\overline{7}\,\% \approx 77{,}8\,\%$

2 a) 64 km b) 400 g c) 1,6 min = 1 min 36 s = 96 s
d) 20 l e) 1,4 kg f) 0,08 m = 8 cm

3 (A) $-1{,}1 = -\frac{11}{10}$ (B) $-0{,}8 = -\frac{8}{10} = -\frac{4}{5}$ (C) $-0{,}5 = -\frac{5}{10} = -\frac{1}{2}$
(D) $-0{,}25 = -\frac{1}{4}$ (E) $0{,}4 = \frac{4}{10} = \frac{2}{5}$ (F) $0{,}8 = \frac{8}{10} = \frac{4}{5}$

4 a) $-9 < -4 < -3 < -1 < 2 < 5$
b) $-5{,}3 < -1{,}8 < -0{,}2 < 1{,}0 < 2{,}3 < 3{,}2$

5
a) −19 b) 15 c) 3,1
d) −10,6 e) −20 f) 33
g) 4 h) −5 i) $1\frac{4}{5}$
j) $\frac{1}{10}$ k) $1{,}25 = 1\frac{1}{4}$ l) $-3{,}75 = -3\frac{3}{4}$
m) 48 n) $-0{,}08 = -\frac{2}{25}$ o) $-\frac{1}{3}$
p) 0,3 q) 0 r) 26

6 a)

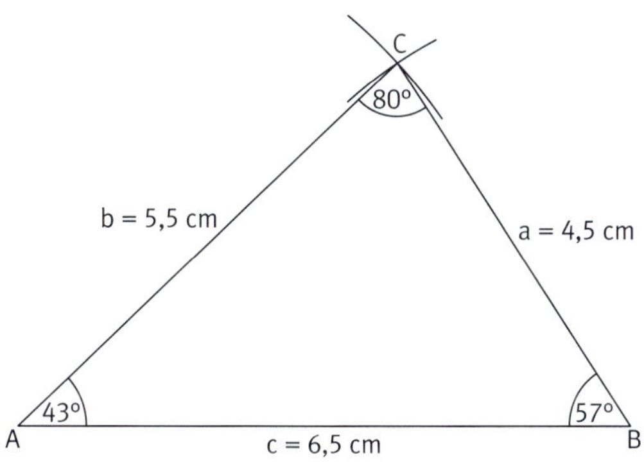

b)

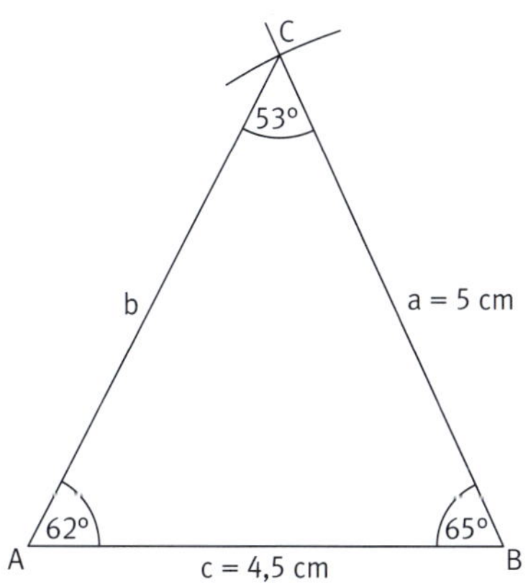

c)

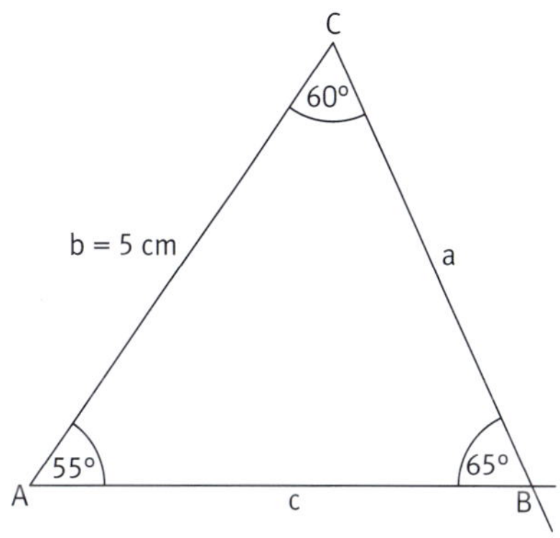

d)

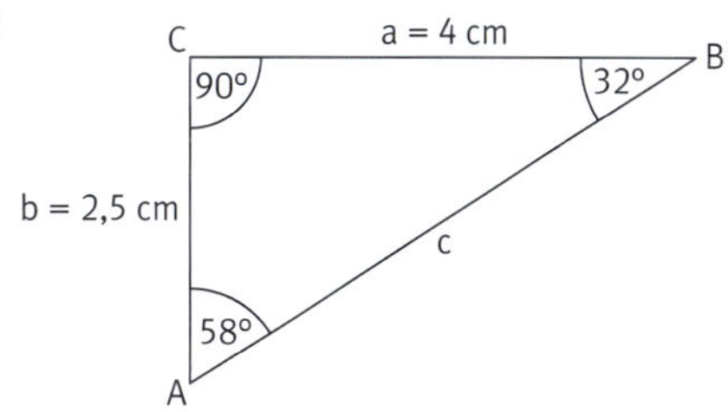

7 $\alpha = 110°$ $\beta = \gamma = \delta = 70°$

8 a)

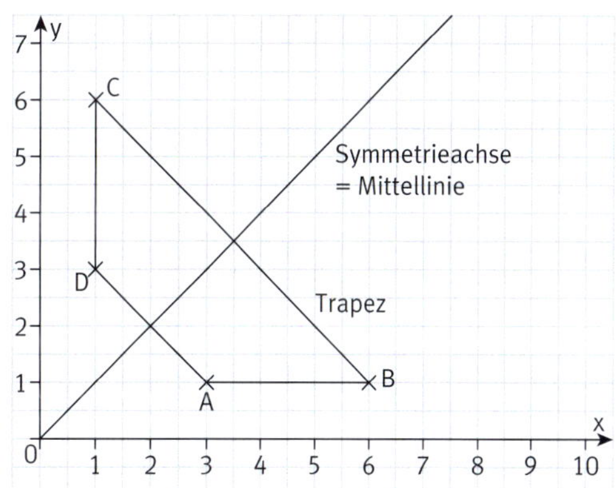

b)

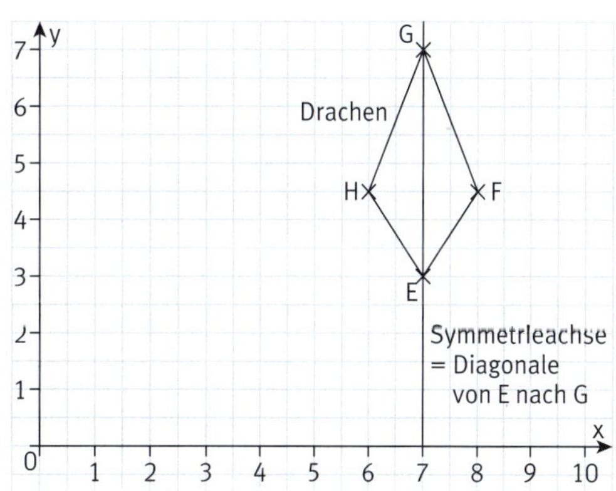

9 a) Würfel und Quader
b) Prismen

Seite 16/17

1 a) Es handelt sich um eine proportionale Zuordnung. Zum doppelten (dreifachen, ..., n-fachen) Gewicht gehört der doppelte (dreifache, ..., n-fache) Preis.

Gewicht Erdbeeren (g)	Preis (€)
250	1,50
50	0,30
800	4,80

b) Es handelt sich um eine antiproportionale Zuordnung. Zur doppelten (dreifachen, ..., n-fachen) Anzahl an Personen gehört der halbe Preis (der dritte Teil, ..., der n-te-Teil des Preises).

Anzahl Personen	Betrag pro Person (€)
12	140
4	420
8	210

c) Es handelt sich um eine antiproportionale Zuordnung. Zur doppelten (dreifachen, ..., n-fachen) Anzahl an LKWs gehört die halbe Anzahl an Fahrten (der dritte Teil, ..., der n-te-Teil der Anzahl an Fahrten).

Anzahl LKW	Fahrten pro LKW
6	12
3	24
9	8

2 a)

Anzahl der Seiten	Anzahl der Zeilen
196	60
1176	10
168	70

Bei 70 Zeilen pro Seite würde das Buch 168 Seiten haben.

b)

Benzin in l	Preis (€)
18	25,20
1	1,40
35	49

Insgesamt zahlt die Familie 74,20 € für das Benzin.

3 a) 8% Rabatt: $79\,€ \cdot \frac{8}{100} = 79\,€ \cdot 0{,}08 = 6{,}32\,€$
Am Montag kostet das Kleid noch
$79\,€ - 6{,}32\,€ = 72{,}68\,€$.

b) Der neue Preis (136 €) entspricht 85 % des alten Preises.
Preis ohne Rabatt: $136\,€ \cdot \frac{100}{85} = 136\,€ : 0{,}85 = 160\,€$
Das Kleid hat ursprünglich 160 € gekostet.

c) Ursprünglicher Preis: 22 €
Neuer Preis: 16,06 €
Prozentualer Anteil: $\frac{16{,}06\,€}{22\,€} \cdot 100 = 73$ (%)
Der neue Preis entspricht 73 % des alten Preises, am Mittwoch gibt es also einen Rabatt in Höhe von 27 %.

4 a) $x = 3$ b) $x = -0{,}3$

5 $4 + 2{,}1 \cdot x = 12{,}4$
$x = 4$
Die Strecke zum Hotel ist 4 km lang.

5 a)/b) Die Anteile wurden auf eine Stelle nach dem Komma gerundet.

Schuhgröße	37	38	39	40	41	42
Häufigkeit	2	4	3	2	1	2
Anteil in %	14,3	28,6	21,4	14,3	7,1	14,3

Säulendiagramm:

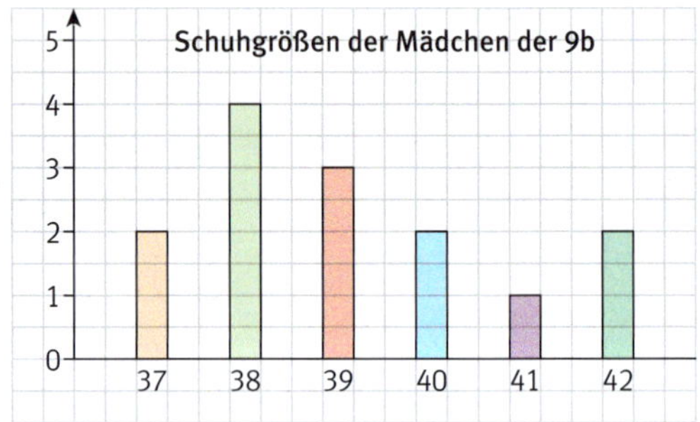

c) Minimum: 37
Maximum: 42
Spannweite: 5

d) Durchschnittswert:
$(37 \cdot 2 + 38 \cdot 4 + 39 \cdot 3 + 40 \cdot 2 + 41 \cdot 1 + 42 \cdot 2) : 14 \approx 39{,}14$

7 a) P („rote Kugel“) $= \frac{5}{10} = \frac{1}{2} = 50\,\%$
b) P („keine gelbe Kugel“) $= \frac{7}{10} = 70\,\%$

8 a) $A = 12{,}4\text{ cm} \cdot 5{,}9\text{ cm} = 73{,}16\text{ cm}^2$
$u = 2 \cdot 12{,}4\text{ cm} + 2 \cdot 7{,}6\text{ cm} = 40\text{ cm}$
b) $A = \frac{1}{2} \cdot 7\text{ cm} \cdot 3{,}3\text{ cm} = 11{,}55\text{ cm}^2$
$u = 7\text{ cm} + 3{,}5\text{ cm} + 6{,}8\text{ cm} = 17{,}3\text{ cm}$
c) $A = \pi \cdot (2{,}7\text{cm})^2 \approx 22{,}90\text{ cm}^2$
$u = 2 \cdot \pi \cdot 2{,}7\text{ cm} = 16{,}96\text{ cm} \approx 17\text{ cm}$

9 $A_{Fenster} = 2{,}31\text{ m}^2$
$A_{Giebelfläche} = 17{,}5\text{ m}^2$
$A_{zu\ verkleidende\ Fläche} = 17{,}5\text{ m}^2 - 2{,}31\text{ m}^2 = 15{,}19\text{ m}^2$
Es müssen ca. 15,2 m^2 Fläche verkleidet werden.

10 a) $V = 3283{,}2\text{ cm}^3$ $A_O = 1621{,}2\text{ cm}^2$
b) $V \approx 4523{,}9\text{ cm}^3$ $A_O \approx 1533{,}1\text{ cm}^2$
c) $V = 20\,250\text{ cm}^3$ $A_O = 4950\text{ cm}^2$

11 Abmessungen des gefüllten Teils des Beckens:
6,20 m x 4,40 m x 0,75 m
$V_{gefülltes\ Becken} = 6{,}2\text{ m} \cdot 4{,}4\text{ m} \cdot 0{,}75\text{ m} = 20{,}46\text{ m}^3 = 20\,460\text{ l}$
Das Fassungsvermögen beträgt 20 460 l.

12 $V_{gesamtes\ Dachgeschoss} = 49{,}2\text{ m}^3$
$V_{Zimmer} = 16{,}4\text{ m}^3$

13 Gesucht ist die Länge einer Kathete:
$h = \sqrt{6{,}2^2 - 1{,}8^2}\text{ m} \approx 5{,}93\text{ m}$
Die Leiter reicht knapp 6 m in die Höhe.

14 a)

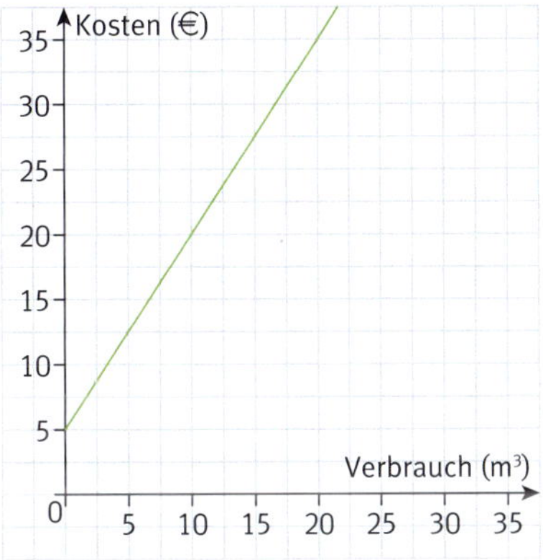

b) Grundgebühr: 5 €

c) $f(x) = y = 1{,}5x + 5$

d) Preis für 1 m^3 Wasser: 6,50 €

e)

Verbrauch in m^3	30	45	75
Kosten in €	50	72,50	117,50

f)

Verbrauch in m^3	49	145
Kosten in €	78,50	222,50

Satz des Pythagoras

Seite 34/35

1 a) Die Eckpunkte eines Dreieckes werden mit großen Buchstaben entgegen dem Uhrzeigersinn benannt.
b) Die Winkel werden entsprechend mit griechischen Buchstaben alpha α, beta β und gamma γ bezeichnet.
c) Die Seiten eines Dreieckes bezeichnet man mit kleinen Buchstaben.
d) Die Seite a liegt gegenüber dem Eckpunkt A, die Seite b gegenüber dem Eckpunkt B, die Seite c gegenüber dem Eckpunkt C.

2 a)

	allgemein	gleichseitig	gleichschenklig
spitzwinklig	G	A	C
rechtwinklig	D	–	B
stumpfwinklig	E	–	F

b) Es schließen sich aus: rechtwinklig und gleichseitig, stumpfwinklig und gleichseitig. Denn in gleichseitigen Dreiecken gilt: $\alpha = \beta = \gamma = 60°$

3 a) Alle Dreiecke sind rechtwinklig.
b) D (2,5 | –2); H (–1 | –1); L (–4 | 2,5)

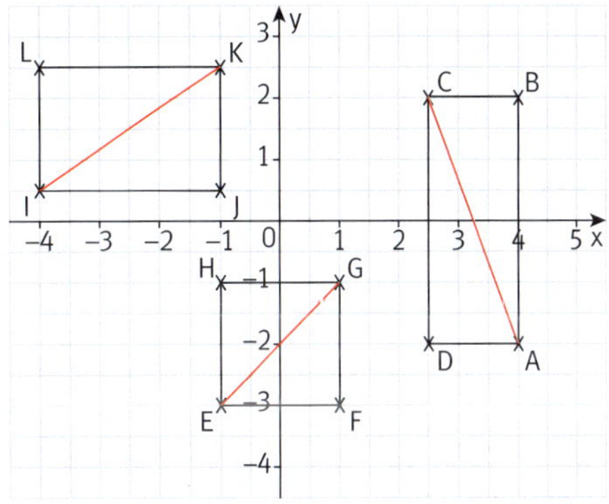

c) Es handelt sich um die Diagonale.
d) $A_{Rechteck\ 1} = 6\ cm^2$ $u_{Rechteck\ 1} = 11\ cm$
$A_{Rechteck\ 2} = 4\ cm^2$ (Quadrat) $u_{Rechteck\ 2} = 8\ cm$
$A_{Rechteck\ 3} = 6\ cm^2$ $u_{Rechteck\ 3} = 10\ cm$

3 a) Die Aussage ist richtig.
b) Die Aussage ist im Allgemeinen falsch. Nur im Quadrat (als Spezialfall des Rechtecks) stehen die Diagonalen senkrecht zueinander.
c) Die Aussage ist falsch. Die Diagonalen im Rechteck und im Quadrat sind immer länger als die Seitenlängen selbst.

4 a) 4,7 b) 0,7 c) 7,2 d) 12,8 e) 7,9
f) 0,1 g) 8,0 h) 1,1 i) 10,0 j) 3,1

Seite 39

1 a) 256; 25 600; 2,56; 0,0256
b) 49; 4 900; 0,49; 0,0049

2 a) 15 b) 8,7 c) 0,6 d) 18
e) 1,7 f) 90 g) 11,3
a), d), f): natürliche Zahlen, c): rationale Zahl
b), e), g): irrationale Zahlen

3 a) 9 b) 121 c) 169 d) 1,96 e) 0,64

4 a) $a \approx 4{,}2$ cm b) $a = 10$ cm
c) $a \approx 21{,}2$ cm d) $a \approx 5{,}5$ cm
e) $a \approx 8{,}2$ cm

Seite 47

1 a) Das Dreieck ist rechtwinklig.
b) Das Dreieck ist nicht rechtwinklig.

2 a) Länge der Hypotenuse im Dreieck 1: ≈ 13,8 cm
b) Länge der Kathete 1 im Dreieck 2: ≈ 29,7 cm
c) Länge der Kathete 2 im Dreieck 3: ≈ 76,0 cm
d) Länge der Katheten im Dreieck 4: jeweils ≈ 16,3 cm

3 a) Gesucht ist die Länge der Hypotenuse:
$e = \sqrt{(13\ m)^2 + (7\ m)^2} = \sqrt{218}\ m \approx 14{,}8\ m$
b) Gesucht ist die Länge der Kathete:
$h = \sqrt{(5\ m)^2 - (1{,}7\ m)^2} = \sqrt{22{,}11}\ m \approx 4{,}7\ m$

Potenzen und Wurzeln

Seite 54/55

1 a) $4 \cdot 6 = 24$ b) $5 \cdot 14 = 70$
c) $2 \cdot 2 = 4$ d) $3 \cdot 7 + 2 \cdot 9 = 39$
e) $6 \cdot (-10) = -60$ f) $-(6 \cdot 1) = -6$
g) $3 \cdot 0{,}25 + 2 \cdot (-0{,}3) = 0{,}15$ h) $4 \cdot \frac{3}{4} = 3$
i) $3 \cdot 1{,}6 + 2 \cdot \frac{6}{10} = 6$ j) $4 \cdot (-1{,}5) - 2 \cdot \frac{3}{4} = -7{,}5$

2

a)	−15	−15	15	15
b)	3	−3	−3	3

3

a)	b)	c)
−8	−1600	3
10000	−400	38
$-\frac{1}{64}$	−64	1
−0,001	90	−3

4

a)	b)	c)	d)
42	43	61	10
33	75	280	28

5 a) −26 b) −7 c) −6
d) −3,9 e) −176 f) −5

6

a)	b)	c)
60	7000	80
−370	0,8	2,4
500	−82500	−0,048

7

a)	b)	c)
0,1	0,74	−0,6
0,01	0,074	−1,25
0,001	0,0074	−0,012

8 a) $16x$ b) $-8x + 17$
c) $2x - 4y$ d) $5a - 6b$
e) $-31c + 10d$ f) $-4e + 10f$
g) $18x + 48$ h) $-20x + 20$
i) $1{,}5y - 3{,}25$

9 a) $0{,}737 \approx 0{,}74 \approx 0{,}7$ b) $7{,}582 \approx 7{,}58 \approx 7{,}6$
c) $34{,}0943 \approx 34{,}09 \approx 34{,}1$ d) $7{,}85429 \approx 7{,}85 \approx 7{,}9$
e) $7{,}311 \approx 7{,}31 \approx 7{,}3$ f) $9{,}993 \approx 9{,}99 \approx 10{,}0$
g) $0{,}9863 \approx 0{,}99 \approx 1{,}0$ h) $1{,}8948 \approx 1{,}89 \approx 1{,}9$
i) $12{,}5874 \approx 12{,}59 \approx 12{,}6$ j) $9{,}234982 \approx 9{,}23 \approx 9{,}2$

Seite 66

1 a) $3^4 = 81$ b) $(-5)^3 = -125$
c) $(\frac{1}{2})^3 = \frac{1}{8}$ d) $-4^2 = -16$

2 a) 900 b) 608 c) 44 d) 250

3 a) $x^5 + 91$ b) $8{,}5x^3 + 32$ c) $-1{,}5y^2 + \frac{1}{2}z - \frac{3}{4}z^2$

4 Gerundet wurde ggf. auf zwei Stellen nach dem Komma.
a) $8{,}75 \cdot 10^{10}$ b) $9{,}467 \cdot 10^{10} \approx 9{,}47 \cdot 10^{10}$
c) $6{,}785 \cdot 10^{12} \approx 6{,}79 \cdot 10^{12}$ d) $8{,}06 \cdot 10^{-5}$
e) $6{,}57 \cdot 10^{-7}$ f) $8{,}94 \cdot 10^{-10}$

5 a) $1{,}2 \cdot 10^{-5} < 0{,}0012$ b) $4{,}2 \cdot 10^{7} = 0{,}042 \cdot 10^{9}$
c) $7{,}8 \cdot 10^{-6} = 780 \cdot 10^{-8}$ d) $0{,}041 \cdot 10^{4} = 410$
e) $5{,}7 \cdot 10^{4} < 5700000$ f) $9{,}2 \cdot 10^{-4} > 0{,}000092$

Lineare Funktionen und Gleichungssysteme

Seite 76/77

1 a) $20 \cdot 3 - (5 \cdot (-4) + 4 \cdot 3) + (6 \cdot 3 - 7 \cdot (-4)) + 12$
$= 60 - (-20 + 12) + (18 + 28) + 12$
$= 60 + 8 + 46 + 12$
$= 126$
b) $6 - (-3) + 8 \cdot (-4) - (-12 \cdot (-4)) - 10$
$= 6 + 3 - 32 - 48 - 10$
$= -81$

2 a) Zu den 2,50 € müssen pro Flasche 0,25 € addiert werden.
Term: $0{,}25x + 2{,}50$
b) für $x = 7$ (Flaschen): 4,25 (€)
für $x = 12$ (Flaschen): 5,50 (€)
für $x = 19$ (Flaschen): 7,25 (€)

3 Die Proben bestätigen die rechnerischen Ergebnisse.
a) $-8a - 4 = 20 - 12a$ | $+12a$ | $+4$
$4a = 24$ | $:4$
$a = 6$
b) $2b + 6 = 7b + 41$ | $-7b$ | -6
$-5b = 35$ | $:(-5)$
$b = -7$
c) $1{,}2c - 1{,}5 = 0{,}7c + 4{,}5$ | $-0{,}7c$ | $+1{,}5$
$0{,}5c = 6$ | $:0{,}5$
$c = 12$

4 a) Was kostet eine DVD?
$25x + 6{,}99 = 17{,}24$
$25x = 10{,}25$
$x = 0{,}41$
Eine DVD kostet 0,41 € (die 25er-Packung kostet 10,25 €).
b) Wie hoch ist eine Rate?
$6x + 200 = 764$
$6x = 564$
$x = 94$
Eine Rate beträgt 94,00 €.

5 a) $66 = 2x + 2 \cdot (x + 6)$
$66 = 2x + 2x + 12$
$54 = 4x$
$x = 13{,}5$
Seitenlängen: 13,5 cm; 19,5 cm
b) $66 = 2x + 2 \cdot (x + 3)$
$66 = 2x + 2x + 6$
$60 = 4x$
$x = 15$
Seitenlängen: 15 cm; 18 cm
c) $66 = x - 1 + x + x + 1$
$66 = 3x$
$x = 22$
Seitenlängen: 22 cm; 21 cm; 23 cm

6 a) Einer bestimmten Uhrzeit ist die zurückgelegte Wegstrecke zugeordnet.
b) Michael erreicht sein Ziel um 12:45 Uhr.
c) Er macht 2 Pausen jeweils um 10 Uhr und um 11:30 Uhr mit einer Gesamtdauer von 75 Minuten.
d) Die höchste Geschwindigkeit erreichte er von 12:15 Uhr bis 12:45 Uhr, weil hier die Steigung des Graphen am größten ist.

7 a) LKW: 7:00 Uhr PKW: 7:30 Uhr
b) LKW: 60 $\frac{km}{h}$ PKW: 90 $\frac{km}{h}$
c) 30 km d) um 8:30 Uhr

8 a)/b)

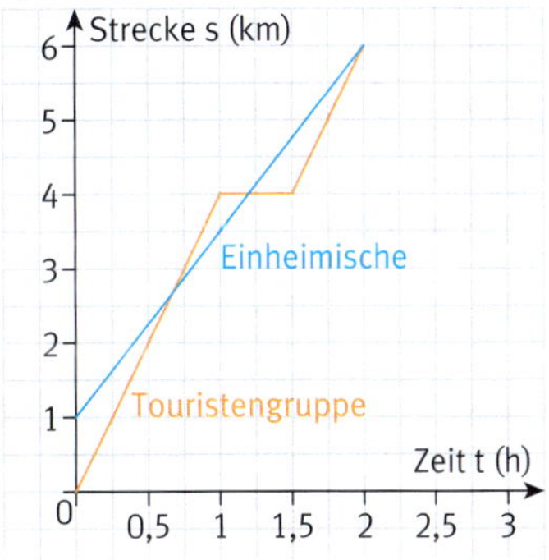

c) Die Touristen müssen in 30 Minuten 2 km schaffen, d. h. ihre Geschwindigkeit muss 4 $\frac{km}{h}$ betragen.
d) Bei den Schnittpunkten befinden sich beide Gruppen zur gleichen Zeit am gleichen Ort, d.h. sie treffen sich dort.
1. Schnittpunkt: Die Touristen überholen die Einheimischen.
2. Schnittpunkt: Die Einheimischen laufen an den Touristen vorbei.
3. Schnittpunkt: Touristen und Einheimische erreichen gleichzeitig das Ziel.

Seite 83

1 a)

x in min	0	1	2	3	4	5
y in cm	0	3	6	9	12	15

b) $f(x) = y = 3x$

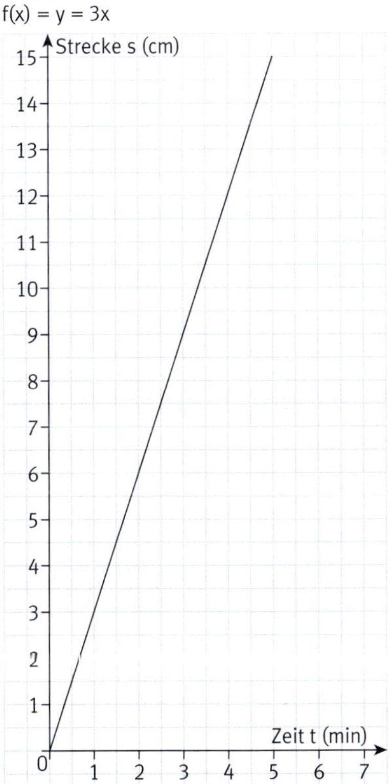

2 a) $m = -2$ $n = -4$ b) $m = \frac{1}{2}$ $n = 0$
c) $m = \frac{3}{2}$ $n = 1$ d) $m = 0$ $n = 1{,}5$

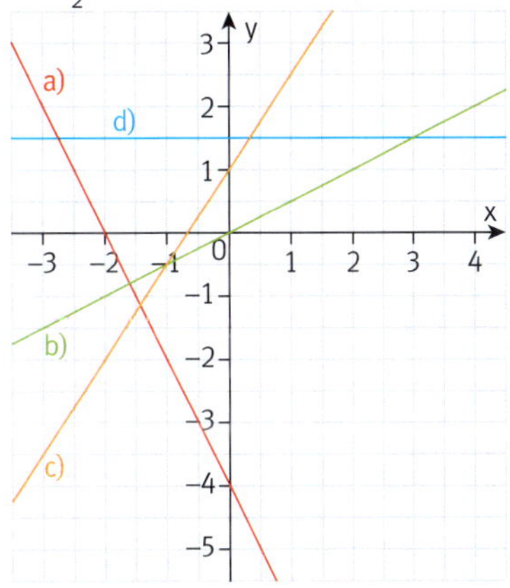

3 a) $f_5(x) = 2x$ b) $f_3(x) = \frac{1}{2}x - 1$
c) $f_2(x) = x - 3$ d) $f_4(x) = -3x + 2$

4 Der Punkt A liegt auf dem Graphen von $f_3(x)$.
Der Punkt B liegt auf dem Graphen von $f_2(x)$.
Der Punkt C liegt auf dem Graphen von $f_4(x)$.
Der Punkt D liegt auf dem Graphen von $f_1(x)$.

Seite 93

1 Einsetzen ergibt: $\mathbb{L} = \{(2|3)\}$

2 Die Proben bestätigen die grafischen Ergebnisse.
a)

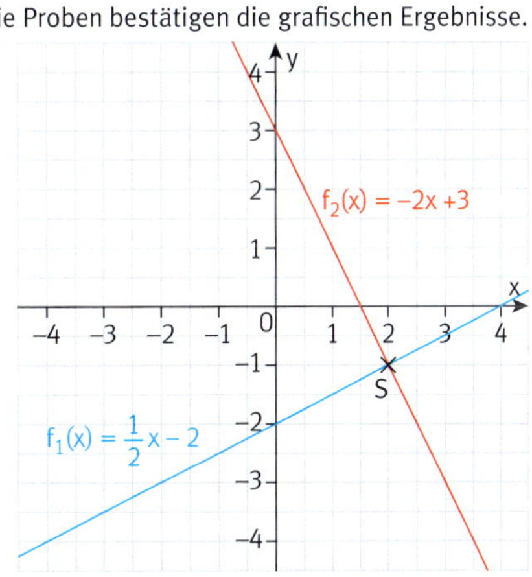

$\mathbb{L} = \{(2|-1)\}$

b)

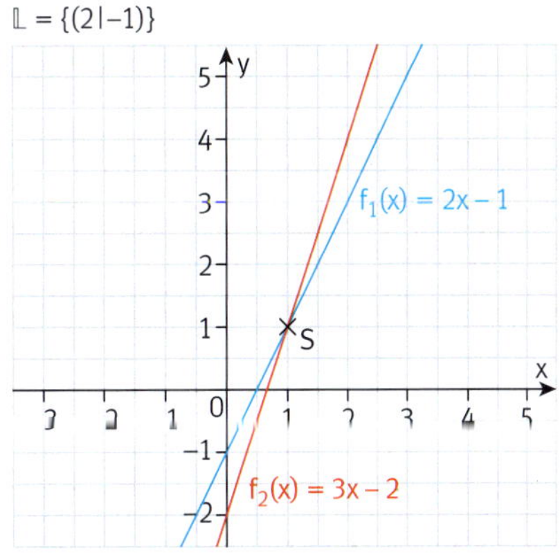

$\mathbb{L} = \{(1|1)\}$

3 a)

$$\begin{array}{ll} \text{I} & x = 8 + y \\ \text{II} & x = 15 - y \\ \hline \text{I} = \text{II} & 8 + y = 15 - y \\ & y = 7 - y \\ & 2y = 7 \\ & y = 3{,}5 \\ & x = 8 + 3{,}5 = 11{,}5 \end{array}$$

$\mathbb{L} = \{(11{,}5 \mid 3{,}5)\}$

b)

$$\begin{array}{ll} \text{I} & 6y = 2 - 8x \\ \text{II} & 6y = 20 - 14x \\ \hline \text{I} = \text{II} & 2 - 8x = 20 - 14x \\ & -8x = 18 - 14x \\ & 6x = 18 \\ & x = 3 \\ & 6y = 2 - 8 \cdot 3 \\ & 6y = -22 \\ & y = -\frac{11}{3} \end{array}$$

$\mathbb{L} = \{(3 \mid -\frac{11}{3})\}$

c)

$$\begin{array}{ll} \text{I} & y = 4x + 2 \\ \text{II} & y = 3x + 4 \\ \hline \text{I} = \text{II} & 4x + 2 = 3x + 4 \\ & 4x = 3x + 2 \\ & x = 2 \\ & y = 4 \cdot 2 + 2 = 10 \end{array}$$

$\mathbb{L} = \{(2 \mid 10)\}$

4 x: Preis pro Brezel; y: Preis pro Paar Wiener Würstchen

$$\begin{array}{ll} \text{I} & 2x + 2y = 6{,}80 \\ \text{II} & 3x + 4y = 12{,}40 \\ \hline \text{I} & y = 3{,}40 - x \\ \text{II} & y = 3{,}10 - 0{,}75x \\ \hline \text{I} = \text{II} & 3{,}40 - x = 3{,}10 - 0{,}75x \\ & 0{,}30 = 0{,}25x \\ & 1{,}20 = x \\ & y = 3{,}40 - 1{,}20 \\ & y = 2{,}20 \end{array}$$

$\mathbb{L} = \{(1{,}20 \mid 2{,}20)\}$

Eine Brezel kostet 1,20 €, ein Paar Wiener Würstchen kostet 2,20 €.

Berechnungen an Pyramiden und Kegeln

Seite 112/113

1 a)

A

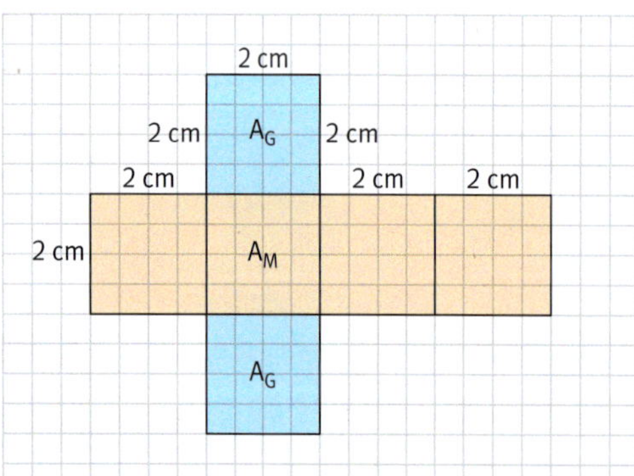

B Lösungsmöglichkeit:

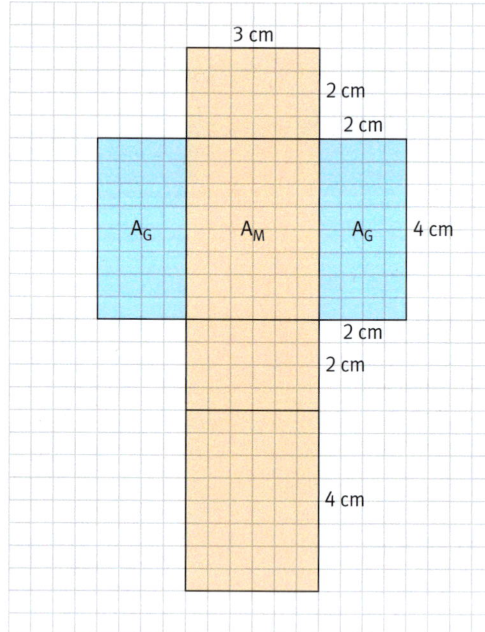

C

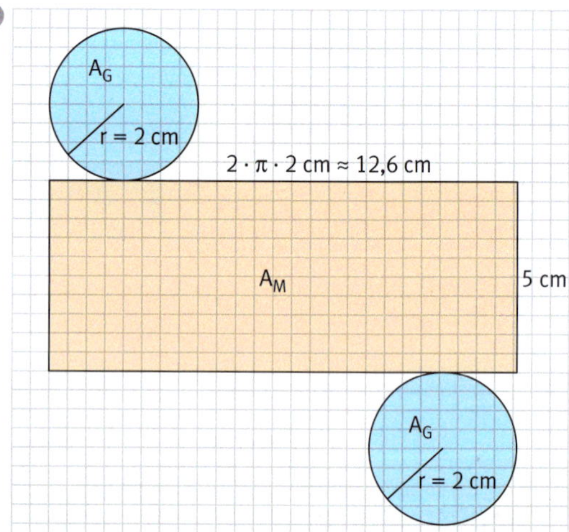

b)

Körper	Art der Grundfläche	Art der Deckfläche	Art und Anzahl der Seitenflächen
A Würfel	Quadrat	Quadrat	vier Quadrate
B Quader	Rechteck	Rechteck	vier Rechtecke
C Zylinder	Kreis	Kreis	ein Rechteck

2

Der Körper hat genau 6 Flächen:	Quader, Würfel
Die Mantelfläche ist rechteckig:	Quader, Würfel, Zylinder, Prisma
Der Körper hat genau 12 Kanten:	Quader, Würfel, sechsseitige Pyramide

3 Quader:
$A_G = a \cdot b$ (Grundflächeninhalt)
$A_O = 2 \cdot a \cdot b + 2 \cdot b \cdot c + 2 \cdot a \cdot c$ (Oberflächeninhalt)
$V = a \cdot b \cdot c$ (Volumen)

Zylinder:
$A_G = \pi \cdot r^2$ (Grundflächeninhalt)
$A_O = 2 \cdot \pi \cdot r^2 + 2 \cdot \pi \cdot r \cdot h_K$ (Oberflächeninhalt)
$V = \pi \cdot r^2 \cdot h_K$ (Volumen)

Würfel:
$A_G = a \cdot a = a^2$ (Grundflächeninhalt)
$A_O = 6 \cdot a \cdot a = 6a^2$ (Oberflächeninhalt)
$V = a \cdot a \cdot a = a^3$ (Volumen)

4
A	Würfel:	$V = 8\ cm^3$	$A_O = 24\ cm^2$
B	Quader:	$V = 24\ cm^3$	$A_O = 52\ cm^2$
C	Zylinder:	$V \approx 62{,}83\ cm^3$	$A_O \approx 87{,}96\ cm^2$

5
a)	8 m	23 mm	340 mm	0,125 km
b)	$4{,}5\ dm^2$	$0{,}95\ m^2$	$8\,600\ mm^2$	$135\,000\ m^2$
c)	$3000\ dm^3$	$700\,000\ cm^3$	$5\,310\,000\ cm^3$	$0{,}000018\ km^3$
d)	9000 ml	260 l	$0{,}25\ m^3$	0,00045 l

6 a) $x = \sqrt{14^2 + 22^2}\ cm \approx 26{,}1\ cm$
b) $x = \sqrt{0{,}95^2 - 0{,}56^2}\ m \approx 0{,}77\ m$
c) $x = \sqrt{4{,}5^2 + 1{,}6^2}\ dm \approx 4{,}8\ dm$
d) $x = \sqrt{80^2 - 40^2}\ cm \approx 69{,}3\ cm$

Seite 121

1 a)

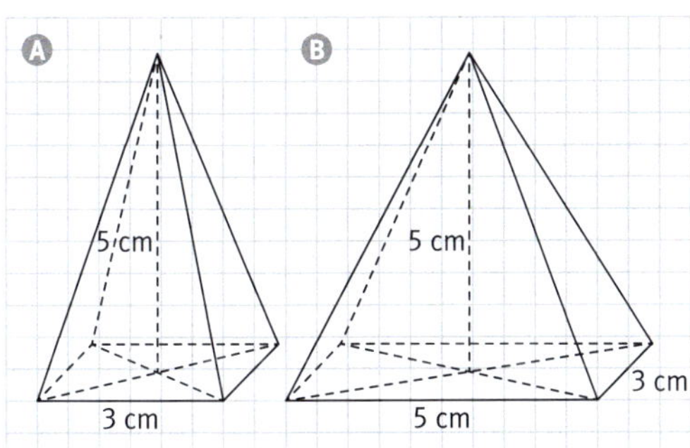

b) **A** $h_s = \sqrt{1{,}5^2 + 5^2}\ cm \approx 5{,}2\ cm$
B $h_a = \sqrt{1{,}5^2 + 5^2}\ cm \approx 5{,}2\ cm$
$h_b = \sqrt{2{,}5^2 + 5^2}\ cm \approx 5{,}6\ cm$

A

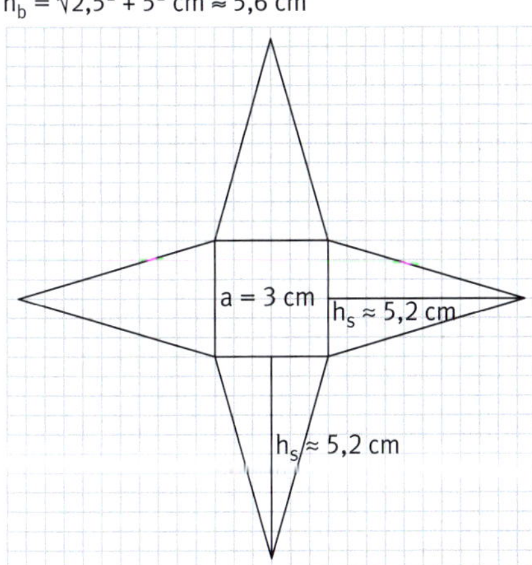

B

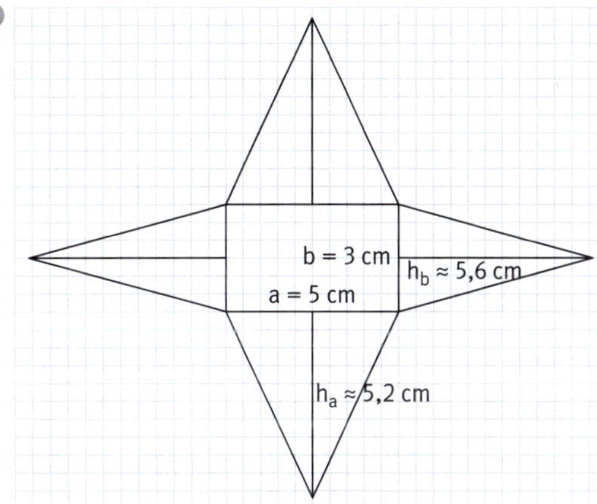

2 $V = \frac{1}{3} \cdot 3{,}2^2 \cdot 3{,}5 \approx 11{,}95\ (m^3)$
$h_s = \sqrt{1{,}6^2 + 3{,}5^2}\ m \approx 3{,}85\ m$
$A_O = 3{,}2^2 + 2 \cdot 3{,}2 \cdot 3{,}85 = 34{,}88\ (m^2)$

3 $V = \frac{1}{3} \cdot 7{,}5^2 \cdot 5{,}4 = 101{,}25\ (cm^3)$
$h_s = \sqrt{3{,}75^2 + 5{,}4^2}\ cm \approx 6{,}6\ cm$
$A_O = 7{,}5^2 + 2 \cdot 7{,}5 \cdot 6{,}6 = 155{,}25\ (cm^2)$

Seite 125

1

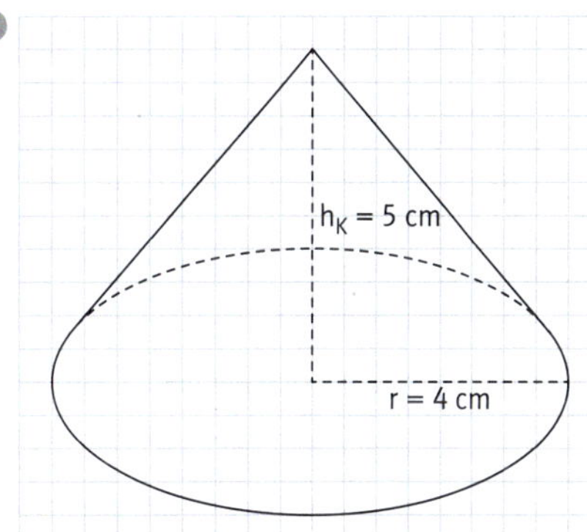

2 a) $s = \sqrt{2{,}8^2 + 6{,}2^2}\ cm \approx 6{,}8\ cm$
b)

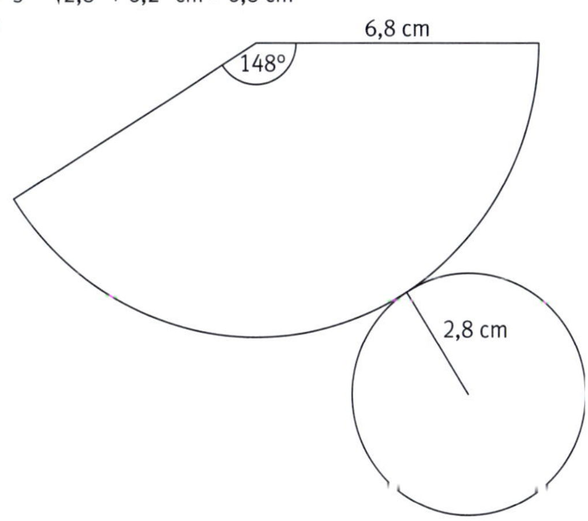

c) $A_O = \pi \cdot 2{,}8^2 + \pi \cdot 2{,}8 \cdot 6{,}8 \approx 84{,}4\ (cm^2)$

3 a) $V = \frac{1}{3} \cdot \pi \cdot 1{,}25^2 \cdot 1{,}8 \approx 2{,}95\ (m^3)$

b) $s = \sqrt{1{,}25^2 + 1{,}8^2}\ m \approx 2{,}2\ m$

$A_M = \pi \cdot 1{,}25 \cdot 2{,}2 \approx 8{,}64\ (m^2)$

Wahrscheinlichkeitsrechnung

Seite 142/143

1 a) $\frac{3}{4}$ b) $\frac{5}{6}$ c) $\frac{7}{8}$ d) $\frac{13}{21}$

e) $\frac{19}{45}$ f) $\frac{1}{10}$ g) $\frac{9}{12} = \frac{3}{4}$ h) 0

i) $\frac{2}{9}$ j) $\frac{1}{24}$

2 a) $\frac{5}{4} = 1\frac{1}{4}$ b) $\frac{6}{7}$ c) $\frac{14}{9} = 1\frac{5}{9}$

d) $\frac{30}{5} = 6$ e) $\frac{45}{11} = 4\frac{1}{11}$

3 a) $\frac{5}{32}$ b) $\frac{15}{70} = \frac{3}{14}$ c) $\frac{6}{99} = \frac{2}{33}$

d) $\frac{49}{81}$ e) $\frac{6}{60} = \frac{1}{10}$

4 a) $\frac{77}{100} = 0{,}77 = 77\,\%$ b) $\frac{4}{50} = \frac{8}{100} = 0{,}08 = 8\,\%$

c) $\frac{2}{25} = \frac{8}{100} = 0{,}08 = 8\,\%$ d) $\frac{3}{5} = \frac{60}{100} = 0{,}6 = 60\,\%$

e) $\frac{1}{4} = \frac{25}{100} = 0{,}25 = 25\,\%$ f) $\frac{24}{400} = \frac{6}{100} = 0{,}06 = 6\,\%$

g) $\frac{12}{40} = \frac{30}{100} = 0{,}3 = 30\,\%$ h) $\frac{30}{125} = \frac{24}{100} = 0{,}24 = 24\,\%$

i) $\frac{36}{720} = \frac{5}{100} = 0{,}05 = 5\,\%$ j) $\frac{15}{250} = \frac{3}{50} = \frac{6}{100} = 0{,}06 = 6\,\%$

k) $\frac{4}{9} = 0{,}\overline{4} \approx 44{,}4\,\%$ l) $\frac{14}{21} = \frac{2}{3} = 0{,}\overline{6} \approx 66{,}7\,\%$

m) $\frac{4}{7} = 0{,}571... \approx 57{,}1\,\%$ n) $\frac{23}{87} = 0{,}264... \approx 26{,}4\,\%$

o) $\frac{19}{17} = 1{,}117... \approx 1{,}1\,\%$

5 a) Es handelt sich um keinen Zufallsversuch. Die Auswahl des Trainers hängt in der Regel nicht vom Zufall ab, sondern vom Können der Spieler.

b) Es handelt sich um einen Zufallsversuch. Beim Würfeln sind die Kriterien 1. bis 3. erfüllt.

c) Es handelt sich um einen Zufallsversuch. Beim Drehen eines Glücksrads sind die Kriterien 1. bis 3. erfüllt.

d) Es handelt sich um keinen Zufallsversuch. Sofern Anna den Stoff beherrscht, wäre das Ergebnis bei wiederholtem Durchführen immer gleich und damit vorhersagbar.

e) Es handelt sich um keinen Zufallsversuch. Der Versuch ist nicht wiederholbar, da die Situation immer anders ist. Außerdem werden gelbe Karten nicht nach dem Zufallsprinzip vergeben.

f) Es handelt sich um keinen Zufallsversuch. Das Ergebnis ist vorhersagbar. Es gibt keine mehreren Ergebnisse.

6 a) Das Ergebnis ist eine Zahl von 1 bis 10.
$E = \{1; 2; 3; 4; 5; 6; 7; 8; 9; 10\}$

b) $E_1 = \{2; 4; 6; 8; 10\}$
$E_2 = \{3; 6; 9\}$
$E_3 = \{\ \}$
$E_4 = \{1; 2; 3; 4; 5; 6; 7; 8; 9; 10\}$

c) $E_5 = \{3; 5; 7; 9\}$
$E_6 = \{1; 2; 3; 4\}$
Beide Ereignisse sind gleich wahrscheinlich, da die Ergebnismenge gleich viele Elemente enthält.

7 a) Ergebnismenge $E = \{1; 2; 3; ... ; 48\}$

b)

Ereignis E: „Die von Tina gezogene Startnummer ist ...	sicheres Ereignis	mögliches Ereignis	unmögliches Ereignis
eine ungerade Zahl.“		x	
die 49.“			x
kleiner als 50.“	x		
die 1.“		x	

Seite 149

1 a) $P(r) = \frac{5}{15} \approx 33{,}3\,\%$

$P(r) = 1 - P(\overline{r}) = 1 - (\frac{7}{15} + \frac{3}{15}) \approx 33{,}3\,\%$

b) $P(s) = \frac{7}{15} \approx 46{,}7\,\%$

$P(s) = 1 - P(\overline{s}) = 1 - (\frac{5}{15} + \frac{3}{15}) \approx 46{,}7\,\%$

c) $P(\overline{r}) = \frac{7}{15} + \frac{3}{15} \approx 66{,}7\,\%$

$P(\overline{r}) = 1 - P(r) = 1 - \frac{5}{15} \approx 66{,}7\,\%$

d) $P(\overline{g}) = \frac{15}{15} = 100\,\%$

$P(\overline{g}) = 1 - P(g) = 1 - \frac{0}{15} = 100\,\%$

e) $P(s) + P(r) = \frac{7}{15} + \frac{5}{15} = 80\,\%$

$P(s) + P(r) = 1 - P(w) = 1 - \frac{3}{15} = 80\,\%$

2 a) ① Die Karte wird zurückgesteckt:

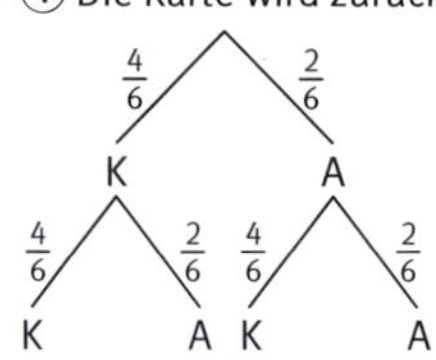

$P(„KA“) = \frac{4}{6} \cdot \frac{2}{6} = \frac{2}{9} \approx 22{,}2\,\%$

② Die Karte wird nicht zurückgesteckt:

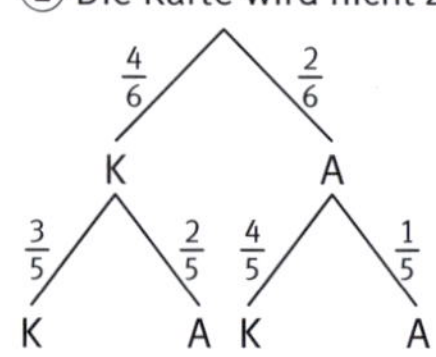

$P(„KA“) = \frac{4}{6} \cdot \frac{2}{5} = \frac{4}{15} \approx 26{,}7\,\%$

b) ① Die Karte wird zurückgesteckt:

$P(„KA“) + P(„AK“) = \frac{4}{6} \cdot \frac{2}{6} + \frac{2}{6} \cdot \frac{4}{6}$
$= \frac{4}{6} \cdot \frac{2}{6} \cdot 2$
$= \frac{4}{9} \approx 44{,}4\,\%$

② Die Karte wird nicht zurückgesteckt:

$P(„KA“) + P(„AK“) = \frac{4}{6} \cdot \frac{2}{5} + \frac{2}{6} \cdot \frac{4}{5}$
$= \frac{8}{15} \approx 53{,}3\,\%$

3 Es gibt $5 \cdot 4 : 2 = 10$ Möglichkeiten.

Quadratische Funktionen und Gleichungen

Seite 166/167

1 a) 289 0,04 10 000 −2,25 $\frac{1}{16}$
b) 11 1,4 1 000 $\frac{3}{5}$ ≈ 2,83

2 a) $-2 \cdot 5 + 15 = -10 + 15 = 5$
$-2 \cdot (-5) + 15 = 10 + 15 = 25$
b) $5 \cdot (2 \cdot (-6) + 5) = 5 \cdot (-12 + 5) = 5 \cdot (-7) = -35$
$5 \cdot (2 \cdot \frac{1}{2} + 5) = 5 \cdot (1 + 5) = 5 \cdot 6 = 30$
c) $(7 + 3)^2 = 10^2 = 100$
$(7 - 4{,}5)^2 = 2{,}5^2 = 6{,}25$
d) $\sqrt{(60 - 11)} = \sqrt{49} = 7$
$\sqrt{(132 - 11)} = \sqrt{121} = 11$

3 a) $2x + 3 + 4{,}5x - 0{,}5 = 6{,}5x + 2{,}5$
b) $4y - 12{,}5 - 6y + 7{,}5 = -2y - 5$
c) $3x + 7y + x - 5y = 4x + 2y$
d) $6x^2 - 9 + 5 \cdot 3 - 4x^2 = 2x^2 + 6$
e) $7 \cdot 2x + 14 - 3x - 3 \cdot 12 = 11x - 22$
f) $28 : 4 - 19 : 2 - y^2 = 7 - 9{,}5 - y^2 = -y^2 - 2{,}5$
g) $\frac{1}{2}a + \frac{1}{5}b - \frac{1}{4}a + \frac{3}{4}a - 0{,}25a^2 = -0{,}25a^2 + a + \frac{1}{5}b$
h) $2\frac{3}{4} + \frac{2}{5}c^2 - \frac{2}{10}c^2 + 0{,}2c^2 - 4\frac{1}{4} = \frac{2}{5}c^2 - \frac{3}{2}$

4 a) $24 + (13x + 19) - 44 = 24 + 13x + 19 - 44 = 13x - 1$
b) $8 - (4x - 2) - 6x = 8 - 4x + 2 - 6x = -10x + 10$
c) $8 + 17x^2 - (5 + 4x^2) = 8 + 17x^2 - 5 - 4x^2 = 13x^2 + 3$
d) $26x^2 - 18 - (4x^2 + 8) - 7 =$
$26x^2 - 18 - 4x^2 - 8 - 7 = 22x^2 - 33$

5 a) $5x + 3 = 3x + 7$ | $-3 - 3x$
$2x = 4$ | $:2$
$x = 2$
b) $0{,}5x - 12 = 0{,}25x - 9$ | $-0{,}25x + 12$
$0{,}25x = 3$ | $:0{,}25$
$x = 12$
c) $-16 = 4x - 4$ | $+4$
$-12 = 4x$ | $:4$
$-3 = x$
d) $4{,}5x - 5{,}2 = -7{,}45$ | $+5{,}2$
$4{,}5x = -2{,}25$ | $:4{,}5$
$x = -0{,}5$
e) $96 - 2y = 288$ | -96
$-2y = 192$ | $:(-2)$
$y = -96$
f) $4 + \frac{2}{3}b = 3$ | -4
$\frac{2}{3}b = -1$ | $:\frac{2}{3}$
$b = -1{,}5$
g) $6 - (4 - 9c) = 56$
$6 - 4 + 9c = 56$ | -2
$9c = 54$ | $:9$
$c = 6$
h) $4 + (-x + 4) = -(-6x + 6)$
$4 - x + 4 = 6x - 6$ | $-6x - 8$
$-7x = -14$ | $:(-7)$
$x = 2$

6 $m = 3$ $n = -2$

7 a)

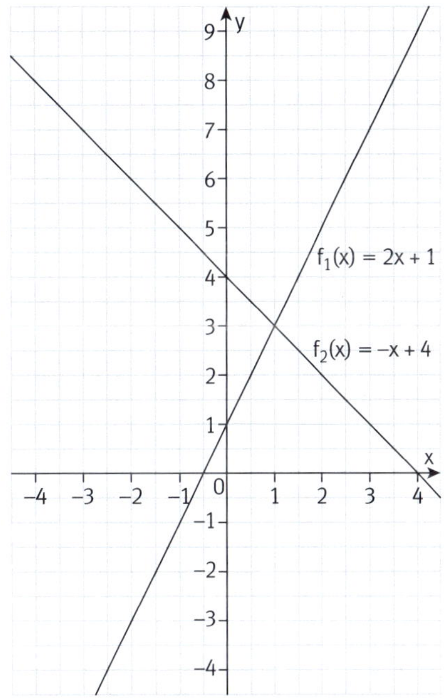

b) Die Gerade zu $f_1(x)$ steigt, da $m = 2 > 0$.
Die Gerade zu $f_2(x)$ fällt, da $m = -1 < 0$.

8 a) Nullstellen:
$x_1 = -0{,}5$; $x_2 = 4$
Die Berechnung bestätigt das grafische Ergebnis.
b) Schnittpunkt: S (1|3)
Die Berechnung bestätigt das grafische Ergebnis.

9 a)/c)

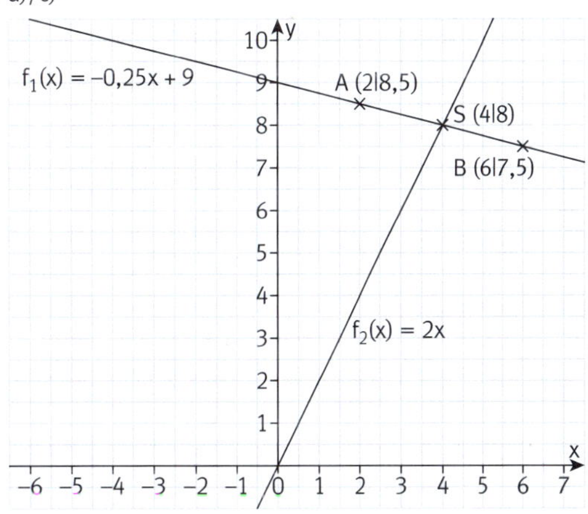

b) Nullstelle: $x_0 = 36$
d) Schnittpunkt: S (4|8)

Seite 179

1 die erste Lösung ist korrekt, denn:

$f(-3) = 4 \cdot (-3)^2 - 40$

$f(-3) = 4 \cdot 9 - 40$

$f(-3) = 36 - 40$

$f(-3) = -4$

2 Wertetabelle:

x	–4	–3	–2	–1	0	1	2	3	4
y	12	8,5	6	4,5	4	4,5	6	8,5	12

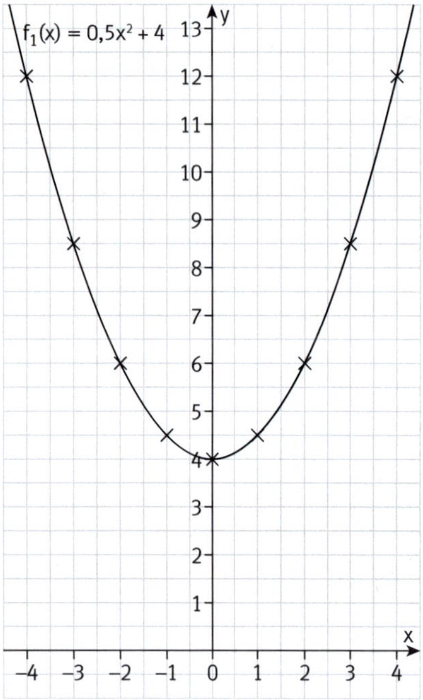

Die Parabel ist gestaucht um den Faktor 0,5 und um 4 Einheiten nach oben entlang der y-Achse verschoben.

3 a)/b)

roter Graph: S (3|–1,5) → $f_1(x) = (x-3)^2 - 1,5$

grüner Graph: S (1|0,5) → $f_5(x) = (x-1)^2 + 0,5$

violetter Graph: S (–1|0) → $f_6(x) = (x+1)^2$

blauer Graph: S (–1|–2) → $f_4(x) = (x+1)^2 - 2$

orangefarbener Graph: S (–2,5|–3) → $f_3(x) = (x+2,5)^2 - 3$

Für $f_2(x)$ fehlt der Graph.

4 Nullstellen von $f_1(x)$:

$0 = 1,5x^2 - 6$

$6 = 1,5x^2$

$4 = x^2$

$x_1 = -2$ und $x_2 = 2$

Nullstellen von $f_2(x)$:

$0 = (x-1)^2 - 4$

$4 = (x-1)^2$

$x_1 - 1 = 2$ und $x_2 - 1 = -2$

$x_1 = 3$ $\quad$ $x_2 = -1$

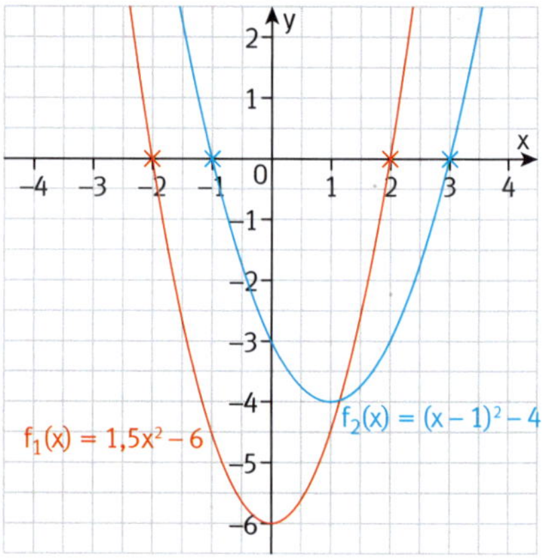

Stichwortverzeichnis

Bildnachweis

Ägyptisches Museum, Kairo – S. 44; Alamy Stock Photo / Klaus Ohlenschläger – S. 136; Astrophoto / Sörth – S. 64;

dpa Picture-Alliance / AP Photo, Bjorn Lindgren, Frankfurt – S. 164; - / empics, Aaron Chown – S. 162; - / Fotoreport, B2800, epa AFP – S. 140; - / Bodo Marks – S. 103; - / Pressefoto ULMER, Markus Ulmer – S. 162; - / Zentralbild, Britta Pedersen – S. 164; Dreamstime / Alexandr Kurganov – S. 83;

Fotolia / bearliner – S. 111; - / Mikkel Bigandt, Troels Kjems – S. 33; - / Max Blain – S. 33; - / dieter76 – S. 194; - / EdNurg – S. 141; - / Eléonore H – S. 110; - / Jörg Lantelme – S. 158; - / Photofranz56 – S. 40; - / spyrakot – S. 68; - / wion – S. 194; - / Zauberhut – S. 73;

Getty Images Plus / Comstock – S. 74; - / DigitalVision, Nick White – S. 36; - / iStockphoto – S. 95 (2), 126, 165, 187, 192; - / iStockphoto, 5second – S. 133; - / iStockphoto, alblec – S. 53; - / iStockphoto, anahtiris – S. 30; - / iStockphoto, Antrey – S. 53; - / iStockphoto, anyaberkut – S. 135; - / iStockphoto, Artem_Egorov – S. 158; - / iStockphoto, bigacis – S. 135; - / iStockphoto, ByThec – S. 133; - / iStockphoto, DENIO RIGACCI – S. 133; - / iStockphoto, Dmytro, skorobogatov – S. 67; - / iStockphoto, drferry – S. 53; - / iStockphoto, EdnaM – S. 130; - / iStockphoto, filmfoto – S. 73; - / iStockphoto, gnomeandi – S. 85; - / iStockphoto, HildaWeges – S. 133; - / iStockphoto, Hans Joachim Hoos – S. 46; - / iStockphoto, ittipon2002 – S. 157; - / iStockphoto, jetFoto – S. 78; - / iStockphoto, Jevtic – S. 86; - / iStockphoto, johnnorth – S. 67; - / iStockphoto, kravcs – S. 67; - / iStockphoto, kurga – S. 67; - / iStockphoto, Llgorko – S. 155; - / iStockphoto, Maya23K – S. 46; - / iStockphoto, Mervana – S. 103; - / iStockphoto, Mickey_55 – S. 151; - / iStockphoto, Milkos – S. 72; - / iStockphoto, Montypeter – S. 86; - / iStockphoto, mypicksy, Sandra Henderson – S. 33; - / iStockphoto, nedomacki – S. 53; - / iStockphoto, Nomadsoul1 – S. 164; - / iStockphoto, Noraluca013 – S. 135; - / iStockphoto, OwenJCSmith – S. 157; - / iStockphoto, PetrMalyshev – S. 135; - / iStockphoto, Petroos – S. 165; - / iStockphoto, PIKSEL – S. 110; - / iStockphoto, ppart – S. 111, 123; - / iStockphoto, ralfgosch – S. 31; - / iStockphoto, sborisov – S. 111; - / iStockphoto, sculpies – S. 119; - / iStockphoto, Sinenkiy – S. 127; - / iStockphoto, Alex Stork – S. 19; - / iStockphoto, swisshippo – S. 187; - / iStockphoto, tegmen – S. 126; - / iStockphoto, TomasSereda – S. 111; - / iStockphoto, ValentynVolkov – S. 78; - / iStockphoto, Vasmila – S. 52; - / iStockphoto, vichie81 – S. 121; - / iStockphoto, vkuslandia – S. 135; - / iStockphoto, vladru – S. 155; - / iStockphoto, Walterbilotta – S. 135; - / iStockphoto, WesAbrams – S. 163; - / iStockphoto, wmaster890 – S. 136; - / Lifesize – S. 102; - / Photo Objects.net, Hemera Technologies – S. 130; - / Purestock – S. 165;

Hertha BSC Berlin – S. 162;

iStockphoto / Henrik5000 – S. 83 (2);

Uwe Kraft, Düsseldorf – Cover;

Mauritius Images / Alamy Stock Photo, agnfoto – S. 140; - / Alamy Stock Photo, Jack Carey – S. 157; - / Alamy Stock Photo, Andy Christiani – S. 106; - / Alamy Stock Photo, Valentina Kristeva – S. 106; - / Alamy Stock Photo, Lee Martin – S. 157; - / Alamy Stock Photo, TunaStyle – S. 135, 140; - / Alamy Stock Photo, urbanbuzz – S. 157; - / BQ – S. 151; - / imageBROKER, Josef Beck – S. 157; - / imageBROKER, Oliver Gerhard – S. 126; - / imageBROKER, Perry Mastrovito – S. 105; - / imageBROKER, Karl-Heinz Spremberg – S. 32;

Gerd-Rudolf Neuman, Berlin – S. 6;

Okapia, Frankfurt – S. 65 (3); Orlamünder Dach-Wand-Abdichtungen, Göppingen – S. 125;

Science Photo Library, München – S. 65; Statista GmbH, Hamburg – S. 103;

Georg Vollmer, Bamberg – S. 65 (4);

www.students.uni-marburg.de – S. 65; www.wikimedia.org – S. 45; www.wikimedia.org / Denis Apel, CC BY-SA 2.0 – S. 106; www.wikimedia.org / Yan Coasterman, CC BY-SA 3.0 – S. 106; www.wikimedia.org / Galilea, CC BY-SA 3.0 – S. 44; www.wikimedia.org / Dr. Mannel, CC01.0 – S. 183; www.wikimedia.org / Stefan Scheer, CC BY-SA 1.2 – S. 106; www.wikimedia.org / Störfix, CC BY-SA 3.0 – S. 186; www.wikimedia.org / Christos Vittoratos, CC BY-SA 3.0 – S. 157